压铸模具设计实用教程

实用教程 》

第3版

黄尧 黄勇 主编

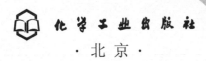
化学工业出版社
·北京·

图书在版编目（CIP）数据

压铸模具设计实用教程/黄尧，黄勇主编. —3 版.
—北京：化学工业出版社，2019.9（2023.8重印）
ISBN 978-7-122-34802-9

Ⅰ.①压… Ⅱ.①黄… ②黄… Ⅲ.①压铸模-设计-
教材 Ⅳ.①TG241

中国版本图书馆 CIP 数据核字（2019）第 131254 号

责任编辑：贾　娜　　　　　　　　　　　装帧设计：王晓宇
责任校对：张雨彤

出版发行：化学工业出版社（北京市东城区青年湖南街 13 号　邮政编码 100011）
印　　装：北京天宇星印刷厂
787mm×1092mm　1/16　印张 18　字数 468 千字　2023 年 8 月北京第 3 版第 2 次印刷

购书咨询：010-64518888　　售后服务：010-64518899
网　　址：http://www.cip.com.cn
凡购买本书，如有缺损质量问题，本社销售中心负责调换。

定　　价：79.00 元　　　　　　　　　　　　　　版权所有　违者必究

前言

压铸技术是目前有色金属结构件成型的主要技术方法。压铸成型具有高效率、高精度、低消耗以及少无机械加工等突出特点，在现代机械、汽车、电子产品等制造领域中有着广泛的应用。压铸模具是压铸成型的重要工艺装备。近年来我国压力铸造工业发展迅速，从业人员大量增加，压铸市场容量及发展空间巨大。

《压铸模具设计实用教程》第 1 版于 2011 年 9 月出版，并于 2014 年 9 月修订再版。本书自出版以来，得到了广大读者的肯定和认可，也收到了一些改进意见。根据读者反馈及教学上的使用经验，我们对本书进行了再次修订。在第 2 版的基础上，增加了压铸新技术及计算机辅助设计、压铸合金熔炼技术，压铸件缺陷分析及解决办法等关键技术与内容。本书主要从压铸的三个要素即压铸机、压铸模和压铸合金考虑，系统全面地解读了压铸关键技术，更加注重科学性、先进性、系统性和实用性，兼顾理论基础和设计实践。主要内容包括：压铸新技术、压铸合金及其熔炼、压铸机、压铸件与压铸模设计、压铸模分型面设计、浇注系统和排溢系统设计、侧向抽芯机构和推出机构设计、成型零件与结构零件的设计、压铸工艺及缺陷分析。

第 3 版更具技术先进性，图例丰富、数据翔实、实用性更强，是从事压铸模具设计及相关工作的工程技术人员和大学院校相关专业师生的必备用书。

本书由北京化工大学黄尧博士和沈阳工学院黄勇教授主编，沈阳理工大学何金桂博士任副主编，沈阳理工大学副教授李东辉、贾玉贤、赵铁钧、李刚、吕树国参与编写。其中，黄勇编写第 1 章，何金桂编写第 2 章，贾玉贤编写第 3 章，赵铁钧编写第 4 章，黄尧编写第 5 章，李东辉编写第 6 章，李刚、赵铁钧、李东辉、黄勇、黄尧共同编写第 7 章，李刚编写第 8 章，吕树国、贾玉贤、何金桂、黄尧、黄勇共同编写第 9 章，吕树国编写第 10 章。全书由黄尧和何金桂负责统稿，黄勇审校。

在本书编写过程中，得到辽宁公安学院邓玉萍教授、中广核工程有限公司郝俊娇、沈阳中天汽车压铸件有限公司留方、沈阳压铸技术研究所梁文德等专家的大力帮助，在此一并表示感谢！

由于编者水平所限，书中不妥之处在所难免，敬请广大读者和专家批评指正。

编　者

目录

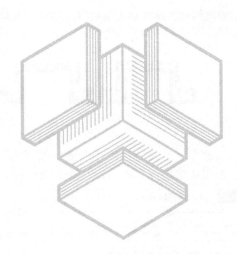

第 *1* 章

绪论

压力铸造（简称压铸）属于特种铸造的范畴。是一种将液态或半固态金属在高速高压下充入压铸模型腔内，并使其在压力下凝固形成铸件的方法。它可以连续地、大批量地生产出与压铸型腔相符的压铸件，这是其他工艺方法所不能比拟的。近年来，随着产品零件向着高质量、精密、薄壁、轻量、高效化的方向发展，压力铸造愈来愈显示出其优越性。

1.1 压铸概述

1.1.1 压铸原理

从 20 世纪 20 年代开始，有许多人对压铸原理做了较为深入的研究，也出现了以提出者本人冠名的各种关于液体金属流动特点的一系列相关理论体系，这些理论体系主要为巴顿理论、布兰特理论等。

在压铸过程中，金属的充填是极其复杂的包含力学、流体动力学、热力学等方面的综合过程。它与铸件结构、压射速度、压力、压铸模温度、金属液的温度、金属液黏度、浇注系统的形状和尺寸大小等都有着密切的关系。

高温合金液压入温度较低的压铸模浇注系统内时，金属液与模具之间就产生各种形式的热交换。金属液失去热量，温度降低；模具得到了热量，温度提高。金属液温度降低，表面张力增大，黏度增大，流动性降低。当它们超过某一限度时，铸件就会产生轮廓不清晰、缺肉、冷隔、裂纹、夹渣等铸造缺陷。此外，金属液充填型腔时还受到各种阻力的影响，如型腔内的气体阻力、碰到型壁和型芯时的阻力。

因而金属液充填形态对压铸件质量起着决定性的作用，为此，必须掌握金属液充填形态的规律，了解充填特性，以便正确地设计浇注系统，获得优质的铸件。

压铸原理主要以巴顿（H. K. Barton）理论为基础。该理论认为液体金属充填铸型的过程是一个包含着流体动力学和热力学的复杂过程，充填过程可以分为三个阶段，如图 1-1 所示。

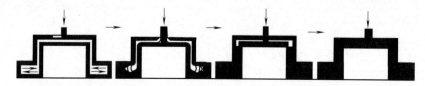

图 1-1　三阶段充填理论

第一阶段：金属液以接近内浇口截面的形状进入型腔，首先撞击到对面的型壁，在该处沿型壁四周扩展后返回浇口，在金属液流过的型壁上逐渐形成外壳（薄壳层）。

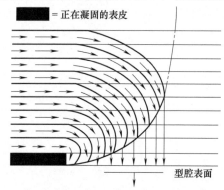

图 1-2　金属液流最前沿流动情况
（巴顿，1944 年）

第二阶段：随后进入的金属沉积在薄壳的表面上进行充填。扰动的积聚金属围绕着第一阶段形成的核心扩大和合并。这里，迅速流动的金属上层扩展到前沿，并在液流内绕着瞬时旋转中心而旋转。当金属流动停止时，它具有相当大的力撞击型腔表面，旋转中心就在此层内，其固有的移动是与液流中平均速度相一致的。在此层内的金属有着垂直于液流流动方向运动的最小分量。围绕着这个中心旋转，逐步地将金属从上层带到下层，因而大体上保持了液流的表皮厚度，直至填满。如图 1-2 所示，第一阶段最初形成的表皮在第二阶段时处于固态线或固态线附近的温度。

第三阶段：金属液完全充满型壁后，型腔、浇注系统和压室是一个封闭的水力学系统，在这一系统中各处压力是相等的，压射力通过铸件中心使处于液态的金属继续作用。

1.1.2　压铸过程

压铸过程循环见图 1-3，较为详尽表述压铸过程的工程图见图 1-4。

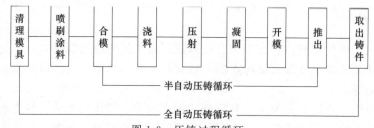

图 1-3　压铸过程循环

压铸可分为热室压铸机压力铸造和冷室压铸机压力铸造两大类。其中冷室压铸机压力铸造又分为立式、卧式和全立式压铸机压铸。

（1）热室压铸机的压铸过程

热室压铸机的压铸过程：热室压铸机的压室浸在保温坩埚内的熔融合金中，压射部件装在坩埚上面，其压铸过程如图 1-5 所示。

其基本原理如下：压铸过程中，金属液在压射冲头上升时进入压室；压射冲头下压时，金属液沿着通道经喷嘴充填压铸模型腔，待金属液冷却凝固成型后，压射冲头上升，此时开模取出铸件，完成一个压铸循环。

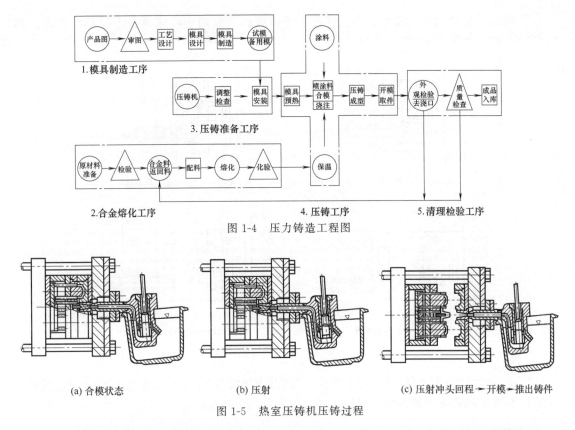

图 1-4　压力铸造工程图

图 1-5　热室压铸机压铸过程

(a) 合模状态　　　　(b) 压射　　　　(c) 压射冲头回程→开模→推出铸件

（2）冷室压铸机的压铸过程

① 立式冷室压铸机的压铸过程：立式冷室压铸机压室的中心平行于模具的分型面，称为垂直侧压室。其压铸过程如图 1-6 所示。

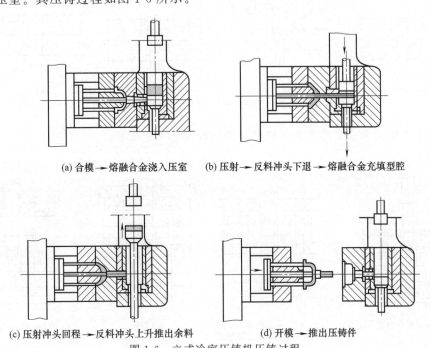

(a) 合模→熔融合金浇入压室　　　　(b) 压射→反料冲头下退→熔融合金充填型腔

(c) 压射冲头回程→反料冲头上升推出余料　　　　(d) 开模→推出压铸件

图 1-6　立式冷室压铸机压铸过程

② 卧式冷室压铸机的压铸过程：卧式冷室压铸机压室的中心线垂直于模具分型面，称为水平压室。压铸过程如图 1-7 所示。

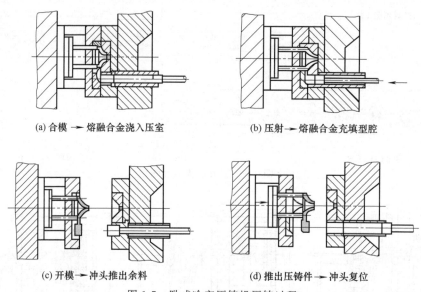

(a) 合模 → 熔融合金浇入压室　　　　　　　(b) 压射 → 熔融合金充填型腔

(c) 开模 → 冲头推出余料　　　　　　　　(d) 推出压铸件 → 冲头复位

图 1-7　卧式冷室压铸机压铸过程

③ 全立式冷室压铸机的压铸过程：合模机构和压射机构垂直布置的压铸机称为全立式压铸机。

a. 冲头上压式全立式冷室压铸机的压铸过程如图 1-8 所示。

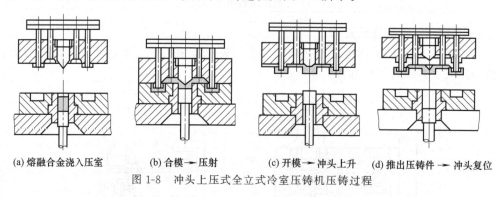

(a) 熔融合金浇入压室　　(b) 合模 → 压射　　(c) 开模 → 冲头上升　　(d) 推出压铸件 → 冲头复位

图 1-8　冲头上压式全立式冷室压铸机压铸过程

b. 冲头下压式全立式冷室压铸机的压铸过程如图 1-9 所示。

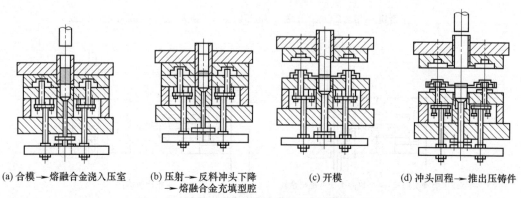

(a) 合模 → 熔融合金浇入压室　　(b) 压射 → 反料冲头下降 → 熔融合金充填型腔　　(c) 开模　　(d) 冲头回程 → 推出压铸件

图 1-9　冲头下压式全立式冷室压铸机压铸过程

1.1.3　压铸的特点

随着科学技术的发展和各种换代产品的更新和创新，需要多种多样、形状复杂、精度要求较高的金属结构件。在加工这些结构件时，在初级阶段往往采用金属铸造成型或精密铸造成型的方法。这些方法成型的铸件一般还必须进行机械加工，才能达到结构件的技术要求和组装要求，而且外观粗糙，浪费了大量的人力和原材料，达不到理想的经济效果。

压铸工艺具有以下优点。

① 压铸件的尺寸精度高、表面质量好。压铸件的尺寸精度可达 IT11～IT13 级，最高时可达 IT9 级；压铸件的表面粗糙度 Ra 值为 $0.8～3.2\mu m$，甚至可达 $Ra0.4\mu m$，压铸件互换性好。

② 可以生产出形状复杂、轮廓清晰、深腔薄壁的压铸件。压铸锌合金时最小壁厚达 0.3mm，铝合金可达 0.5mm，最小铸出孔径为 0.7mm。同时可以铸出清晰的文字和图案。

③ 压铸件组织致密，具有较高的强度和硬度。由于熔融合金充填时间短，在压铸模内冷却迅速，同时又在高压下凝固结晶。因此，在压铸件上靠近表面的一层金属晶粒较细、组织致密，使得压铸件具有较高的强度、硬度和良好的耐磨性。

④ 材料利用率高。压铸件可不经过或只需少量的机械加工就可直接使用。材料利用率可达 60％～80％，毛坯利用率在 90％以上。

⑤ 生产效率高，易实现机械化和自动化生产。冷室压铸机平均每小时可压铸 80～100 次，热室压铸机平均每小时可压铸 400～1000 次，适合于大批量生产。

⑥ 经济效益好。由于压铸件尺寸精确，表面质量好，加工余量小或不经机械加工即可进行装配，减少了机械加工设备和加工工时，压铸件价格便宜，可获得较好的经济效益。

压铸工艺具有以下缺点。

① 压铸模的成本较高，制造周期较长，对于批量较小的铸件，在应用上受到一定的限制。

② 压铸合金的种类受到限制。目前所采用的压铸模材料，其耐热性能只适用于熔点较低的铝、锌、镁等合金的压铸；而铜合金在压铸时，由于其熔点较高，模具寿命短的问题已比较突出。由于黑色金属的熔点高，压铸模的使用寿命决定了黑色金属压铸很难用于实际生产。因此，研究和开发新的压铸模具材料和新压铸工艺方法，是今后工作的方向。

低熔点的合金，如铝、锌、镁等，它们的力学性能也往往比较低。因此，对一些要求力学强度较高的承重件、耐磨件的铸件在应用上也受到了限制。

③ 由于在压铸成型时，金属液在高温状态下以极快的速度充型，型腔和压室中的气体很难完全排出，常以气孔或疏松的形式存留在压铸件中，不同程度地影响使用性能及后续的工艺加工性能。

1.1.4　压铸的应用范围

压铸是最先进的金属成型方法之一，是实现少切屑、无切屑的有效途径，应用很广，发展很快。目前压铸合金不再局限于非铁合金的锌、铝、镁和铜，而且也逐渐扩大用来压铸铸铁和铸钢件。在非铁合金的压铸中，铝合金占比例最高（30％～60％），锌合金次之（在国外，锌合金铸件绝大部分为压铸件），铜合金比例仅占压铸件总量的 1％～2％，镁合金是近几年国际上比较关注的合金材料，对镁合金的研究开发，特别是镁合金的压铸、挤压铸造、半固态加工等技术的研究更是呈现遍地开花的局面。

压铸件的尺寸和质量，取决于压铸机的功率。由于压铸机的功率不断增大，压铸件外形尺寸可以从几毫米到 1～2m；质量可以从几克到数十千克。国外可压铸直径为 2m、质量为 50kg 的铝铸件。压铸件已广泛地应用在国民经济的各行各业中，如兵器、汽车与摩托车、航空航天产品、电器仪表、无线电通信器件、计算机、农业机具、医疗器械、洗衣机、电视机、电冰箱、钟表、照相机、日用五金件以及建筑装饰件等各种产品的零部件的生产方面。

1.2 压铸新技术

1.2.1 半固态压铸

在金属液以一定的冷却速率进行凝固的过程中，对其施加剧烈的搅拌、或改变金属的热状态、或加入晶粒细化剂、或进行快速凝固，以改变初生固相的形核和长大过程，可得到一种液态金属母液中均匀地悬浮着一定球状初生固相（固体组分可达 50％左右甚至更高）的固-液混合浆料，这种浆料仍具有很好的流动性，可进行压铸。用这种半液半固浆料进行压铸的方法称为半固态压铸。

（1）半固态压铸的特点

半固态金属浆料或坯料与传统过热的液态金属相比，具有一半左右的初生固相；而与固态金属相比，又含有一半左右的液相，且固相为非枝晶态。所以，半固态压铸与全液态金属压铸相比有许多优点。

① 热冲击减少，压铸模的使用寿命获得提高。浆料为含有 50％左右固体组分的半固态金属，这样就有 50％左右的熔化潜热散失掉了，降低了浇注温度，成型模具的工作温度低，留模时间也短，所以大大减少了对压室、压铸模型腔和压铸机组成部件的热冲击。因而可以提高压铸模的使用寿命。

② 压铸件的质量获得提高。半固态金属黏度比全液态金属大，内浇道处流速低，充填时少喷溅，无湍流，卷入的空气少，铸件的致密性得到提高。而且半固态收缩小，所以压铸件不易出现缩松和缩孔，提高了压铸件质量。对于需要进行热处理的厚壁铸件也能压铸。

③ 力学性能大大提高。零件因晶粒细化、组织分布均匀，力学性能大幅度提高。

④ 可压铸薄壁铸件。半固态金属浆料像软固体一样输送到压室，压射到内浇道处或薄壁处，由于流动速率提高，使黏度降低，充模性能提高。故半固态压铸对薄壁件能良好充模，并可改善铸件表面质量。

⑤ 节约金属及能量，生产率获得提高。可精确地计量压射金属的质量，从而节约金属及能量，同时还可以改善工作环境。由于凝固速度加快，生产率也得到提高，成品率几乎是 100％。

⑥ 工艺简单，便于实现自动化。工艺过程简单，适合专业化生产和微机应用，便于实现自动化。

（2）半固态合金的制备方法

制备具有非枝晶组织的半固态合金浆料，除采用原始的机械搅拌法外，近些年又开发了一些新方法，如电磁搅拌法、超声振动搅拌法、应变激活法、喷射铸造法、控制浇注温度法、喷射沉积法及液相线法等。目前已进入工业应用的主要是电磁搅拌法和应变激活法，其他方法都还处在试验阶段，尚未投入工业应用。

① 机械搅拌法。机械搅拌法有两种类型：一种是早期由 M. C. F. Lemings 等采用的由两个同心带齿圆筒组成的搅拌装置，内筒静止，外筒旋转，从而得到非枝晶组织的半固态浆料；另一种是在熔融的金属中插入搅拌器来进行搅动。机械搅拌法的设备比较简单，并且可以通过控制搅拌温度、搅拌速度和冷却速度等工艺参数来研究金属的搅动凝固规律和半固态

金属的流变性能。目前实验室研究大多采用此法。

机械搅拌法的缺点是：操作困难，生产效率低；固相率只能限制在 30%～60% 范围内；插入熔融金属的搅拌器会造成污染而影响材料的性能等；对高熔点的黑色金属，由于搅拌桨叶材料的限制，应用受到限制；容易氧化的镁合金也不适宜采用此法。

② 电磁搅拌法。电磁搅拌法是利用电磁感应在熔融的金属液中产生感应电流，感应电流在外加旋转磁场的作用下促使金属固液浆料激烈地搅动，使枝晶组织转变为非枝晶组织。将电磁搅拌法与连铸技术相结合可以生产连续的搅拌铸锭，这是目前半固态铸造工业应用的主要生产工艺方法。

产生旋转磁场的方法主要有两种：一种是在感应线圈内通交变电流的传统方法，如图 1-10 所示；另一种是旋转永磁体法。两者相比，后者造价低、能耗少，同时电磁感应由高性能的永磁材料组成，其内部产生的磁场强度高，通过改变永磁体的排列方式，可以使金属液产生明显的三维流动，提高了搅拌效果。

与机械搅拌法相比，电磁搅拌法不会造成金属浆料的污染，也不会卷入气体，金属浆料的质量较高，参数控制也较方便；缺点是设备投资较大，工艺也比较复杂，制造成本较高。

③ 应变激活法。应变激活法是将常规铸锭经热态挤压预变形制成半成品棒料，通过变形破碎铸态组织，然后对热变形的棒料再施加少量的冷变形，在组织中预先储存部分变形能量，最后按需要将变形后的金属棒料分切成一定大小，加热到固液两相区等温一定时间，快速冷却后即可获得非枝晶组织铸锭。在加热过程中先是发生再结晶，然后部分熔化，最终球形固相颗粒分散在液相中，获得半固态组织。该方法制备的压铸金属坯料纯净，产量较大，对制备熔点较高的非枝晶合金具有独特的优越性。缺点主要是制备的坯料尺寸较小，只适合制作小型零件毛坯，另外还要多一道预变形工序，增加成本。

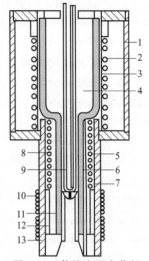

图 1-10 传统半固态浆料连续制备装置

1—外壳；2,10,13—感应线圈；3—坩埚；4—熔融金属；5—感应冷却线圈；6—捣实的耐火材料；7—热电偶；8—陶瓷材料；9—金属浆液；11—陶瓷套筒；12—绝缘材料

（3）半固态压铸成型方法

半固态压铸通常分为两种：流变压铸和触变压铸。前者是将得到的半固态金属浆料在保持其半固态温度下直接压射到型腔里形成铸件，

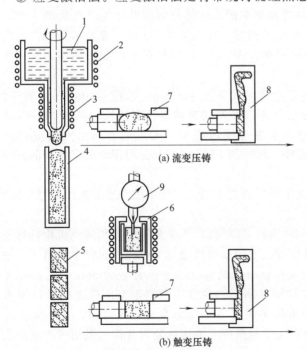

(a) 流变压铸

(b) 触变压铸

图 1-11 半固态压铸装置原理

1—压铸合金；2—感应加热器；3—冷却器；4—流变铸锭；5—坯料；6—坯料重新加热装置；7—压射室；8—压铸模；9—软度指示针

如图 1-11（a）所示；后者是将半固态浆料进一步凝固制成一定大小的坯料后，再按需要将坯料分切成一定大小，成型时把切分的半固态坯料重新加热到半固态温度，然后送入压室进行压铸，如图 1-11（b）所示。

由于直接获得的半固态金属浆料的保存和输送很不方便，故流变压铸实际投入应用的很少，只有一种被称为射铸的流变压铸成型技术已进入实用阶段。射铸成型类似于塑料的注射成型法，它是一种将粉末或块状金属通过料斗送入高温螺旋混炼机加热到半熔化状态（固相率为 30%～40%）后，以混炼螺旋为活塞，通过喷嘴高速射入模具内而得到制品的方法，该方法只应用于镁合金。

由于半固态坯料的加热、输送很方便，并易于实现自动化操作，因此触变压铸是当今半固态铸造的主要工艺方法。普通压铸工艺中有一个缺点，是液态金属射出时空气易卷进制品中形成气泡，故普通的压铸件是不能进行热处理的。在半固态压铸时，通过控制半固态金属的黏度和固相率，可以改变熔体充型时的流动状态，抑制气泡的产生，使制品的内在质量大大提高，并可以经过热处理达到高品质化，从而有可能应用到重要零件上，并可以制造出锻造难以成型的复杂形状制品。

（4）半固态压铸的应用

金属半固态压铸技术已在铝合金、铜合金、镁合金、钢、高温合金零件的生产中投入了商业性生产，其中在铝合金零件加工方面进行了约 15 年的商业化生产，对变形铝合金与铸造铝合金全面适用，零件质量可轻到 20g，重到 15kg，已为汽车、摩托车、家用电器、电子产品、通信器材、航空航天器生产了大批零件。目前，国内外半固态技术应用最广泛和成功的领域是汽车行业，利用半固态铝合金触变成型工艺生产的主要汽车零件有：制动总泵体、连杆端头、油道、悬挂件、转向齿杆壳件、刹车制动筒、摇臂、发动机活塞、轮毂、传动系统零件等，并已经应用于一些名牌轿车上。

美国的 AEMP 公司是世界上首家具备金属半固态压铸技术商业化生产能力的厂家，该公司使用电磁搅拌技术生产出供触变成型用的圆锭，建成了世界上第一条高容量和高度自动化的触变成型生产线，为美国福特汽车公司生产了 1500 万件铝合金压缩机活塞，其成品率几乎为 100 %，并拥有相关专利 60 多项。

在欧洲，意大利 Stampal 公司能够生产直径为 90～110mm、长度为 4000mm 的锭坯，并采用半固态加工技术为福特汽车公司生产 ZETA 发动机油料注射挡块。英国 Sheffield 大学的 Kapranos 等在 100kN 锻压机上进行半固态模锻成型，成功制造出尺寸精度极高的 A357 铝合金锻件和 M2 工具钢齿轮等零件。德国的 EFU Gmbh 公司用半固态压铸的方法制造了铝合金汽车连杆及有叉筋的厚臂件。

日本在 1988 年设立了金属半固态加工开发研究公司，开展半固态成型技术的基础研究，1994 年转入半固态金属成型件的产品开发。

国内对半固态金属成型的研究始于 20 世纪 80 年代，不少高等院校和研究机构自行设计了不同类型的实验设备，在半固态金属成型技术的基础理论与工业应用研究中取得了一些成果。如北京有色金属研究总院利用电磁搅拌设备已能够连续生产直径为 80mm 的铝合金半固态坯料，并与东风汽车公司合作，试验用半固态铝合金生产汽车空压机连杆及轿车水泵盖；北京科技大学用电磁搅拌法成功制备出半固态 AlSi7Mg 合金连铸坯料，并用触变成型技术生产出汽车制动总泵泵体毛坯；重庆大学与重庆九方铸造公司合作，采用触变成型技术制成 JH70 型摩托车发电机支架镁（铝）合金支架；山西恒裕铝业有限公司与清华大学合作，开发出汽车和摩托车零件的半固态加工技术；华中科技大学研制出了集半固态浆料制备、输送和注射成型于一体的半固态镁合金流变注射成型机。

1.2.2 真空压铸

真空压铸是利用辅助设备将压铸模型腔内的空气抽除而形成真空状态（真空度在52～82kPa范围内），并在真空状态下将金属液压铸成型的方法。

（1）真空压铸的特点

① 由于模腔内空气量很少，压铸件内部和表面的气孔显著减少或消除，于是压铸件的致密度增大，力学性能和表面质量得到提高，镀覆性能也得到改善，能进行热处理。如真空压铸的锌合金铸件，其强度较一般压铸法增高19%，铸件的细晶层厚度增加了0.5mm。

② 压铸模型腔内空气的抽出，使充填反压力显著地降低，于是可采用较低的压射压力（较常用的压射压力约低10%～15%，甚至达40%），可在提高强度的条件下，使压铸件壁厚减小20%～50%。如一般压铸锌合金时，铸件平均壁厚为1.5mm，最小壁厚为0.8mm，而真空压铸锌合金时，铸件平均壁厚为0.8mm，最小壁厚为0.5mm。

③ 可减小浇注系统和排气系统尺寸。

④ 采用真空压铸法可提高生产率10%～20%。在现代压铸机上可以在几分之一秒内抽成所需要的真空度，并且随压铸模型腔中反压力的减小，增大了压铸件的结晶速度，缩短了压铸件在压铸模中停留的时间。

⑤ 可使用铸造性能较差的合金进行压铸成型，也可用小型压铸机压铸较大或较薄的压铸件。

⑥ 密封结构复杂，制造及安装困难，成本较高，而且难以控制。

（2）真空压铸装置及抽空方法

真空压铸需要在很短的时间内达到所要求的真空度，因此必须根据型腔的容积先设计好预真空系统，如图1-12所示。

真空压铸的抽气装置大体上有以下两种类型。

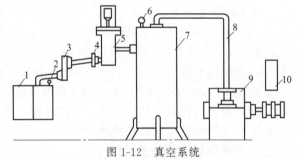

图1-12 真空系统

1—压铸模；2,6—真空表；3—过滤器；4—接头；5—真空阀；7—真空罐；8—真空管道；9—真空泵；10—电动机

① 利用真空罩封闭整个压铸模。其装置如图1-13所示。合模时将整个压铸模密封，金属液浇注到压室后，利用压射冲头将压室密封，打开真空阀，将真空罩内空气抽出，再进行压铸。

② 借助分型面抽真空。其装置如图1-14所示。将压铸模排气槽通入截面较大的总排气

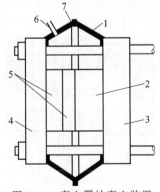

图1-13 真空罩抽真空装置

1—真空罩；2—动模座；3—动模架；4—定模架；5—压铸模；6—接真空阀通道；7—弹簧垫衬

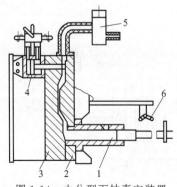

图1-14 由分型面抽真空装置

1—压射室；2—定模；3—动模；4—液压缸；5—真空阀；6—行程开关

槽，再与真空系统接通。压铸时，当压铸冲头封住浇口，行程开关 6 自动打开真空阀 5，开始抽真空。当压铸模充满金属后，液压缸 4 将总排气槽关闭，防止液体金属进入真空系统。这一方法需要抽出的空气量少，而且压铸模的制作和修改很方便。

（3）真空压铸模具设计

真空压铸模具设计应注意以下两点：

① 由于型腔内气体很少，压铸件激冷速度加快，为了有利于补缩，内浇道厚度比普通压铸加大 10%～25%。

② 因压铸件冷凝较快，结晶细密，故合金收缩率低于普通压铸。

1.2.3 充氧压铸

充氧压铸是在铝金属液充填型腔之前，用干燥的氧气充填压室和压铸模型腔，以置换其中的空气和其他气体。当铝金属液充填时，氧气一方面通过排气槽排出，另一方面与喷散的铝金属液发生化学反应：

$$4Al + 3O_2 \Longrightarrow 2Al_2O_3$$

生成 Al_2O_3 质点，从而消除不加氧时压铸件内部形成的气孔。这种 Al_2O_3 质点颗粒细小，约在 $1\mu m$ 以下，其质量占压铸件总质量的 0.1%～0.2%，分散在压铸件内部，不影响力学性能，并可使压铸件进行热处理。

（1）充氧压铸的特点

充氧压铸仅适用于铝合金压铸。充氧压铸具有如下特点：

① 消除或减少气孔，提高压铸件质量。充氧后的铝合金比一般压铸法铸态强度可提高 10%，伸长率增加 1.5～2 倍。因压铸件内无气孔，故可进行热处理，热处理后强度又能提高 30%，屈服极限增加 100%，冲击韧性也有显著提高。

② 因 Al_2O_3 具有防蚀作用，故充氧压铸件可在 200～300℃ 的环境中工作，也可以焊接。

③ 与真空压铸比较，结构简单，操作方便，投资少。

④ 充氧压铸对合金成分烧损甚微。

（2）充氧压铸装置及工艺参数

① 充氧压铸装置。充氧压铸装置如图 1-15 所示。充氧方法很多，一般有压室加氧和模具上加氧两种形式。

② 充氧压铸工艺参数。充氧压铸工艺如图 1-16 所示。在合模过程中，当动、定模的间距为 3～5mm 时，从氧气瓶通过安全阀和管道中来的氧气（压力 0.3～0.5MPa）经分配器

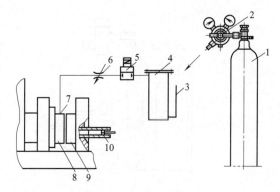

图 1-15 充氧压铸装置

1—氧气瓶；2—氧气表；3—氧气软管；4—干燥器；5—电磁阀；
6—节流阀；7—接嘴；8—动模；9—定模；10—压射冲头

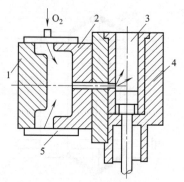

图 1-16 充氧压铸工艺

1—动模；2—定模；3—压室；
4—反料活塞；5—分配器

（20个ϕ3小孔，均匀进气）充入型腔。此时，合模工序继续进行，待合模完毕后，继续充氧一段时间，关闭氧气阀，根据经验略等片刻，再浇入铝液，进行正常的压铸工艺过程。

充氧压铸时，压铸工艺参数的控制很重要，应严格控制以下几个因素：

a. 充氧时间。充氧开始时间视压铸件大小及复杂程度而定，一般在动定模相距3～5mm开始充氧，略停1～2s再合模。合模后要继续充氧一段时间。

b. 充氧压力。充氧压力一般为0.3～0.5MPa，以确保氧的流量。充氧结束应立即压铸。

c. 压射速度与压射比压。压射速度与压射比压与普通压铸基本相同。压铸模具预热温度略高，一般为250℃，以便使涂料中的气体尽快挥发排除。

d. 应合理设计压铸模的浇注系统和排气系统，否则会发生氧气孔。

1.2.4 精速密压铸

精速密压铸是一种精确的、快速的和密实的压铸方法，又称为套筒双冲头压铸法。精速密压铸法采用的压铸机比普通压铸机增加了一个二次压射机构。其机构如图1-17所示。双冲头机构由一个大冲头和一个小冲头构成，两个冲头组成一体，又各自独立地由液压缸推动。

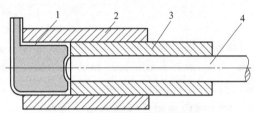

图1-17　精速密压铸法压射机构

1—余料；2—压室；3—大冲头；4—小冲头

压射动作开始时，大、小冲头同时向左进行压射，当铸件外壳凝固后，大冲头不能继续前进时，小冲头继续前进50～150mm，把压室内部未凝固的金属液压入型腔，起压实和补缩作用。

用普通压铸法生产的压铸件具有两个基本缺陷——气孔和缩孔。应用精速密压铸法可以在较大程度上消除这两种缺陷，从而提高压铸件的使用性能，扩大压铸件的应用范围。

（1）精速密压铸法的特点

① 低充填速度。精速密压铸法金属液的充填速度是一般压铸法的10%，为慢速充填，采用较低的压射速度和压力，可以减轻压射过程中发生的涡流和喷溅现象，后者往往是包住空气、导致形成气孔的主要原因。

② 厚的内浇口。为了发挥小冲头的作用，浇口截面积必须比较大（内浇口厚度为5～10mm）才能更好地传递压力，提高压铸件的致密度。内浇口应开设在压铸件下部的厚壁处，其厚度等于压铸件壁厚。

③ 控制压铸件顺序凝固。压铸模型腔在受控的情况下冷却（由外壁向内壁冷却，能达到顺序凝固），因而有利于消除缩孔和气孔。

④ 压射机构采用双冲头。用小冲头辅助压实，并降低压射速度。

⑤ 延长压铸模寿命。用精速密压铸法生产的压铸件与一般压铸件相比，压铸件密度大，尺寸公差小，强度高，废品率低，可焊接性良好，可进行热处理，从而延长了压铸模寿命。

（2）精速密压铸法的工艺控制

① 金属液射入内浇道的速度为4～6m/s，为普通压铸的20%。

② 压铸后用内压射冲头补充加压，此时的比压是3.5～100MPa。内压射冲头的行程为50～150mm。

③ 控制压铸件顺序凝固。由于金属液充填速度和压力均低，故金属液可平稳地充填型腔，由远及近向内浇道方向顺序凝固，使内压射冲头更好地起到压实作用。另外，可在压铸件的厚壁处，也可在压铸模上另设补充压射冲头，对压铸件补充压实，以获得致密的组织，

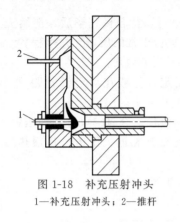

图 1-18　补充压射冲头
1—补充压射冲头；2—推杆

其结构如图 1-18 所示。

1.2.5　黑色金属压铸

黑色金属比有色金属熔点高，冷却速度快，凝固范围窄，流动性差。所以，黑色金属压铸时，压室和压铸模的工作条件十分恶劣，压铸模寿命较低，一般材料很难适应要求。此外，在液态下长期保温黑色金属易于氧化，从而又带来了工艺上的困难。为此，寻求新的压铸模材料，改进压铸工艺就成了发展黑色金属压铸的关键。近年来，由于模具材料的发展使黑色金属压铸进展较快，目前灰铸铁、可锻铸铁、球墨铸铁、碳钢、不锈钢和各种合金钢等黑色金属均可压铸成型。

高熔点的耐热合金（主要是钼基合金、钨基合金）是目前黑色金属压铸中常用的压铸模材料，它们都具有良好的抗热疲劳性能。虽然钼基合金和钨基合金价格昂贵，但寿命长，所以综合经济指标还是合理的。

（1）黑色金属压铸模具设计原则

① 由于模具寿命低，因此除型腔镶块外的成型部分应采用能够快速更换的组合结构。

② 型腔部分应尽量做成整体式镶块，否则接缝处会很快扩展成大裂痕。

③ 过热部分要设置较多的冷却通道，以求达到模具热平衡。

④ 模具体积应比压铸有色金属的体积适当增大一些，以便减小模具温度波动范围。

（2）黑色金属压铸模具主要部分的设计

① 压射冲头。为了避免在高温金属液的冲击下，压室由于受热不匀产生变形和金属液快速失热形成凝固的金属表皮渗入压室与压射冲头的间隙，造成压射机构的故障，实际生产中，在不通水冷却的压射冲头与压室间效果较好的配合间隙如表 1-1 所示。

表 1-1　压射冲头与压室间效果较好的配合间隙　　　　　　　　　mm

压室直径	间隙	压室直径	间隙
40	0.7～0.15	60	0.125～0.175
50	0.10～0.15	70	0.125～0.175

② 内浇口。黑色金属压铸件内浇口截面积大而长度短，通常为有色金属的数倍，其目的是使金属液平稳地进入型腔和在压力下结晶。浇口厚度一般为压铸件壁厚的70%～100%。

③ 排溢系统。排气槽要宽些，深度为0.15～0.2mm，集渣包外面的深度为0.3mm，其进口处的槽深也要比压铸有色金属的深些。

④ 推杆的设计。由于推杆较细，黑色金属的压铸温度又高，因此推杆受金属液冲刷后很容易变尖，这样，金属液渗入后易引起压铸件产生毛刺和不平整。所以模具设计时应考虑尽可能利用零件特点，不采用推杆推出压铸件；必须设计推杆时，推杆位置尽量不设计在压铸件上；当推杆需直接推出压铸件时，推杆最好采用组合结构，头部做成活头。

⑤ 采用快换镶块。当成型部分熔蚀磨损后，为了不致中断生产，可采用快换镶块结构。这种结构只需松开螺钉，将压板转动，抽出插板，即可更换镶块。

⑥ 采用卸件活块。推杆直接推卸件活块，压铸件既没有推杆痕迹，又不易变形。

⑦ 模具材料的选用。主要采用钼基合金和钨基合金，目前应用最广泛的两种合金为：Ti 0.5%～1.5%、Zr 0.08%～0.5%，其余为 Mo 和 Ni4%、Mo4%、Fe2%，剩余为 W。其主要特点为：热（膨）胀系数仅为普通模具钢的1/3，但导热性却相当于普通模具钢的5倍；在压铸温度范围内不产生任何相变；材料的耐热疲劳性能和抗热裂性能好，且能承受较

大的流体冲击。

1.2.6 计算机技术在压铸中的应用

随着计算机技术的发展，计算机模拟仿真已成为材料与制造科学的前沿领域。据测算，模拟仿真可大幅度提高产品质量，增加材料出品率 25％，降低工程技术成本 13％～30％，降低人工成本 5％～20％，缩短产品设计和试制周期 30％～60％。铸造过程的宏观模拟经30 多年发展已用于砂型铸造、压力铸造、熔模铸造等铸造方法中，已是一项十分成熟的技术。

用计算机可以模拟仿真压铸时金属液充型流动情况；分析金属液温度变化、铸件凝固过程和应力分布等，即流场、温度场和应力场等；分析金属液在压室浇注系统和型腔中的流动情况，进而可优化浇注系统设计和压铸工艺参数选择，以减少吸气、流股分离等现象，提高压铸件质量。温度场数值模拟可预测铸件缩孔、缩松结果，以直接用于铸件工艺分析和优化。将流场和温度场结合可以预测冷隔和浇不到等铸造缺陷的产生，从而提前避免。应力场则能帮助预测和分析铸件残余应力、变形和裂纹，以控制应力应变造成的缺陷，优化工艺。

利用计算机模拟仿真技术，在压铸件工艺和模具设计后就能预测压铸件质量，如果不能保证压铸件质量，那么可修改工艺和模具设计，直至能保证铸件质量为止。随后可利用计算机辅助设计和制造来设计和制造压铸模，从而大大缩短压铸产品设计和试制周期，提高产品质量。

国内外用于压力铸造的计算机模拟仿真软件很多。表 1-2 是部分压力铸造过程模拟仿真软件。

表 1-2 部分铸造过程模拟仿真软件

软件名称	主要功能	适用范围	
		铸造方法	合金种类
AFS Solidification System（3D）	几何建模、充型、凝固、CAD界面	砂型、壳型、金属型、熔模铸造	各种铸造合金
CASTCAE	几何建模、充型、凝固、铸造微观组织、CAD界面	砂型、壳型、压铸、V法、熔模铸造	各种铸造合金
CASTVIEW	几何建模、充型、凝固、铸造微观组织、残余应力、CAD界面	砂型、金属型、压铸、低压铸造	钢、铁、铝、锌、铜、铅等合金
FLOW-3D	几何建模、充型、凝固、铸造微观组织	所有铸造方法	所有合金
MAGMASOFT	几何建模、充型、凝固、铸造微观组织、残余应力、CAD界面、铸件变形	砂型、金属型、压铸、低压铸造	钢、铁、铝和其他有色合金
MAVIS DIANA	几何建模、凝固、CAD界面、铸造过程中尺寸变化	MAVIS全部重力铸造、DIANA压铸	—
PASSAGF/POWERCAST	几何建模、充型、凝固、铸造微观组织、CAD界面	所有铸造方法	所有铸造合金
ProCAST	几何建模、充型、凝固、铸造微观组织、残余应力、CAD界面	砂型、金属型、压铸、低压铸造、熔模铸造、离心和连续铸造、消失模铸造	所有铸造合金

续表

软件名称	主 要 功 能	适 用 范 围	
		铸造方法	合金种类
SIMTEC	几何建模、充型、凝固、铸造微观组织、残余应力、CAD界面	任何一种铸造方法和热处理	—
Soldia	几何建模、充型、凝固、CAD界面	砂型、金属型、压铸、低压铸造、熔模铸造、热处理	铸钢、铸铁、不锈钢、铝、铜及其合金
华铸CAE	几何建模、充型、凝固、CAD界面	砂型、金属型、压铸、低压铸造、离心铸造、熔模铸造	铸钢、铸铁、不锈钢、铝合金等
清华FT-STAR	几何建模、充型、凝固、铸造微观组织、残余应力、CAD界面	砂型、金属型、压铸、熔模铸造	铸钢、铸铁、不锈钢、铝合金等

1.2.7 压铸新技术发展趋势

由于金属压铸成型有不可比拟的突出优点，在工业技术快速发展的年代，必将得到越来越广泛的应用。特别是在大批量的生产中，虽然模具成本高一些，但总的说来，其生产的综合成本得到大幅度降低。在如今这个讲求微利的竞争时代，采用金属压铸成型技术，更有其积极和明显的经济价值。

近年来，汽车工业的飞速发展给压铸成型的生产带来了机遇。出于可持续发展和环境保护的需要，汽车轻量化是实现环保、节能、节材、高速的最佳途径。用压铸合金件代替传统的铸铁件，可使汽车质量减轻30%以上。同时，压铸合金件还有一个显著的特点是传导性能良好，热量散失快，提高了汽车行车安全性。因此，金属压铸行业正面临着发展的机遇，其应用前景十分广阔。

中国的压铸业经历了50多年的锤炼，已成长为具有相当规模的产业，并以每年8%～12%的增长速度快速发展。但是由于企业人员综合素质还有待提高，技术开发滞后于生产规模的扩大，经营方式滞后于市场竞争的需要。从总体看，我国是压铸大国之一，但不是强国，压铸业的水平还比较落后。如果把中、日、德、美四国按压铸工业的综合系数相比，中国为1，则日本为1.75，德国为1.75，美国为2.4。可以看出，我国的压铸工业与先进国家相比还有差距。而这些差距正为我国压铸业的发展提供了广阔的空间。

压铸成型技术今后的发展方向如下。

（1）向大型化发展

随着市场经济的繁荣，新产品开发的势头迅猛。为了满足大型结构件的需要，无论是压铸机还是压铸模，向大型化方向发展势在必行。

（2）提高压铸生产的自动化水平

目前压铸生产的状况是压铸效率不高和人力资源的浪费制约了压铸生产的发展。比如，在冷压室压铸机上，金属液的注入以及压铸件的取出等运行程序的自动化程度不高。在压铸生产的这些环节中，只有提高自动化程度，才能满足大发展形势的需要。

（3）逐步改进和提高压铸工艺水平

压铸工艺是一项错综复杂的工作。除了从理论上研究外，还需经过实践的摸索和积累才能得到逐步的提高。但从现状看，还有一些需要完善的问题，比如，如何在金属液填充型腔时，减少和消除气体的卷入，生产出无气孔的压铸件；如何改进压铸工艺的条件，消除压铸件的缩孔、冷隔、裂纹等压铸缺陷，提高压铸件的综合力学性能。

目前已有这方面的实践，如采用真空压铸，以提前消除型腔中的气体，以及超高速压铸，使气孔微细化等新技术，均获得了较理想的效果。

（4）提高模具的使用寿命

压铸模是在高温高压状态下工作，使用寿命会受到一定的影响。目前我国压铸模的使用寿命与先进国家相比，仍有较大的差距。就大中型压铸模而言，我国的使用寿命一般在3万~8万次，而先进国家则为10万~15万次。

提高压铸模的使用寿命，首先从提高模具材料的综合性能及热处理技术入手，提高模具的耐热、耐磨、耐冲击、耐疲劳性能；同时，提高模具成型零件的制造精度，对延长模具寿命也有积极的意义。

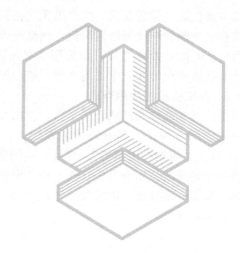

第2章
压铸合金及其熔炼

2.1 压铸合金的要求及特征

2.1.1 对压铸合金的基本要求

合理的选择合金，是压铸件设计工作中重要的环节之一。选择合金时，不仅要考虑所要求的使用性能，而且对合金的工艺性能也要给予足够的重视，在满足使用性能的前提下，尽可能多考虑工艺性能优良的合金。

在使用上，合金的选择很难给出特定的原则，在许多情况下，是由生产的手段、设备的条件、实际的经验、合金的来源等方面来决定的。当只能从使用性能上加以选择时，考虑的原则如下所述。

① 过热温度不高时具有较好的流动性，便于充填复杂型腔，以获得表面质量良好的压铸件。

② 压铸合金结晶温度范围要小。结晶范围大的合金，在凝固过程中，产生细分叉的树枝状结晶，增加了流动阻力，对充填效果产生影响，而且会在较长时间内处于半液态状态，阻碍了内部凝固，容易形成缩孔、组织疏松等压铸件缺陷。

当结晶范围小时，可使金属液在型腔内冷却，各个部位凝固的时间接近一致。具有小的结晶间隔和含有大量共晶体的合金是理想的压铸合金。

③ 熔点较低，有利于延长压铸模的使用寿命。

④ 热裂倾向小。压铸时，压铸合金在冷凝、固化和收缩的过程中，必然会产生应力而引起压铸件的热裂。压铸合金在固相线下要求有足够的强度，特别是在脱模温度下，热脆性要小，以防止热裂的现象发生，同时避免在推出过程中产生变形或碎裂。

⑤ 在常温下应具有较好的力学性能和较好的耐腐蚀性能，以满足压铸件的使用性能。

⑥ 在常温下应具有较好的机械加工性能，以便于再加工的需要。

⑦ 应具有稳定的物理、化学性能。压铸合金对型腔表面的腐蚀性要小，以减少粘模或熔蚀现象。

2.1.2 常用压铸合金及其主要特征

（1）压铸铝合金

压铸铝合金的使用性能和工艺性能都优于其他合金。而且来源丰富，所以在各国的压铸生产中都占有极重要的地位，其用量远远超过其他压铸合金。

铝合金的主要特点如下。

① 密度较小，比强度高。

② 在高温和常温下都具有良好的力学性能，特别是冲击韧性尤其好。

③ 有较好的导电性和导热性。机械切削性能也很好。

④ 表面有一层化学稳定、组织致密的氧化铝膜，故大部分铝合金在淡水、海水、硝酸盐以及各种有机物中均有良好的耐腐蚀性。但这层氧化铝膜能被氯离子及碱离子所破坏。

⑤ 具有良好的压铸性能、较好的表面粗糙度以及较小的热裂性。

压铸铝合金的化学成分见表 2-1。

表 2-1 压铸铝合金的化学成分

合金牌号	合金代号	化学成分（质量分数）/%										
		Si	Cu	Mn	Mg	Fe	Ni	Ti	Zn	Pb	Sn	Al
YZAlSi12	YL102	10.0~13.0	≤0.6	≤0.6	≤0.05	≤1.2	—	—	≤0.3	—	—	其余
YZAlSi10Mg	YL104	8.0~10.5	≤0.3	0.2~0.5	0.17~0.30	≤1.0	—	—	≤0.3	≤0.05	≤0.01	
YZAlSi12Cu2Mg1	YL108	11.0~13.0	1.0~2.0	0.3~0.9	0.4~1.0	≤1.0	≤0.05	—	≤1.0	≤0.05	≤0.01	
YZAlSi9Cu4	YL112	7.5~9.5	3.0~4.0	≤0.5	≤0.3	1.2	≤0.5	—	≤1.2	≤0.1	≤0.1	
YZAlSi11Cu3	YL113	9.6~12.0	1.5~3.5	≤0.5	≤0.3	1.2	≤0.5	—	≤1.0	≤0.1	≤0.1	
YZAlSi17Cu5Mg	YL117	16.0~18.0	4.0~5.0	≤0.5	0.45~0.65	≤1.2	≤0.1	≤0.1	≤1.2	—	—	
YZAlMg5Si1	YL303	0.8~1.3	≤0.1	0.1~0.4	4.5~5.5	≤1.2	—	≤0.2	≤1.2	—	—	

压铸铝合金力学性能及应用范围如表 2-2。

表 2-2 压铸铝合金力学性能及应用范围

合金牌号	合金代号	力学性能 ≥			应用范围
		抗拉强度 σ_b/MPa	伸长率 δ/% $L_0=50$	布氏硬度 HBS	
YZAlSi12	YL102	220	2	60	适用各种薄壁铸件
YZAlSi10Mg	YL104	220	2	70	适用大中型铸件
YZAlSi12Cu2Mg1	YL108	240	1	90	适用各种铸件
YZAlSi9Cu4	YL112	240	1	85	适用大中型铸件
YZAlSi11Cu3	YL113	230	1	80	适用大中型铸件

续表

合金牌号	合金代号	力学性能 ≥			应 用 范 围
		抗拉强度 σ_b/MPa	伸长率δ/% $L_0=50$	布氏硬度 HBS	
YZAlSi17Cu5Mg	YL117	220	<1	85	适用大中型铸件
YZAlMg5Si1	YL303	220	2	70	适用压铸各种薄壁件及在高强度下工作的铸件

（2）压铸锌合金

在压铸的发展史上，压铸锌合金曾占有相当重要的位置。它的主要特点如下。

① 压铸锌合金有较好的压铸性能，其流动性能良好，可压铸壁厚较薄的压铸件，弥补了密度大带来的质量影响。它的结晶温度范围小，易于成型，不易粘模，并易于脱模。

② 浇注温度较低，压铸模的使用寿命较长。

③ 收缩率较小，易保证压铸件的尺寸精度。

④ 综合力学性能较高，特别是抗压和耐磨的性能较好。

⑤ 锌合金压铸件表面可进行各种抗蚀和装饰处理，如化学处理、阳极氧化、电镀、静电喷涂、真空镀铬等。

⑥ 锌合金在浇注温度范围内，对压室和压铸模成型零件无腐蚀作用。压铸锌合金存在的问题是，它的老化现象比较严重。锌合金压铸件随着时间的延长，会引起变形或尺寸精度的变化，并使得强度和塑性显著降低。同时，当工作温度发生变化时，它的力学性能也发生变化。如工作温度低于−10℃，其冲击韧性会急剧降低；而在100℃以上时，其强度也会明显下降，并容易发生蠕变现象。因此，锌合金压铸件使用时的环境温度范围较窄。

压铸锌合金的化学成分和力学性能见表2-3。

表 2-3　压铸锌合金的化学成分和力学性能

合金牌号	合金代号	化学成分（质量分数）/%									力学性能（不低于）			
		主要成分				杂质（不大于）					σ_b /MPa	δ /%	硬度 HB	A_k /J
		Al	Cu	Mg	Zn	Fe	Pb	Sn	Cd	Cu				
ZZnAl4Y	YX040	3.5~4.3	—	0.02~0.06	其余	0.1	0.005	0.003	0.004	0.25	250	1	80	35
ZZnAl4Cu1Y	YX041	3.5~4.3	0.75~1.25	0.03~0.08		0.1	0.005	0.003	0.004	—	270	2	90	39
ZZnAl4Cu3Y	YX043	3.5~4.3	2.5~3.0	0.02~0.06		0.1	0.005	0.003	0.004	—	320	2	95	42

（3）压铸镁合金

压铸镁合金由于密度小，力学性能较好，故镁合金在压铸业的应用正在逐渐扩大。主要特点如下。

① 压铸镁合金的密度最小，只相当于铝合金的2/3左右，但有较高的比强度，比铝合金更为优越。如照相机、放映机等便于携带的轻便器件，采用压铸镁合金可大大减轻零件的质量。因此，采用压铸镁合金压铸这些零件几乎是唯一的选择。

② 压铸镁合金在低温时，仍有良好的力学性能，故可以制造在低温环境下使用的零件。

③ 液态的流动性较好。尺寸稳定，并易于切削加工。

④ 与钢铁的亲和力较小，减少了粘模现象，压铸件容易顺利脱模。

但由于镁是易燃物质，镁的粉尘会自行燃烧，而镁液在遇水后，也会产生剧烈的反应而导致爆炸。因此，在进行镁合金压铸生产时，应采取必要的安全防范措施。比如，对坩埚加密封盖以及充入保护气体，如 CO_2 等，使镁合金在封闭保护的状态下熔化。

压铸镁合金的化学成分和力学性能见表 2-4。

表 2-4　压铸镁合金的化学成分和力学性能

合金牌号	合金代号	化学成分（质量分数）/％									力学性能（不低于）		
		主要成分				杂质（不大于）					σ_b /MPa	δ /％	硬度 HB
		Al	Zn	Mn	Mg	Fe	Cu	Si	Ni	总和			
YZMgAl9Zn	YM5	7.5～9.0	0.2～0.8	0.15～0.5	其余	0.08	0.1	0.25	0.01	0.5	200	1	65

（4）压铸铜合金

压铸铜合金主要是压铸黄铜合金。虽然它的熔点较高，但因为它具有许多优越性能，所以仍然有一定的应用价值。主要特点如下。

① 它的力学性能和耐磨性均优于铝、锌等压铸合金。

② 在大气中及海水中都有很强的耐腐蚀性能。

③ 导电性和导热性能良好，并具有抗磁性能。常用来制造不允许受磁场干扰的仪器上的零件。

压铸铜合金的浇注温度较高，压铸模的寿命相对较低，而原材料价格偏高，因此，目前在压铸业的应用受到一定的限制。

2.2　压铸合金的选用及检测

2.2.1　压铸合金的选用

合理地选择压铸合金，是压铸件设计工作中重要的环节之一。不同种类的压铸合金，其性能各有差异。设计人员在选择压铸合金时，不仅要考虑所要求的使用性能，而且对压铸合金的工艺性能也要给予足够的重视，在满足使用性能的前提下，尽可能多地选用工艺性能优良的压铸合金。

压铸合金的性能包括使用性能和工艺性能两方面，其具体内容见表 2-5。

表 2-5　压铸合金的性能

性能类别	项　　目	内　　容
使用性能	力学性能 物理性能 化学性能	抗拉强度、伸长率、硬度、密度、熔点、凝固点、线胀系数、比热容、热导率、耐蚀性
工艺性能	铸造工艺性能 可加工型 焊接性能 热处理性能	流动性、抗热裂性、模具黏附性

选择压铸合金应考虑的因素有以下几项。

① 压铸件的受力状态。这是选择压铸合金的主要依据，但不是唯一的依据。

② 压铸件工作环境状态。压铸件的工作环境状态有以下三种。

a. 工作温度：高温和低温要求。

b. 接触的介质：如潮湿大气、海水、酸碱等。

c. 密闭性要求：气压、液压密闭性。

③ 压铸件在整机或部件中所处的工作条件。

④ 对压铸件的尺寸和重量所提出的要求。

⑤ 生产条件。熔化设备、压铸机、工艺装置及材料等。

⑥ 经济性。

2.2.2 压铸合金性能检测

（1）化学成分检测

化学成分检测主要是进行化学分析和光谱分析，通过分析鉴别成品合金中的主要化学成分和杂质含量。

试样的制取一般是从每一炉合金压铸到容量的一半时进行制取，试样浇注在专用锭模内。

（2）力学性能检测

生产中力学性能是以测定标准试样作为代表的。

① 压铸试样类型和尺寸。压铸铝合金的力学性能是在规定的工艺参数下，采用单铸拉力试样所测得的铸态性能。试样的形状及尺寸应符合 GB/T 13822—1992《压铸有色合金试样》的规定。GB/T 13822—1992 是参照国外标准，并结合国内具体条件制定的。拉力试样的形状、尺寸与 ASTMEBM、JISH5301 和 BS1004 的规定相同，即直径为 $\phi 6.4$mm，标距为 50mm。冲击韧度试样尺寸也与 ASTM、JIS 和 BS 中的规定相同。

a. A 型拉力试样如图 2-1 所示，适用于测定抗拉强度和伸长率。

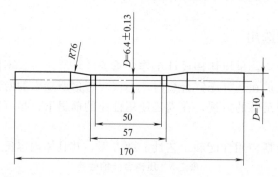

图 2-1　A 型拉力试样

b. B 型拉力试样如图 2-2 所示，适用于抗拉强度比较试验和硬度测定。

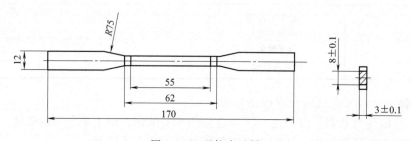

图 2-2　B 型拉力试样

c.冲击韧度试样如图 2-3 所示，试验前截为两根，试验时摆锤冲击在试样最窄面。

图 2-3 冲击韧度试样

② 压铸试样工艺图

a.压铸合金试样工艺图及尺寸见图 2-4。

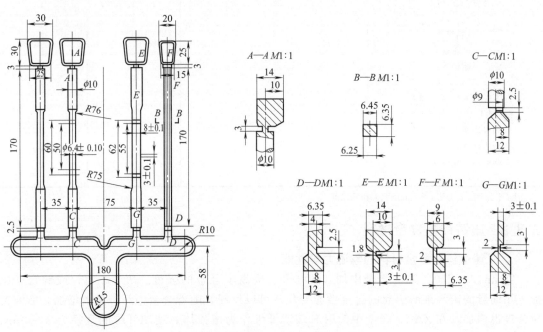

图 2-4 压铸合金试样工艺图及尺寸

b.有色压铸合金试样压铸工艺参数见表 2-6。

表 2-6 有色压铸合金试样压铸工艺参数

合金种类	浇注温度/℃	压铸型温度/℃	压射比压/MPa	压射活塞速度/(m/s)
压铸锌合金	390～410	150～200	40～60	1～2
压铸铝合金	液相线＋(30～70)	200～250	50～70	1～2
压铸镁合金	600～640	300～240	50～70	1～2
压铸铜合金	液相线＋(30～50)	300～350	65～70	1～2

2.3 压铸复合材料

2.3.1 压铸铝基复合材料

压铸铝基复合材料也叫压铸铝合金复合材料（Al-MMC），是最近 10 年的产物，且目前

在世界上并不普遍。压铸铝合金复合材料的主要成分是在 A380（ADClO）和 A360
（ADC3）铝合金基体中加入质量分数为 $10\%\sim20\%$ 的碳化硅（SiC）而形成。其力学性能较
普通铝合金有很大提高，强度提高了 $40\%\sim90\%$。

　　但由于 SiC 的加入，可加工性下降，需采用多晶的硬质刀具（DCD）进行加工，使其成
本提高了 $3\sim4$ 倍，应用受到很大限制。复合材料的编号一般由组成复合材料的金属代号表
示，代号之间用一条斜线隔开。

　　压铸铝合金复合材料力学性能见表 2-7。

表 2-7　压铸铝合金复合材料力学性能

合金代号	F3D. 10S-F 380/SiC/10p	F3D. 20S-F 380/SiC/20p	F3N. 10S-F 360/SiC/10p	F3N. 20S-F 360/SiC/20p
抗热裂性能	1	1	1	1
模腔充填性	1	1	1	1
抗粘模性	3	3	2	2
气密性	2	2	2	2
耐蚀性	5	5	3	3
可加工性	4	4	4	4
铸件表层加工：抛光难易度	5	5	5	5
铸件表层加工：电镀难易度	2	2	2	2
阳极表面处理难易度	4	4	4	4
阳极表面保护处理难易度	5	5	4	4
强度随高温变化特性	1	1	1	1
耐磨耗性	1	1	1	1

　　注：1 为优；5 为劣；$2\sim4$ 介于 1 和 5 之间。

2.3.2　压铸锌基复合材料

（1）铸造锌基复合材料的常温力学性能

　　在 Zn4Al1Cu0.05Mg 合金中加入碳纤维，提高了合金的强度。表 2-8 为锌或锌合金中
加入不同量的碳纤维所引起的合金性能变化，可以发现，随着合金中纤维量的增加，实测抗
拉强度也增加。在 ZA-27 合金中使用 E 玻璃纤维作为增强体。玻璃纤维的直径为 $4\sim6\mu m$，
长度为 0.4～0.6mm。表 2-9 为 E 玻璃纤维加入量与合金性能的关系。可见，随着纤维含量
的增加，复合材料的抗拉强度及弹性模量均增大，而伸长率及冲击韧度均降低。用塑性较高
的 Zn-12Al 合金为基体，以 SiC 晶须作增强体制作的复合材料，试验发现随晶须体积分数的
增加（10%、20%、30%），抗拉强度也增加（369MPa、407MPa、536MPa）。由此可见，
在合金中加入纤维或晶须，对提高合金的抗拉强度、弹性模量及硬度是有利的。用混合定律
计算复合材料的强度，并与试验值进行了比较，发现二者之间有较大的差异。分析其原因大
体有三点：一是锌合金易于氧化，在增强体表面形成氧化物，这些氧化物阻止液体浸入增强
体，因此削弱了基体和增强体的结合；二是增强体在基体中分布并不均匀，会造成局部应
力，这也是造成材料性能偏低的原因；三是与增强体在制造中受损有关。

表 2-8　铸造锌复合材料的力学性能

材料	碳纤维体 积分数/%	实测抗拉 强度/MPa	计算抗拉 强度/MPa	材料	碳纤维体 积分数/%	实测抗拉 强度/MPa	计算抗拉 强度/MPa
锌	0	36	—	锌合金	0	90	—
	6.0	165	192		6.0	179	244
	10.8	188	318		10.6	199	346
	12.7	237	367		14.6	262	464

表 2-9　E 玻璃纤维增强 ZA-27 复合材料的性能

玻璃纤维质量分数/%	抗拉强度/MPa	硬度 HBW	弹性模量/GPa	伸长率/%	冲击吸收功/J
0	302	126	77	9.1	39
1	349	130	79	7.7	31
3	360	132	84	6.7	27
5	382	137	45	6.1	24

在碳纤维增强复合材料中发现，对纤维的预处理会降低纤维本身的强度。所用合金基体为 Zn4Al1Cu0.05Mg，所用纤维的直径为 $7\mu m$，其抗拉强度为 2940MPa。为了改善纤维与基体在高温的相容性，采取了纤维表面化学镀镍的方法。在制造时，将镀膜纤维铺设在钢模中，表面铺撒石墨。通过覆膜后的纤维，强度下降到 2548～2646MPa。和玻璃纤维增强复合材料一样，碳纤维增强锌铝合金的冲击吸收功也大大下降（见表 2-10）。对体积分数为 20% 的长碳纤维增强 ZA-4Al 复合材料的冲击试验表明，碳纤维的加入使 ZA-4Al 合金的冲击吸收功从 22.4J 减小到 7.5J。表 2-11 列出了在 ZA-8、ZA-27 合金中加入体积分数 20% 的碳纤维，体积分数 20% 的不锈钢纤维（含质量分数 20% 的 Cr 及 5% 的 Al）及体积分数 20% 的 Saffil 纤维（含质量分数 96%～97% 的 Al_2O_3 及质量分数 2.3% 的 SiO_2）。可以看出，复合材料的冲击韧度都大大降低了。结果表明，C 纤维、不锈钢纤维以及 Saffil 纤维的加入均大大降低了 ZA 合金的冲击韧度，加入 Saffil 纤维冲击韧度下降最大。Saffil/ZA-27 复合材料的冲击韧件是 ZA-27 基体的 1/8，而 C/ZA-8、不锈钢/ZA-8 的断裂韧度是基体的 1/2。分析表明，锌复合材料冲击韧度的提高和增强与细化了基体的晶粒有关。锌合金复合材料冲击韧度的降低主要受界面结合状态的影响。

表 2-10　材料的冲击性能

材料	纯锌	碳纤维增强锌基复合材料	锌合金	碳纤维增强锌合金基复合材料
冲击吸收功/J	5.6	7.4	22.4	7.5

表 2-11　复合材料的冲击韧度

材料	ZA-8	ZA-27	不锈钢/ZA-8	C/ZA-8	Saffil/ZA-27
冲击韧度/(J/cm²)	9	16	4	4.4	2

（2）铸造锌基复合材料的高温性能

α-Al_2O_3/ZA-12 复合材料研究表明，复合材料的抗拉强度随试验温度的下降幅度明显低于基体，纤维体积比 F 越大，复合材料抗拉强度随温度的下降幅度越小，室温下复合材料的抗拉强度低于基体，但温度升到 80℃时，复合材料的抗拉强度已接近或超过基体。在 150℃时，复合材料的抗拉强度已明显高于基体。这些结果表明，α-Al_2O_3/ZA-12 复合材料具有较好的高温强度，α-Al_2O_3 短纤维的加入使 ZA-12 合金的耐高温能力提高近 50℃。实际上，复合材料最明显的是改善了合金与热有关的性能及参数，如热（膨）胀系数、蠕变抗力和时效与性能的关系等。

高温时效对锌基复合材料的影响与对锌铝合金的影响是有区别的，原因是复合材料中增强相参与了作用。表 2-12 列出了 ZA-27 复合材料在不同温度下时效的硬度变化。可以看出，时效仍然能使复合材料的硬度提高，说明增强体与时效处理的结合可以继续提高锌铝合金的硬度。含体积分数 5% 玻璃纤维的复合材料的时效硬度可达 142HBW 以上。还可以看出，含增强体量较少的复合材料的硬度随时效时间增加的幅度较大。在时效 18h 后，含体积分数 1% 纤维的复合材料的硬度与含体积分数 3% 纤维的复合材料硬度基本相同，但是与含体积分数 5% 纤维复合材料的硬度还是有差距的。由表 2-12 中也能看出，时效温度对硬度的影响并不大。

表 2-12 时效对 E 玻璃纤维增强 ZA-27 复合材料的硬度的影响

时效时间/h	75℃时效硬度（HBW）			100℃时效硬度（HBW）			150℃时效硬度（HBW）		
	1%玻璃纤维	3%玻璃纤维	5%玻璃纤维	1%玻璃纤维	3%玻璃纤维	5%玻璃纤维	1%玻璃纤维	3%玻璃纤维	5%玻璃纤维
0	130	132	137	130	132	137	130	132	137
6	133	133	140.5	133.5	135	141	134	135.4	142
12	135	136	142	135	137	142	136	138	142.2
18	136	137	142.3	137	138	143	137	138.5	143

在 ZA-8 合金中分别加入体积分数为 20% 的不锈钢纤维（成分为质量分数 20%Cr、5%Al，其余 Fe，尺寸为 $\phi22\mu m \times 10mm$）和碳纤维（尺寸为 $\phi10\mu m \times 10mm$），得到不锈钢/ZA-8 和碳/ZA-8 复合材料。在 ZA-27 合金中加入体积分数为 20% 的含 δ-Al_2O_3 96%～97% 的氧化铝纤维构成 Saffil/ZA-27 复合材料。测定得到的增强物、基体及复合材料的热（膨）胀系数列于表 2-13 中。可以看出，无论在锌铝合金基体中加入什么增强物，都能降低材料的热（膨）胀系数，特别是不锈钢/ZA-8 复合材料的热（膨）胀系数最低。而碳纤维增强复合材料的热（膨）胀系数相比其他复合材料较高。说明碳纤维在影响合金膨胀性方面的作用较差。采用混合定律估算复合材料的热（膨）胀系数。计算出不锈钢 IZA-8、碳/ZA-8 及 Saffil/ZA-27 的热（膨）胀系数值分别为：$22.3 \times 10^{-6}/℃$、$26 \times 10^{-6}/℃$ 及 $18.3 \times 10^{-6}/℃$。不锈钢纤维降低热（膨）胀系数效果明显与它具有较高的刚度有关。在另外一组 ZA-8 合金基的复合材料中，也分别加入体积分数为 20% 的碳纤维（参数同前）、20% 的不锈钢连续纤维（含质量分数 16%～18% Cr、10%～14% Ni、2%～3% Mo、0.03% C 及 2%Mn，尺寸为 $\phi12\mu m$，随机分布）、体积分数为 20% 的 Saffil 短纤维（成分同前，尺寸为 $\phi3\mu m \times 500\mu m$）、体积分数为 14.5% 的低碳钢连续纤维（含碳质量分数 0.16%，直径为 $\phi13.8mm$），测定得到的热（膨）胀系数值分别为：C/ZA-8，$24.4 \times 10^{-6}/℃$；不锈钢/ZA-8，$24.3 \times 10^{-6}/℃$；Saffil/ZA-8，$25 \times 10^{-6}/℃$；碳钢/ZA-8，$21.4 \times 10^{-6}/℃$。可以看出，由于纤维的加入，使合金的热（膨）胀系数降低了至少 15%。值得注意的是，碳纤维增强 ZA-8 复合材料的热（膨）胀系数较低。

表 2-13 材料的热（膨）胀系数

材料	Saffil	碳	不锈钢	ZA-8	ZA-27	不锈钢/ZA-8	碳/ZA-8	Saffil/ZA-27
热（膨）胀系数/($\times 10^{-6}/℃$)	7	～0	11	29	28	20	25	22.5

2.3.3 压铸镁基复合材料

镁合金的密度最低，约是铝合金的 2/3，镁基复合材料因而具有更高的比强度、比刚度，同时还具有较好的耐磨性、耐高温及减振性能，此外，镁基复合材料还具有很好的阻尼性能及电磁屏蔽性能，是良好的功能材料。因此镁基复合材料在电子、航空、航天特别是汽车工业中具有潜在的应用前景。

铸态 SiC/AZ91p 复合材料的常温拉伸性能，随着 SiC 陶瓷颗粒体积分数的增加，颗粒增强镁基（AZ91）复合材料的抗拉强度和弹性模量均增加，伸长率和基体镁合金相比显著下降。镁合金基体中分布有强度、硬度都较高的陶瓷颗粒增强相时，陶瓷颗粒在磨损过程中将起到支撑载荷的作用，减少了镁合金基体的黏着磨损。镁基复合材料强度较高，因而镁基复合材料具有优良的耐磨性。

对 SiC 颗粒增强 AZ91 镁合金进行的盐雾腐蚀测试结果表明，SiC 含量在某一临界值以下，腐蚀速率基本不变，超过这个临界值后，腐蚀速率有适度提高。SiC 颗粒增强 AZ91 镁合金复合材料的耐蚀性较好。

B_4C 颗粒增强 ZM-5 合金复合材料的硬度值比未增强的镁合金约高 1 倍，并且各测量点的硬度值比较接近，碳化硼颗粒增强镁合金复合材料的结构较均匀。由于 ZM-5 镁合金中不含锆和稀土元素，铸造结构中易出现显微疏松缺陷。因此，欲得到基体晶粒细、枝晶偏析较小、组织致密的镁基复合材料，铸造稀土镁合金将是基体材料的最佳选择。

2.3.4　压铸铜基复合材料

由于铜基合金在保持高导电和高导热的同时对强度的提高有一定的限度，而复合强化能同时发挥基体高导电导热与强化材料的协同作用，又具有很大的设计自由度。因此近十几年来，美、日等发达国家对这类材料的开发研制非常活跃。复合强化不会明显降低钢基体的传导性，而且还能改善基体的室温及高温性能。其基本原理是：根据材料设计性能的要求，选用适当的增强相（一种或多种）加入基体，在保持基体高传导性的同时，充分发挥增强相的强化作用，使材料的传导性与强度达到良好的匹配。

根据增强相的形态，可以把高强度高导电导热铜基复合材料分为：颗粒增强铜基复合材料和纤维增强铜基复合材料。颗粒增强复合材料是指在铜基体中人为地或通过一定的工艺原位生成弥散分布的第二相粒子。第二相粒子阻碍了位错的运动，从而提高了材料的强度，如 Al_2O_3/Cu 复合材料、TiC/Cu 复合材料。纤维增强铜基复合材料是指人为地在铜基体中加入定向规则排列的纤维或通过一定的工艺原位生成均匀相间定向整齐排列的第二相纤维，纤维使位错运动阻力增大，从而使金属基体得以强化，如 C/Cu，Fe/Cu 原位形变复合材料。

铜基复合材料也可用于各种摩擦条件及有高强高导电高导热要求的场合，如电极、电刷等。铜基复合材料的缺点就是需要特殊的设备。由于纤维与铜基体的润湿性较差，因而制备工艺困难，成本较高。目前，采用压铸方法制备铜基复合材料产品还有一段距离。

2.4　压铸合金熔炼工艺

2.4.1　熔化设备

（1）熔化炉和保温炉

压铸生产中，熔炼压铸合金用熔炉分为熔化炉和保温炉。

熔化炉是将固态合金熔化成熔融合金的熔炉。保温炉放在压铸机旁，是暂时储存从熔化炉运送来的金属，并使之保持在规定的温度范围内，以供压铸生产时不间断地舀取使用。在大量生产的情况下，熔化炉集中在熔化间，然后将熔化好的金属再分配到各台压铸机旁的保温炉内。在少量生产和压铸机少的情况下，常常是在保温炉内直接进行熔化，然后精炼使用。

熔炉的形式很多，应根据不同合金特点、产量大小和能源供应状况进行选择。

① 熔化炉的基本要求

a. 熔化炉工作温度应满足熔制金属液的工艺要求。

b. 在满足生产需要的前提下，以选用较小容量的熔化炉为宜。当金属液用量很大时，用几个小容量的熔化炉为佳，这样可使生产中周转灵活性大。

② 保温炉的基本要求

a. 根据所匹配的压铸机，保温炉容量为 0.5～1h 内压铸所用金属液的消耗量。量过大时，金属液在炉内停留时间过长，会引起过多的氧化损失。

b. 要求坩埚炉的金属液表面积最小，以减少压铸过程因舀取金属液频繁而增加金属液的氧化。

c. 保温炉应当附有良好的通风设备，以便把燃烧产物排出。

d. 保温炉应能移动，既便于检修，又可整个炉子替换使用，生产不受影响。

e. 用于镁合金的保温炉，其结构应保证金属液免受氧化。

③ 常用的熔炉。熔炉的种类很多，压铸合金的熔炉以坩埚炉为主，根据热源的不同可分为燃料炉和电炉。

a. 燃料炉是熔化各类有色金属合金时常用的炉子，具有结构简单、制造容易、维护方便等特点，可以使用重油、煤气、天然气等各种燃料。缺点是温度不易控制、热效率低、燃料消耗大、成本高。

b. 电炉是目前压铸中最常使用的炉子，其特点是：适用于各种不同的生产规模；便于调节温度，可保持需要的温度范围，可靠性好；劳动条件好，环境污染轻，熔炼成本低；既可用于熔炼，也可用于保温；与燃料炉相比，一次性投资大。

压铸厂常用的电炉有两类：一类是电阻炉，一类是感应炉。与电阻炉相比，感应炉有用电节省、维修费用少、环境温度低、寿命长、熔炼成本低等优点，因此目前压铸行业多选用感应电炉。表 2-14 为某电炉厂生产的电炉。表 2-15 为某设备厂生产的保温炉。

表 2-14　电炉型号

无芯工频感应熔炼(保温)电炉			有芯工频感应熔炼(保温)电炉	
型号	坩埚形状及材质	用途	型号	用途
GWL-0.06t(铝)	圆形(铁)	可配 125t 压铸机	GYT-0.15t	熔铜,可配压铸机
GWL-0.08t(铝)	圆形(铁)	可配 250t 压铸机	GYT-0.3～1.5t	熔铜,可配无氧铜生产线
GWL-0.12t(铝)	大口径圆形(铁)	可配机械手自动压铸机	GYL-0.3～0.75t	熔铝
GWL-0.15t(铝)	圆形(铁)	可配 400t 压铸机		
GWL-0.15t(铝)	椭圆形(铁)	可配热式自动压铸机		
GWL-0.25t(铝)	椭圆形(铁)	可配热式自动压铸机		
GWL-0.3t(铝)	圆形(铁)			
GWL-0.5～0.75t(铝)	矾土水泥	不增铁		
GW-0.3～5t(铁)	石英砂	铸铜		

表 2-15　保温炉型号、技术参数及规格

名　称	单位	型　号		
		RRJ-150-9	RRJ-300-12	RRJ-600-16
额定功率	kW	9	12	16
额定电压	V	380	380	380
电源频率	Hz	50	50	50
相数	相	3	3	3
连接方式		Y	Y	Y

名　称		单位	型　号		
			RRJ-150-9	RRJ-300-12	RRJ-600-16
炉膛温度		℃	800~850	800~850	800~850
最高出料口温度		℃	650±50	650±50	650±50
热料	生产率	t/h	0.10	0.20	0.40
	升温	℃/h	30±5	30±5	30±5
外形尺寸		mm	1700×1050×1270	1950×1150×1270	2200×1150×1300
进料口尺寸		mm	230×230×200	300×300×268	300×300×350
进料口尺寸		mm	230×230×268	350×350×335	460×460×400
额定容量		kg	150	300	600
整机质量		kg	≤2200	≤2500	≤2800

（2）坩埚

压铸生产中常用的坩埚有石墨坩埚和金属坩埚两种。

① 石墨坩埚。熔炼锌合金、铝合金及铜合金时，均可采用石墨坩埚；熔炼镁合金时，不能用石墨坩埚，因为硅元素是所有镁合金都不宜存在的杂质。同样对含镁量高的铝合金，也不能用石墨坩埚熔化。石墨坩埚主要尺寸见表2-16。

表 2-16　石墨坩埚主要尺寸　　　　　　　　　　　　　　　　　mm

型号	主要尺寸				型号	主要尺寸			
	口部外径	中部外经	底部外经	高度		口部外径	中部外径	底部外径	高度
50	252	243	183	314	150	352	337	244	442
80	291	271	186	356	200	384	359	276	497
100	312	293	213	391					

注：型号代表容纳铜的质量，例如50号，表示其容量为50kg铜。

② 金属坩埚。金属坩埚一般用于锌、铝、镁合金的熔炼。金属坩埚的材料多为铸铁、铸钢和钢板。铸铁坩埚的耐热性差，容易损坏。但其制造容易，价格低廉，在生产中还是被广泛应用。熔化镁的坩埚应用低碳钢坩埚。锌和铝合金用铸造坩埚如图2-5所示。镁合金用铸造坩埚如图2-6所示。金属坩埚用的材料见表2-17。

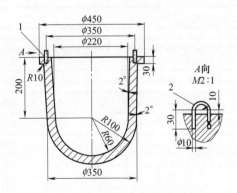

图 2-5　锌和铝合金用铸造坩埚

1—坩埚；2—吊环（材料45钢）

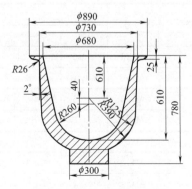

图 2-6　镁合金用铸造坩埚

压铸模具设计实用教程

表 2-17　金属坩埚用的材料

材料牌号	制造方法及用途	材料牌号	制造方法及用途
RTSi-5.5	铸造铝合金用坩埚	ZG20	铸造镁合金用坩埚
HT200	铸造锌合金用坩埚	20 号钢板	镁合金用坩埚

2.4.2　炉料和熔剂

（1）炉料

① 炉料的来源和种类（见表 2-18）

表 2-18　炉料的来源和种类

类　别	炉料来源	炉料种类
第一类	主要由合金厂生产提供	各种新金属、中间合金、回炉料
第二类	主要由压铸厂自行配制	预制合金锭、中间合金锭、回炉料

② 炉料的组成和要求。炉料包括新金属合金料、中间合金和回炉料。

1）新金属合金。新金属合金是由专门的冶金厂按国家标准或国际标准压铸合金牌号生产供应的合金锭，其纯度和成分都有严格的规定。以工厂熔制的预制合金锭来直接重熔后获得工作合金。

a. 铝锭见表 2-19。铝合金锭见表 2-20。

表 2-19　铝锭

铝牌号	代号	化学成分(质量分数)/%					
		铝不小于	杂质不大于				
			Fe	Si	Fe+Si	Cu	杂质总和
第一号铝	Al-00	99.7	0.16	0.13	0.26	0.010	0.30
第二号铝	Al-0	99.6	0.25	0.18	0.36	0.010	0.40
一号铝	Al-1	99.5	0.30	0.22	0.45	0.015	0.50
二号铝	Al-2	99.0	0.50	0.45	0.90	0.020	1.00
三号铝	Al-3	98.0	1.10	1.00	1.80	0.050	2.00

表 2-20　铝合金锭

种类		代号	化学成分(质量分数)/%								
			Cu	Si	Mg	Zn	Fe	Mn	Ni	Sn	Al
1类	1	AD1.1	≤1.0	11.0~13.0	≤0.3	≤0.5	≤0.9	≤0.3	≤0.5	0.1	余量
	2	AD1.2	(≤0.05)	11.0~13.0	(≤0.03)	(≤0.03)	0.3~0.6	(≤0.03)	(≤0.03)	(≤0.03)	余量
3类	1	AD3.1	≤0.6	9.0~10.0	0.4~0.6	≤0.5	≤0.9	≤0.3	≤0.5	≤0.1	余量
	2	AD3.2	(≤0.05)	9.0~10.0	0.4~0.6	(≤0.03)	0.3~0.6	(≤0.03)	(≤0.03)	(≤0.03)	余量
5类	1	AD5.1	≤0.2	≤0.3	4.1~8.5	≤0.1	≤1.1	≤0.3	≤0.1	≤0.1	余量
	2	AD5.2	(≤0.05)	≤0.3	4.1~8.5	(≤0.03)	0.3~0.6	(≤0.03)	(≤0.03)	(≤0.03)	余量
6类	1	AD6.1	≤0.1	≤1.0	2.6~4.0	≤0.4	≤0.6	0.4~0.6	≤0.1	≤0.1	余量
	2	AD6.2	(≤0.05)	≤1.0	2.6~4.0	(≤0.03)	0.3~0.6	0.4~0.6	(≤0.03)	(≤0.03)	余量

种类		代号	化学成分(质量分数)/%								
			Cu	Si	Mg	Zn	Fe	Mn	Ni	Sn	Al
10类	1	AD10.1	2.0~4.0	7.5~9.5	≤0.3	≤0.1	≤0.9	≤0.5	≤0.5	≤0.3	余量
	2	AD10.2	2.0~4.0	7.5~9.5	(≤0.03)	(≤0.03)	0.3~0.6	(≤0.03)	(≤0.03)	(≤0.03)	余量
10类Z	1	AD10Z.1	2.0~4.0	7.5~9.5	≤0.3	≤3.0	≤0.9	≤0.5	≤0.5	≤0.3	余量
12类	1	AD12.1	1.5~3.5	9.6~12.0	≤0.3	≤1.0	≤0.9	≤0.5	≤0.5	≤0.3	余量
	2	AD12.2	1.5~3.5	9.6~12.0	(≤0.03)	(≤0.03)	0.3~0.6	(≤0.03)	(≤0.03)	(≤0.03)	余量
12类Z	1	AD12Z.1	1.5~3.5	9.6~12.0	≤0.3	≤3.0	≤0.9	≤0.5	≤0.5	≤0.3	余量
14类	1	AD14.1	4.0~5.0	16.0~18.0	0.5~0.65	≤1.5	≤0.9	≤0.5	≤0.3	≤0.3	余量
	2	AD14.2	4.0~5.0	16.0~18.0	0.5~0.65	(≤0.03)	0.3~0.6	(≤0.03)	(≤0.03)	(≤0.03)	余量

b. 铜锭见表 2-21，铜合金锭见表 2-22。

表 2-21　铜锭

品号	代号	铜不小于	化学成分(质量分数)/%											
			杂质不大于											
			Bi	Sb	As	Fe	Ni	Pb	Sn	S	O	Zn	P	总和
一号铜	Cu-1	99.95	0.002	0.002	0.002	0.005	0.002	0.005	0.002	0.005	0.02	0.005	0.001	0.05
二号铜	Cu-2	99.90	0.002	0.002	0.002	0.005	0.002	0.005	0.002	0.005	0.06	0.005	0.001	0.10
三号铜	Cu-3	99.70	0.002	0.005	0.01	0.05	0.20	0.01	0.05	0.01	0.10			0.30
四号铜	Cu-4	99.50	0.003	0.005	0.05	0.05	0.20	0.05	0.05	0.01	0.10			0.50

表 2-22　铜合金锭

种类	代号	化学成分(质量分数)/%						
		Cu	Zn	Pb	Sn	Al	Fe	Ni
1类	YBsCln1	83.0~88.0	余量	≤0.5	≤0.1	≤0.2	≤0.2	≤0.2
2类	YBsCln2	65.0~70.0	余量	0.5~3.0	≤1.0	≤0.5	≤0.6	≤1.0
3类	YBsCln3	60.0~65.0	余量	0.5~3.0	≤1.0	≤0.5	≤0.6	≤1.0

c. 锌锭见表 2-23，锌合金锭见表 2-24。

表 2-23　锌锭

品号	代号	锌不小于	化学成分(质量分数)/%							
			杂质不大于							
			Pb	Fe	Cd	Cu	As	Sb	Sn	总和
第一号锌	Zn-01	99.995	0.003	0.001	0.001	0.0001				0.005
一号锌	Zn-1	99.99	0.005	0.003	0.002	0.001				0.010
二号锌	Zn-2	99.96	0.015	0.010	0.010	0.001				0.040
三号锌	Zn-3	99.90	0.05	0.02	0.02	0.002				0.10
四号锌	Zn-4	99.50	0.3	0.03	0.07	0.002	0.005	0.01	0.002	0.5
五号锌	Zn-5	98.70	1.0	0.7	0.2	0.005	0.01	0.02	0.012	1.3

表 2-24　锌合金锭

种类	化学成分(质量分数)/%							
	Al	Cu	Mg	Pb	Fe	Cd	Sn	Zn
压铸用锌合金锭 1 级	3.9～4.3	0.75～1.25	0.03～0.06	≤0.003	≤0.075	≤0.002	≤0.001	余量
压铸用锌合金锭 2 级	3.9～4.3	≤0.03	0.03～0.6	≤0.003	≤0.075	≤0.002	≤0.001	余量

d. 镁锭见表 2-25，镁合金锭见表 2-26。

表 2-25　镁锭

品号	代号	化学成分(质量分数)/%							
		镁不小于	杂质不大于						
			Fe	Si	Ni	Cu	Al	Cl	总和
一号镁	Mg-1	99.95	0.02	0.01	—	0.005	0.01	0.003	0.05
二号镁	Mg-2	99.92	0.04	0.01	0.001	0.01	0.02	0.005	0.08
三号镁	Mg-3	99.85	0.05	0.03	0.002	0.02	0.05	0.005	0.15

表 2-26　镁合金锭

种类	代号	化学成分(质量分数)/%							
		Al	Zn	Mn	Si	Cu	Ni	Fe	Mg
1 级 A	MDIlA	8.5～9.5	0.45～0.9	≥0.17	≤0.20	≤0.08	≤0.01	—	余量
1 级 B	MDIlB	8.5～9.5	0.45～0.9	≥0.17	≤0.30	≤0.25	≤0.01	—	余量
1 级 D	MDIlD	8.5～9.5	0.45～0.9	≥0.17	≤0.08	≤0.015	≤0.01	≤0.004	余量
2 级 A	MDI2A	5.7～6.3	≤0.20	≥0.15	≤0.20	≤0.25	≤0.01	—	余量
2 级 B	MDI2B	5.7～6.3	≤0.20	≥0.27	≤0.08	0.008	≤0.01	≤0.004	余量
3 级 A	MDI3A	3.7～4.8	≤0.10	0.22～0.48	0.6～1.4	≤0.04	≤0.01	—	余量

2) 中间合金。在铝合金的熔制中，首先将高熔点的元素（如硅、锰、铜等）和铝熔制成低熔点的辅助合金，即称为中间合金。对中间合金的要求如下。

a. 化学成分明确且均匀，熔化温度低，同时尽可能多地含有难熔成分。

b. 有足够的脆性且容易破碎以便配料。

c. 可长期保存，不发生成分变化，对大气和水分具有抗腐蚀性。

d. 部分中间合金的配制见表 2-27。

表 2-27　中间合金的配制

中间合金名称	配料化学成分(质量分数)/%	原材料(标准号)	熔炼工艺要求
10 铝锰	锰:9～11 铝:其余	JMn-D (GB/T 2774—2006 金属锰) Al-1 (GB/T 1196—2017 重熔用铝锭)	①预热石墨坩埚至 800～900℃ ②加入预热的铝锭,使其熔化,并过热至 900～1000℃ ③分批加入预热经破碎的锰,并用石墨棒搅匀 ④当锰全部融化后,除渣,降温至 840～860℃ ⑤用占炉料重量 0.15%～0.20%脱水氯化锌精练合金,然后静置 3～5min,浇注于预热的锭模中

中间合金名称	配料化学成分 (质量分数)/%	原材料(标准号)	熔炼工艺要求
50铝铜	铜:45～55 铝:其余	Cu-3 Al-1 (GB/T 1196—2017 重熔用铝锭)	①预热石墨坩埚至600～800℃ ②加入预热的铝锭,使之熔化,并过热至800～900℃ ③分批加入100mm×100mm大小的铜 ④用炉料重0.20%脱水氯化锌精炼合金 ⑤在温度为720～750℃时除渣,并浇注于锭模内
20铝硅	铜:18～22 铝:其余	Si-2 (GB/T 2881—2014 工业硅技术条件) Al-1 (GB/T 1196—2017 重熔用铝锭)	①预热石墨坩埚至600～800℃ ②加入预热的铝锭,使之熔化,并过热至900～1000℃ ③分批加入破碎结晶硅,用钟罩压入铝液中,搅拌之 ④降温至800～820℃,用脱水氯化锌精炼合金 ⑤除渣,浇注于铝锭内
16铜硅	硅:15～17 铜:其余	Si-2 (GB/T 2881—2014 工业硅技术条件) Cu-3	①预热石墨坩埚至600～800℃ ②加入结晶硅,然后放入铜

3) 回炉料。回炉料是指生产中产生的废料。它包括料饼、浇口、废压铸件、毛刺、切削等。在压铸生产中,特别是在生产多种牌号合金的情况下,对各种回炉料要严格分类和管理,不能混杂,因各种牌号合金的化学成分与允许杂质含量各不相同;有些元素在这一合金中是主要成分,而在另一合金中却是杂质。各种合金的回炉料均可作为其本身工作合金的配料组成部分。

回炉料一般分为两类:一类是压铸生产中产生的料饼、浇口、废压铸件等,这些废料经过清理除油后,按牌号分类,不用重熔就可直接用于配置工作合金,其用量视具体情况而定;另一类是飞边、毛刺、切削及炉渣中回收的金属等。这部分必须进行重熔铸锭,并经分析其成分后才能分类使用,其用量应严格控制。

③ 炉料的计算

a. 常用压铸合金计算炉料的平均化学成分见表2-28。

表2-28　常用压铸合金计算炉料的平均化学成分

合金种类	合金代号	主要化学成分(质量分数)/%						
		硅	镁	锰	铜	锌	铝	铅
锌合金	Y41				1.00	其余	4.00	
	Y40					其余	4.00	
铝合金	Y102	11.50					其余	
	Y104	9.25	0.24				其余	
	Y108	12.00	0.60	0.60	1.5		其余	
	Y112	8.50	0.20	0.35	3.5		其余	
	Y302	1.10	5.00	0.25			其余	
	Y401	7.00	0.20				其余	

续表

合金种类	合金代号	主要化学成分(质量分数)/%						
		硅	镁	锰	铜	锌	铝	铅
镁合金	YM5		其余	0.33		0.5	8.00	
铜合金	Y591				59.00	其余		1.35
	Y803	3.50			80.00	其余		
	Y673				67.00	其余	2.50	

b. 元素的烧损量。元素的烧损包括蒸发损失、与炉气作用而形成不熔于金属的化合物的损失（最主要的为氧化物）以及被炉衬吸收并与之产生作用所造成的损失。各种元素烧损量见表2-29。

表 2-29　各种元素烧损量

合金种类	各种元素烧损量(质量分数)/%						
	铝	铜	锌	硅	镁	锰	铅
锌合金	—	—	—	—	—	—	—
铝合金	1~5	0.5~1.5	1~3	1~10	2~4	0.5~2	—
镁合金	2~3	—	2	1~10	3~5	10[①]	—
铜合金	2~3	1.0~1.5	2~5	4~8	—	2~3	1~2

注：① 锰的烧损量中包括成渣损失。

c. 炉料的计算方法及步骤举例说明如表2-30。

表 2-30　炉料的计算方法及步骤

计算方法及步骤	举　例
①明确任务 a. 熔炼合金牌号 b. 所需合金液的质量 c. 熔化所用炉料(各种中间合金成分、回炉用量等)	熔制 Y104,80kg 成分:Si=9%,Mg=0.27%,Mn=0.4%,Al=90.33% 炉料:中间合金、各种新金属料、回炉料 Al-Si 中间合金:Si=12%,Fe≤0.4% Al Mn 中间合金:Mn=10%,Fe≤0.3% Mg 锭:Mg≥99.8%;Al 锭:Al≥99.5%,Fe≤0.3% 回炉料 P=24kg(占总炉料重 30%),其成分为:Si=9.2%,Mg=0.27%,Mn=0.4%,Fe=0.4%
②明确各元素的烧损量 E	各元素的烧损量分别为:$E_{Si}=1\%$,$E_{Mg}=20\%$,$E_{Mn}=0.8\%$,$E_{Al}=1.5\%$
③计算包括烧损在内的 100kg 炉料中各元素的需要量 Q $$Q=\frac{a}{1-E}$$	100kg 炉料中各元素的需要量 Q $$Q_{Si}=\frac{9}{1-E_{Si}}=\frac{9}{1-\frac{1}{100}}\approx9.09kg$$ $$Q_{Mn}=\frac{0.4}{1-\frac{0.8}{100}}\approx0.40kg$$ $$Q_{Mg}=\frac{0.27}{1-\frac{20}{100}}\approx0.34kg$$ $$Q_{Al}=\frac{90.33}{1-\frac{1.5}{100}}\approx91.7kg$$

计算方法及步骤	举 例
④根据熔制合金的实际质量 W 计算各元素的需要量 A $$A=\frac{W}{100}\times Q$$	熔制80kg合金实际所需的元素质量 A $A_{Si}=\frac{80}{100}\times Q_{Si}=\frac{80}{100}\times 9.09\approx 7.27kg$ $A_{Mn}=\frac{80}{100}\times Q_{Mn}=\frac{80}{100}\times 0.40\approx 0.32kg$ $A_{Mg}=\frac{80}{100}\times Q_{Mg}=\frac{80}{100}\times 0.34\approx 0.27kg$ $A_{Al}=\frac{80}{100}\times Q_{Al}=\frac{80}{100}\times 91.7\approx 73.36kg$
⑤计算在回炉料中各元素的占有量 B	24kg回炉料中所有的元素质量 B $B_{Si}=24\times 9.2\%\approx 2.21kg$ $B_{Mn}=24\times 0.4\%\approx 0.096kg$ $B_{Mg}=24\times 0.27\%\approx 0.07kg$ $B_{Al}=24\times 90.13\%\approx 21.63kg$
⑥计算应补加的新元素质量 C $$C=A-B$$	应补加的元素 C $C_{Si}=A_{Si}-B_{Si}=7.27-2.21=5.06kg$ $C_{Mn}=A_{Mn}-B_{Mn}=0.32-0.096=0.22kg$ $C_{Mg}=A_{Mg}-B_{Mg}=0.27-0.07=0.20kg$
⑦计算中间合金需要量 D $$D=\frac{C}{F}$$ （F 为中间合金元素百分含量） 中间合金所带入的铝量 M_{Al}： $$M_{Al}=D-C$$	相应F新加入的元素所应补加的中间合金含量： $Al-D_{Si}=\frac{C_{Si}}{\frac{12}{100}}=5.06\times\frac{100}{12}=42.17kg$ $Al-D_{Mn}=\frac{C_{Mn}}{\frac{10}{100}}=0.22\times\frac{100}{10}=2.2kg$ 中间合金所带入的铝： $AlAl-Si=42.17-5.06=37.11kg$ $AlAl-Mn=2.2-0.22=1.98kg$
⑧计算应补加铝的量 C_{Al}	应补加的新铝量 $C_{Al}=A_{Al}-(B_{Al}+AlAl-Si+AlAl-Mn)$ $=73.36-(21.63+37.11+1.98)=12.64kg$
⑨计算实际炉料总量 W	实际炉料总量： $W=C_{Al}+(Al-D_{Si})+(Al-D_{Mn})+C_{Mg}+$回炉量 $=12.64+42.17+2.2+0.20+24=81.21kg$
⑩复核杂质的含量（以铁为例）	炉料中铁的含量为： $C_{Al}\times 0.3\%+(Al-D_{Si})\times 0.4\%+(Al-D_{Mn})\times 0.3\%+P\times 0.4\%$ $=12.64\times 0.3\%+42.17\times 0.4\%+2.2\times 0.3\%+24\times 0.4\%$ $=0.309kg$ 炉料中铁的百分含量为： $M_{Fe}=\frac{0.309}{81.21}\times 100\%=0.38\%$

（2）熔剂

① 熔剂的作用及要求。压铸合金的熔炼过程中，一般都要使用熔剂。熔剂的作用及要求见表2-31。

表 2-31　熔剂的作用及要求

熔剂种类	作用	要　求
覆盖剂	使金属与炉气隔离，从而减少金属的吸气和氧化	①熔剂的密度小于金属液，当稍大时，亦能够浮在金属液面上，从而不至于混入金属液内，并生成保护层 ②熔点应比金属液低，以便较轻金属液先熔化便于形成熔剂层，起到隔离作用 ③具有适当的黏度和表面张力，既能使生成的熔剂层连成一片，又能容易地与金属液分离 ④熔剂的组分应与金属液中的组元或炉衬起化学反应 ⑤熔剂不应该含有水分，吸潮性应尽量小
精炼剂	清除金属中的杂质和氧化物	①具有吸附与熔解各种氧化物及排除气体的能力 ②黏度应该小，从而增强表面活性，加速反应作用
脱氧剂	能使金属液中的氧化物还原而起到把氧去除的作用	①对金属或合金不会产生不利影响 ②生成物不熔于金属液中，并应容易被完全去除 ③应足够活泼

② 熔剂的组成及配方。熔剂组成材料的物理性能见表2-32。各种合金常用熔剂的配方见表2-33和表2-34。

表 2-32　熔剂组成材料的物理性能

材料名称	分子式	密度/(g/cm³)		熔点/℃	沸点/℃	黏度/(Pa·s)	表面张力/(N/m)
		固态	液态				
玻璃屑	$Na \cdot CaO \cdot 6SiO_2$	2.5	—	900～1200	—	—	—
长石	$K_2O \cdot Al_2O_3 \cdot 6SiO_2$	2.6	—	1120～1220	—	—	—
硼砂	$Na_2 \cdot B_4O_7$	2.4	—	741	1575 分解	—	—
萤石	CaF_2	3.2	—	1360	2450	—	—
氟化钠	NaF	2.77	1.95	992		—	—
冰晶石	Na_3AlF_6	2.95	2.09	995		—	—
氯化钙	$CaCl_2$	2.2	2.06	774	—	4.22(900℃)	147.6(800℃)
氯化镁	$MgCl_2$	2.18	1.668	718	1418	4.69(751℃)	135.8(733℃)
氯化钾	KCl	1.99	1.515	768	1500	1.30(810℃)	97.7(756℃)
光卤石	$MgCl_2 \cdot KCl$	2.2	1.58	487	—	2.4(700℃)	125(700℃)
氯化钡	$BaCl_2$	3.87	3.057	960		—	—
氯化锌	$ZnCl_2$	2.91	—	365	732	—	—
氯化锰	$MnCl_2$	2.98	—	650		—	—
氯化镁	MgO	3.1	—	—	—	—	—
六氯乙烷	C_2Cl_6	2.091	—	186.5	185.5 升华	—	—

表 2-33　铝合金用熔剂配料成分

序号	化学成分(质量分数)/%											适用范围
	氯化钾	氯化钠	氟化钙	冰晶石	氯化锌	氯化锰	六氯乙烷	光卤石	氯化镁	氯化钙	氟化镁	
1	50	50										覆盖剂
2	50	39	4.4	6.6								覆盖剂

序号	化学成分(质量分数)/%											适用范围
	氯化钾	氯化钠	氟化钙	冰晶石	氯化锌	氯化锰	六氯乙烷	光卤石	氯化镁	氯化钙	氟化镁	
3					100							精炼剂
4						100						精炼剂
5							100					ZL101，ZL102 精
6		20						80				ZL302
7	31	11						14	44			ZL302
8	8	10						67	15			ZL302

表 2-34　镁合金用熔剂配料成分

熔剂牌号	化学成分(质量分数)/%							
	氯化镁	氯化钾	氯化钡	氯化钙	氯化镁	氯化镁＋氯化钙	水不溶物	水分
RJ-1 熔剂	40～46	34～40	5.5～8.5		<1.5	<8	<1.5	<2
RJ-2 熔剂	38～46	32～40	5～8	3～5	<1.5	<8	<1.5	<3
RJ-3 熔剂	33～40	25～36		15～20	7～10	<6	<1.5	
RJ-4 熔剂	36～42	32～36	12～15	10～12	<1.5	<8	<1.5	
光卤石熔剂	45～52	32～48				<8	<1.5	<2

2.4.3　熔化前准备工作

准备工作包括准备熔炉、熔炼工具、熔剂及炉料等。

（1）熔炉的准备

主要是指坩埚和炉衬的准备。

① 石墨坩埚的准备

a. 石墨坩埚在使用前必须进行焙烧，焙烧工艺如图 2-7 所示，以去除坩埚在保存期中吸收的水分，防止其爆裂。

b. 焙烧好的坩埚应保存在通风、干燥并有保暖设备的地方．在存放时，不能将坩埚重叠堆放。

c. 不同系列牌号的合金，不允许在同一坩埚内熔炼，而应各有专用坩埚。在每次熔炼前后，均应对坩埚工作表面进行清理，去除脏物和熔渣等。

② 金属坩埚的准备

a. 使用之前，必须进行清理，除去工作表面的油污、铁锈及其他熔渣和氧化物。

b. 用金属坩埚熔化或保温锌、铝合金时，应防止铁熔解于合金中，坩埚应预热至 $150\sim200℃$ 后，在工作表面上喷涂一层涂料。喷过涂料后再将

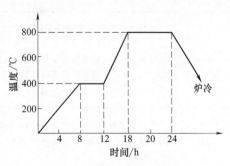

图 2-7　石墨坩埚焙烧工艺

坩埚预热至 $200 \sim 300℃$，以彻底去除涂料中的水分。

③炉衬的准备。使用之前必须对炉衬进行长时间的烘干，彻底去除其水分。若熔炼的合金牌号改变，必须用新牌号合金的基本金属进行洗炉。

（2）熔炼工具和熔剂的准备

①工具使用前，应清除其表面脏物，直接与金属液接触的工具必须预热。

②熔炼锌、铝合金用的工具必须涂刷一层涂料。

③熔剂应放在 $110 \sim 120℃$ 的烘箱内保存待用。

（3）炉料的准备

①各种炉料必须在装炉前进行各种相应的准备工作，以便为获得良好的金属液创造条件。

②全部炉料的化学成分必须明确无误，否则将使合金成分难以控制。

③全部炉料必须清洁，并经过仔细选择，清理干净，清理好的炉料放在干燥通风处。

④全部炉料入炉前必须预热，以去除表面吸附的水分。

2.4.4　压铸合金的熔炼工艺

压铸锌合金、压铸铝合金、压铸镁合金、压铸铜合金的熔炼工艺特点分别见表 2-35～表 2-38。

表 2-35　压铸锌合金的熔炼工艺特点

主要工序	工艺特点
对炉料的控制	由于锌合金对 Fe、Sn、Pd 和 Cd 等有害杂质的作用极为敏感，所以对这些杂质应严格控制，防止混入。对回炉料的成分及有害杂质应经过化学分析，确定其含量后才能投入使用，混杂在回炉料中的铁及其他杂质要除掉。因此，锌合金的熔炼要单独进行，且选用高纯度的新材料，严格控制熔炼过程，以防止锌合金的"老化"
对温度的控制	锌合金的熔炼温度一般为 $440 \sim 480℃$，并且还要加盖覆盖剂（木炭）。温度过高或过低对铸件的组织和力学性能均有影响。温度过高时将使铝、镁元素烧损；金属氧化速度加快，烧损量增加，锌渣增加；铸铁坩埚中铁元素融入合金更多，高温下锌与铁反应加快，形成铁铝金属间化合物，使锤头、鹅颈壶过度磨损；燃料消耗相应增加。温度过低时将使合金流动性差，不利于成型，影响压铸件表面质量
熔炼过程	熔炼时，先加入熔点较高的铝锭和铝铜中间合金，再加入回炉料和锌，并撒上一层 20mm 厚的覆盖剂，当炉料熔化后，用钟罩压入镁锭，去除覆盖层，用占料重 $0.25\% \sim 0.3\%$ 的精炼剂脱水氯化锌精炼，除渣后运保温炉中待用

表 2-36　压铸铝合金的熔炼工艺特点

主要工序	工艺特点
装料	装料顺序因炉料不同而变化，若使用中间合金熔炼时，首先装入金属锭，然后装入中间合金；若用预制合金锭与回炉料时，则首先装入此类炉料，然后再加入为调整化学成分所需加入的金属锭或中间合金。对于一些易于损耗、熔点低的炉料（如 Mg、Zn、Sn），应该在熔化末期，当在其他炉料熔化完后，于温度为 $690 \sim 700℃$ 时加入。在炉容量足够的情况下，可同时加入回炉料、合金锭及中间合金，待其全部熔化后，在温度为 $690 \sim 700℃$ 时，加入 Mg 和 Zn 等
熔化	炉料装入后，即开始了各种炉料的熔化过程，应尽量缩短熔炼时间，严格控制温度，以防止合金液过热。因为熔炼时间越长，合金液热度越高，合金吸气和氧化越严重。特别是采用固体、液体和气体燃料的坩埚炉，更应注意

续表

主要工序	工 艺 特 点
精炼	精炼的目的是去除合金液中的气体和氧化夹杂物,目前广泛使用的各种无公害的精炼剂有氯盐、氟化物、六氯乙烷等。为检查合金液除气精炼的程度,在浇注前要进行含气量检验。将精炼后的合金液用小勺浇注在试样模中,随即用预热的薄铁片刮熔液表面,观察其表面是否有气泡冒出。如符合技术标准,则可正常使用。当表面冒泡严重时,应重新精炼。压铸铝合金要在熔剂保护下进行熔炼和保温,以防合金液吸气和产生氧化夹杂物

表 2-37　压铸镁合金的熔炼工艺特点

主要工序	工 艺 特 点
洗涤剂准备	在熔炉旁边另设一坩埚炉,将熔剂熔化并加热至 760～800℃,以便熔炼工具在使用之前在其中洗涤干净,经过洗涤的工具在加热到暗红色后才能使用。坩埚内的熔剂,在每一工作班中应清理1～2 次,以除去其中的脏物,并根据坩埚的消耗量和洗涤能力的强弱,往洗涤坩埚中适当添加新的熔剂。洗涤熔剂还应定期更换
加料和熔化	将坩埚加热至 400～450℃,撒上占炉料重 0.1%～5% 的熔剂,加入预热的镁锭、中间合金和回炉料,待全部炉料熔化后,在温度为 690～720℃时,加入锌锭。每次加料后应在金属液面暴露部分处添加新的熔剂
精炼	将金属液升温到 700～730℃,用搅拌勺激烈地由上而下搅拌合金液 5～8min,直到金属液面呈现镜面光泽为止。在搅拌过程中,应向金属液面均匀不断地撒上熔剂,其消耗量为炉料质量的0.8%～1%。除去金属液表面的熔渣或熔剂,并撒上一层新熔剂,然后升温至 780℃,在此温度下使金属液静置不少于 15min,然后转至保温炉待用。镁合金在整个熔炼和保温过程中,如发现金属液面上有燃烧现象时,应立即撒上新熔剂,并停留 2～3min 后进行压铸,以免将熔剂夹杂带入铸件中,影响铸件质量

表 2-38　压铸铜合金的熔炼工艺特点

主要工序	工 艺 特 点
熔化和脱氧	压铸铜合金主要是黄铜,熔炼温度一般为 1100～1150℃。黄铜含有较多的锌,在熔炼温度下,锌对铜液有脱氧作用,故铅黄铜一般不需加入脱氧剂进行脱氧;但硅黄铜仍需加入脱氧剂进行脱氧 硅黄铜熔炼的加料顺序是先加入铜硅中间合金,然后才加入铜和锌。熔炼过程中硅黄铜表面上有一层致密的氧化膜,可显著减少锌的蒸发。因此不一定要采用覆盖剂,而熔炼铅黄铜仍需要加入覆盖剂
含气量检验	熔炼后将金属液浇入样模内,待冷却后,观察其表面情况,若试样中间凹下去,表示合金液含气量小;若中间凸起或者不收缩,则表示合金液气体含量较多。此时可加入除气剂除气。黄铜也可加热除气,加热至锌的沸点。锌蒸发沸腾时带出气体。在铜合金中只允许除气 2～3 次,如还有气体存在,则该炉合金不能用于压铸

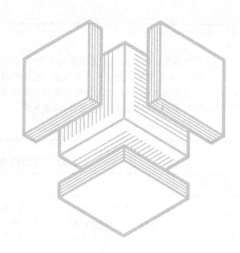

第3章

压铸机

3.1 压铸机的分类及特点

3.1.1 压铸机的分类

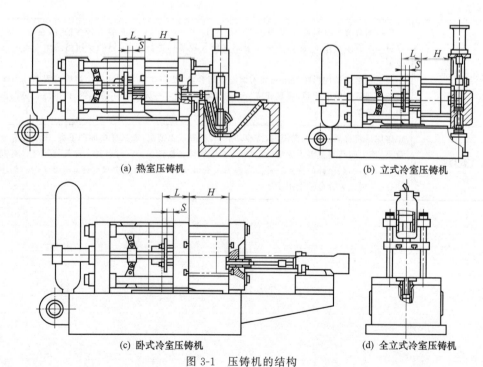

(a) 热室压铸机

(b) 立式冷室压铸机

(c) 卧式冷室压铸机

(d) 全立式冷室压铸机

图 3-1 压铸机的结构

压铸机通常按压室的受热条件的不同分为冷压室压铸机（简称冷室压铸机）和热压室压铸机（简称热室压铸机）两大类。冷室压铸机又因压室和模具放置的位置和方向不同分为卧式、立式和全立式三种。压铸机的结构如图3-1所示，常用压铸机的分类见表3-1。

表 3-1　常用压铸机的分类

分 类 特 征	基 本 结 构 方 式
压室浇注方式	①冷压室压铸机 ②热压室压铸机
压室的结构和布置方式	①卧式压铸机 ②立式压铸机
功率（锁模力）	①小型压铸机(热室<630kN,冷室<2500kN) ②中型压铸机(热室 630～4000kN,冷室 2500～6300kN) ③大型压铸机(热室>4000kN,冷室>6300kN)

3.1.2　常用压铸机的特点

（1）热压室压铸机

热压室压铸机与冷压室压铸机的合模机构是一样的，其区别在于压射、浇注机构不同。热压室压铸机的压室与熔炉紧密地连成一个整体，而冷压室压铸机的压室与熔炉是分开的。

热压室压铸机的压室浸在保温坩埚的液体金属中，压射部件装在坩埚上面，其压铸过程如图3-2所示。当压射冲头3上升时，金属液1通过进口5进入压室4内，合模后，在压射冲头下压时，金属液沿着通道6经喷嘴7充填压铸模8，冷却凝固成型，压射冲头回升。然后开模取件，完成一个压铸循环。其特点如下。

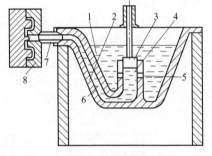

图 3-2　热压室压铸机压铸过程示意图
1—金属液；2—坩埚；3—压射冲头；4—压室；
5—进口；6—通道；7—喷嘴；8—压铸模

① 操作程序简单，不需要单独供料，压铸工作能自动进行。

② 金属液由压室直接进入型腔，浇注系统消耗的金属液少，金属液的温度波动范围小。

③ 金属液从液面下进入压室，杂质不易带入。

④ 压铸比压较低，压室和压射冲头长期浸入金属液中，易受侵蚀，缩短使用寿命，并且可能会增加合金中的铁含量。

⑤ 常用于铅、锡、锌等低熔点合金压铸，因坩埚可密封，便于通入保护气体保护合金液面，对防止镁合金氧化、燃烧有利。

（2）冷压室压铸机

① 卧式压铸机。压室中心线垂直于模具分型面，呈水平布置。压室与模具的相对位置及其压铸过程如图3-3所示。合模后金属液浇入压室2，压射冲头1向前推进，将金属液3经浇道7压入型腔6；开型时，余料8借助压射冲头前伸的动作离开压室，同压铸件一起取出，完成一个压铸循环。为了使金属液在浇入压室后不会自动流入型腔，应在模具内装设专门机构或把内浇道安放在压室的上部。

卧式冷室压铸机的特点如下。

a. 金属液进入型腔转折少，压力损失小，有利于发挥增压机构的作用。

b. 卧式压铸机一般设有偏心和中心两个浇注位置，或在偏心与中心间可任意调节，供

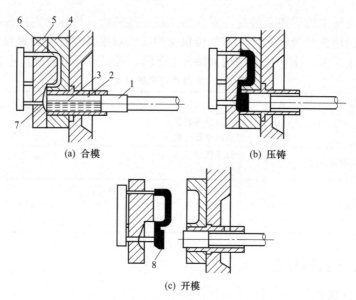

(a) 合模　　　　　　　　　　　(b) 压铸

(c) 开模

图 3-3　卧式压铸机压铸过程示意图

1—压射冲头；2—压室；3—金属液；4—定模；5—动模；6—型腔；7—浇道；8—余料

设计模具时选用。

　　c. 便于操作，维修方便，容易实现自动化。

　　d. 金属液在压室内与空气接触面积大，压射速度选择不当，容易卷入空气和氧化物夹渣。

　　e. 设置中心浇道时模具结构较复杂。

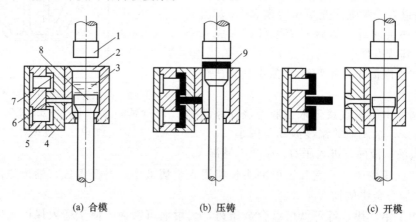

(a) 合模　　　　　　　　　(b) 压铸　　　　　　　(c) 开模

图 3-4　立式压铸机压铸过程示意图

1—压射冲头；2—压室；3—金属液；4—定模；5—动模；6—喷嘴；

7—型腔；8—反料冲头；9—余料

　　② 立式压铸机。立式压铸机压室的中心线平行于模具的分型面，称为垂直侧压室。压室与模具的相对位置及其压铸过程如图 3-4 所示。合模后，浇入压室 2 中的金属液 3 被已封住喷嘴 6 的反料冲头 8 托住，当压射冲头向下压到金属液面时，反料冲头开始下降，打开喷嘴 6，金属液被压入型腔 7。凝固后，压射冲头 1 退回，反料冲头上升，切断余料 9 并将其顶出压室。余料取走后，反料冲头再降到原位，然后开模取出压铸件，完成一个压铸循环。

　　立式冷压室压铸机特点如下。

　　a. 金属液注入直立的压室中，有利于防止杂质进入型腔。

b. 适宜于需要设置中心浇道的铸件。

c. 压射机构直立，占地面积小。

d. 金属液进入型腔时经过转折，消耗部分压射压力。

e. 余料未切断前不能开模，影响压铸机的生产率。

f. 增加一套切断余料机构，使压铸机结构复杂化，维修不便。

③ 全立式压铸机。合模机构和压射机构垂直布置的压铸机称为全立式合模压铸机，简称全立式压铸机。其压射系统在下部，而开合模系统则处于上部。浇注的方式有两种：一种是在模具未合模前将金属液浇入垂直压室中，其压铸过程如图 3-5 所示。金属液 2 浇入压室 3 后合模，压射冲头 1 上升将金属液压入型腔 6 中，冷却凝固后开模推出铸件，完成一个压铸循环。另一种方法是将保温炉放在压室的下侧，其间有一根升液管连接。通过加压于保温炉上面或通过型腔内由真空将金属液压入或吸入压室，然后压射冲头上升先封住升液管与压室连接口，再将压室内的金属液压入型腔进行压铸，冷却凝固后开模推出铸件。

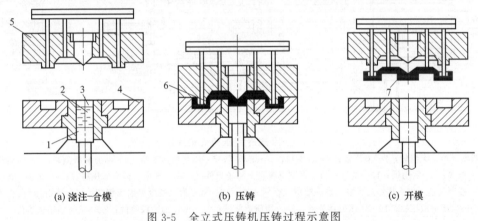

| (a) 浇注-合模 | (b) 压铸 | (c) 开模 |

图 3-5　全立式压铸机压铸过程示意图

1—压射冲头；2—金属液；3—压室；4—定模；5—动模；6—型腔；7—余料

全立式压铸机的特点如下。

a. 模具水平放置，放置嵌件方便。广泛应用于压铸电机转子类及带硅钢片的零件。

b. 带入型腔的空气较少，生产的铸件气孔显著减少。

c. 金属液的热量集中在靠近浇道的压室内，热量损失少。

d. 金属液进入型腔时转折少，流程短，减少压力的损耗。

3.2　压铸机的基本结构

压铸机主要由开合模机构、压射机构、动力系统和控制系统等组成。分为冷室和热室两大类，又分卧式、立式两种形式。卧式应用最多。现将常用的压铸机结构简介如下。

卧式冷室压铸机结构及主要组成如图 3-6 所示。常用于压铸铝、镁、铜合金，亦可用于黑色金属。

3.2.1　合模机构

开合模及锁模机构统称合模机构，是带动压铸模的动模部分进行模具分开或合拢的机构。由于压射充填时的压力作用，合拢后的动模仍有被胀开的趋势，故这一机构还要起锁紧模具的作用。推动动模移动合拢并锁紧模具的力称为锁模力，在压铸机标准中称之为合型

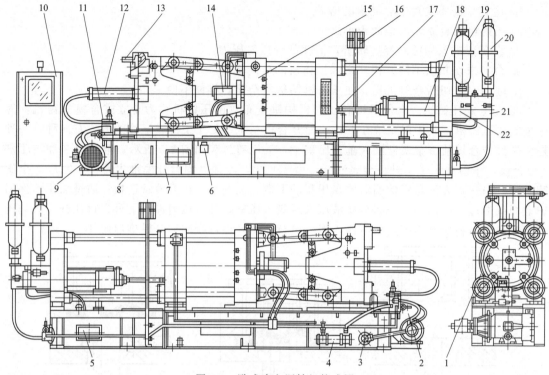

图 3-6　卧式冷室压铸机构成图

1—调型（模）大齿轮；2—液压泵；3—过滤器；4—冷却器；5—压射回油油箱；6—曲肘润滑油泵；7—主油箱；
8—机架；9—发动机；10—电箱；11—合型（模）油路板组件；12—合开型（模）液压缸；13—调型（模）
液压马达；14—顶出液压缸；15—锁型（模）柱架；16—型（模）具冷却水观察窗；17—压射冲头；
18—压射液压缸；19—快压射蓄能器；20—增压蓄能器；21—增压油路板组件；22—压射油路板组件

力。合模机构必须准确可靠地动作，以保证安全生产，并确保压铸件尺寸公差要求。压铸机合模机构总体上可分为液压式、机械式和液压机械式。

液压合模机构的优点是：结构简单，操作方便；在安装不同厚度的压铸模时，不用调整合模液压缸座的位置，从而省去了移动合模液压缸座用的机械调整装置；在生产过程中，在液压不变的情况下锁模力（合型力）可以保持不变。但是，这种合模机构具有通常液压系统所具有的一些缺点：首先是合模的刚性和可靠性不够，压射时胀型力稍大于锁模力时压力油就会被压缩，动模会立即发生退让，使金属液从分型面喷出，既降低了压铸件的尺寸精度，又极不安全；其次是对大型压铸机而言，合模液压缸直径和液压泵较大，生产率低；第三是

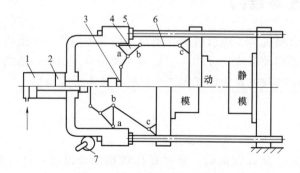

图 3-7　曲肘合模机构示意图

1—液压合模缸；2—合模活塞；3—连杆；4—三角形铰链；5—螺母；6—力臂；7—齿轮齿条

开合模速度较慢，并且液压密封元件容易磨损。这种机构一般用在小型压铸机上。

（1）机械合模机构

机械合模机构可分为曲肘合模机构、各种形式的偏心机构、斜楔式机构等。目前国产压铸机大都采用曲肘合模机构，如图3-7所示。此机构是由三块座板组成，并用四根导柱将它串联起来，中间是动模座板，由合模缸的活塞通过曲肘机构来带动。动作原理如下：当压力油进入液压合模缸1时，推动合模活塞2带动连杆3，使三角形铰链4绕支点摆动，通过力臂6将力传给动模安装板，产生合模动作。为了适应不同厚度的压铸模，用齿轮齿条7使动模安装板与动模作水平移动，进行调整，然后用螺母5固定。要求压铸模闭合时，a、b、c三点恰好能成一直线，亦称为"死点"，即利用这个"死点"进行锁模。

曲肘合模机构的优点如下。

① 可将合模缸的推力放大，因此与液压合模机构相比，其合模缸直径可大大减小，同时压力油的耗量也显著减少。

② 机构运动性能良好，在曲肘离死点越近时，动模移动速度越低，两半模可缓慢闭合。同样在刚开模时，动模移动速度也较低，便于型芯的抽芯和开模。

③ 合模机构开合速度快，合模时刚度大而且可靠，控制系统简单，使用维修方便。

但是这种合模机构存在如下缺点：不同厚度的模具要调整行程比较困难；曲肘机构在使用过程中，由于受热膨胀的影响，合模框架的预应力是变化的。这样，容易引起压铸机拉杆过载；肘杆精度要求高，使用时其铰链内会出现高的表面压力，有时因油膜破坏，产生强烈的摩擦。

曲肘合模机构是较好的，特别适用于中型和大型压铸机，现代压铸机已为弥补调整行程困难的缺点而增加了驱动装置，通过齿轮自动调节拉杆螺母，从而达到自动调整行程的目的。

（2）液压机械式合型（模）机构

液压机械式合型（模）机构由液压缸和曲肘机构组成，液压产生的动力驱动曲肘连杆系统实现开合型的运动。图3-8为合型（模）机构结构简图。合型时，合开型（模）液压缸14的活塞杆外伸，驱动曲肘组件运动。曲肘组件由弯曲状态（图示下半部）逐渐变成一直线状态（图示上半部），实现动型座板5前移。由于曲肘组件在行程终了时为一直线，因此巨大的压射力完全由曲肘连杆系统承受，克服了因过大的胀型力引起动型座板退让的缺点。

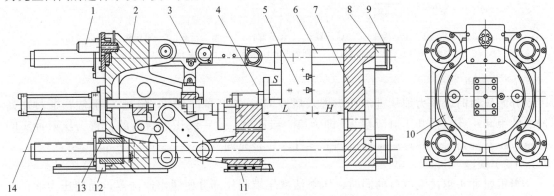

图3-8　合型（模）机构结构简图

1—调型（模）液压马达；2—尾板；3—曲肘组件；4—顶出液压缸；5—动型座板；6—拉杆；7—定型座板；
8—拉杆螺母；9—拉杆座板；10—调型（模）大齿轮；11—动型座板滑脚；
12—调节螺母压板；13—调节螺母；14—合开型（模）液压缸

液压机械式曲肘合型机构特点如下。

① 增力作用。通过曲肘连杆系统，可以将合模液压缸的推力放大 16～26 倍，与液压式合型装置相比，高压油消耗减小，合型液压缸直径减小，泵的功率相应减小。

② 合、开模运动速度为变速：在合模运动过程中，动型座板移动速度由零很快升到最大值，以后又逐渐减慢，随着曲肘杆逐渐伸直到终止时，合型速度为零，机构进入自锁状态（锁型状态）。在开型过程中，动型座板移动由慢速转至快速，再由快速转慢至零，非常符合机器整个运动，有利于抽芯和顶出铸件。

③ 当压铸模合紧且曲肘杆伸直成一直线时，机构处于自锁状态，此时，可以撤去合模液压缸的推力，合模系统仍然会处于合紧状态。

3.2.2 压射机构

压铸机的压射机构是将金属液推送进模具型腔，充填成型为压铸件的机构。不同型号的压铸机有不同的压射机构，但主要组成部分都包括压室、压射冲头、压射杆、压射缸及增压器等。现代压铸机的压射机构的主要特点是三级压射，也就是慢速排除压室中的气体和快速充填型腔的两级速度，以及不间断地给金属液施以稳定高压的一级增压。

卧式冷室压铸机多采用三级压射的形式。图 3-9 为 J1113 型压铸机的压射机构，是三级压射机构的一种形式。其三级压射过程如下。

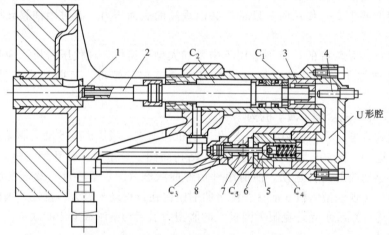

图 3-9　J1113B 型三级压射机构示意图
1—压射冲头；2—压射活塞；3—通油器；4—调节螺杆；5—增压活塞；6—单向阀；7—进油孔；
8—活塞；C_1—压射腔；C_2—回程腔；C_3—尾腔；C_4—背压腔；C_5—后腔

（1）慢速

开始压射时，压力油从进油孔 7 进入后腔 C_5，推开单向阀 6，经过 U 形腔，通过通油器 3 的中间小孔，推开压射活塞 2，即为第一级压射。这一级压射活塞的行程为压射冲头刚好越过压室浇道口，其速度可通过调节螺杆 4 作补充调节。

（2）快速

当压射冲头越过浇料口的同时，压射活塞尾端圆柱部分便脱出通油器，而使压力油得以从通油器蜂窝状孔进入压射腔 C_1，压力油迅速增多，压射速度猛然增快，即为第二次压射。

（3）增压

当充填即将终了时，金属液正在凝固，压射冲头前进的阻力增大，这个阻力反过来作用到压射腔 C_1 和 U 形腔内，使腔内的油压增高足以闭合单向阀，从而使来自进油孔 7 的压力

油无法进入 C_1 和 U 形腔形成的封闭腔，而只在后腔 C_5 作用在增压活塞 5 上，增压活塞便处于平衡状态，从而对封闭腔内的油压进行增压，压射活塞也就获得增压的效果。增压的大小，是通过调节背压腔 C_4 的压力来得到的。

压射活塞的回程是在压力油进入回程腔 C_2 的同时，另一路压力油进入尾腔 C_3 推动回程活塞 8，顶开单向阀 6，U 形腔和 C_1 腔便接通回路，压射活塞产生回程动作。

3.3　压铸机的选用及相关参数的校核

3.3.1　压铸机选用的原则

在实际生产中，选择压铸机时，主要根据产品的品种、生产批量和铸件轮廓尺寸及铸件合金种类和重量大小，还有压铸机的性能、精度和价格。在选用设备时，需考虑以下两个方面。

① 产品的品种和生产批量。对产品为多品种、小批量生产时，通常选用液压系统简单、适应性强的能快速进行调整的压铸机；对组织产品为少品种、大批量生产时，要选用配备各种机械化和自动化的机构、控制系统及装置的压铸机；对单一品种、大批量生产的铸件还可选择专用的压铸机。

② 压铸机的特点。每一种压铸机都具有一定的技术规格，针对具体产品选用压铸机时，最主要的是根据压铸机的特点（尺寸、重量、合金种类）。因为铸件的轮廓尺寸与压铸机的锁型（模）力和开型距离有关；而主机铸件的重量与合金种类则与压室中的合金最大容量有关。

3.3.2　计算压铸机所需的锁模力

根据铸件结构特点、合金及技术要求选用合适的比压，结合模具结构考虑，估算投影面积，按公式（3-1）求得胀型力后乘以安全系数 K，便得到压铸该压铸件所需压铸机的锁模力。

$$F_锁 = K(F_主 + F_分) \tag{3-1}$$

式中　$F_锁$——压铸机应有的锁模力，N；

　　　K——安全系数，$K = 1.25$；

　　　$F_主$——主胀型力，N；

　　　$F_分$——分胀型力，N。

主胀型力计算公式为

$$F_主 = Ap \tag{3-2}$$

式中　$F_主$——主胀型力，N；

　　　p——压射压力，Pa；

　　　A——铸件在分型面上的投影面积，m^2，多腔模则为各腔投影面积之和，一般另加 30% 作为浇注系统与溢流排气系统的面积。

当有抽芯机构组成侧向活动型芯成型铸件时，金属液充满型腔后产生的压力 $F_反$ 作用在侧向活动型芯的成型面上使型芯后退，故常采用楔紧块斜面锁紧与活动型芯连接的滑块，此时在楔紧块斜面上产生法向分力（见图 3-10），这个法向分力即为分胀型力，其值为各个型芯所产生的法向分力之和（如果侧向活动型芯成型面积不大，分胀型力可以忽略不计）。

斜销抽芯和斜滑块抽芯的分胀型力计算公式为：

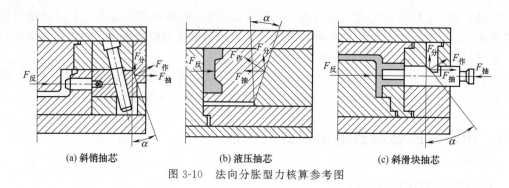

(a) 斜销抽芯　　　　　　　　　(b) 液压抽芯　　　　　　　　(c) 斜滑块抽芯

图 3-10　法向分胀型力核算参考图

$$F_分 = \sum(A_芯\, p\tan\alpha) \qquad (3\text{-}3)$$

式中　$F_分$——分胀型力，N；

　　　　p——压射压力，Pa；

　　　　$A_芯$——侧向活动型芯成型端面的投影面积，m^2；

　　　　α——楔紧块的楔紧角，(°)。

液压抽芯的分胀型力计算公式为：

$$F_分 = \sum(A_芯\, p\tan\alpha - F_抽) \qquad (3\text{-}4)$$

式中　$F_分$——分胀型力，N；

　　　　p——压射压力，Pa；

　　　　$A_芯$——侧向活动型芯成型端面的投影面积，m^2；

　　　　α——楔紧块的楔紧角，(°)；

　　　　$F_抽$——液压抽芯器的抽芯力，N，如果液压抽芯器未标明抽芯力时可按式（3-5）计算。

$$F_抽 = 0.785 D_抽^2\, p_管 \qquad (3\text{-}5)$$

式中　$F_抽$——液压抽芯器的抽芯力，N；

　　　　$D_抽$——液压抽芯器的液压缸直径，m；

　　　　$p_管$——压铸机管道压力，Pa。

3.3.3　确定比压

比压是确保铸件质量的重要参数之一，根据合金种类并按铸件特征及要求选择，见表 3-2。

表 3-2　比压推荐值　　　　　　　　　　　　　　　　　　　　　MPa

项　　目	锌合金	铝合金	镁合金	铜合金
一般件	13～20	30～50	30～50	40～50
承载件	20～30	50～80	50～80	50～80
耐气密性件或大平面薄壁件	25～40	80～120	80～100	60～100
电镀件	20～30			

3.3.4　核算压室容量

压铸机初步选定之后，压射压力和压室的尺寸也相应得到确定，压室可容纳金属液的质量也为定值，但是否能够容纳每次浇注的金属液的质量，需按下式核算

$$G_室 > G_浇 \qquad (3\text{-}6)$$

式中　$G_室$——压室容量，kg；

　　　　$G_浇$——每次浇注的金属液的质量，包括铸件、浇注系统、排溢系统的质量，kg。

压室容量可按下式计算

$$G_室 = \pi D_室^2 L \rho K / 4 \qquad (3\text{-}7)$$

式中　$G_室$——压室容量，kg；

　　　$D_室$——压室直径，m；

　　　L——压室长度（包括浇口套长度），m；

　　　ρ——液态合金密度，见表 3-3；

　　　K——压室充满度，60%～80%。

表 3-3　液态合金密度

合金种类	铅合金	锡合金	锌合金	铝合金	镁合金	铜合金
$\rho/(\mathrm{kg/m^3})$	$(8\sim10)\times10^3$	$(6.6\sim7.3)\times10^3$	6.4×10^3	2.4×10^3	1.65×10^3	7.5×10^3

3.3.5　实际压力中心偏离锁模力中心时锁模力的计算方法

当实际压力中心偏离锁模力中心时，用取面积矩的方法计算锁模力（见图 3-11），并按式（3-8）计算。

$$F_偏 = F_锁(1+2e) \qquad (3\text{-}8)$$

式中　$F_偏$——实际压力中心偏离锁模力中心时的锁模力，N；

　　　$F_锁$——同中心时的锁模力，N；

　　　e——型腔投影面积重心最大偏移率（水平或垂直），可按式（3-9）计算。

$$e = \left(\frac{\sum C_i}{\sum A_i} - \frac{L}{2} \right) \frac{1}{L} \qquad (3\text{-}9)$$

式中　A_i——余料、浇道与铸件的投影面积，mm²；

　　　L——拉杠中心距，mm；

　　　C_i——A_i 对底部拉杠中心的面积矩，$C_i = A_i \times B_i$；

　　　B_i——从底部拉杠中心到各面积 A_i 重心的距离（见图 3-11），mm。

计算举例见表 3-4。

表 3-4　面积矩计算举例

项　　目	$A_i/\mathrm{mm^2}$	B_i/mm	$C_i=(A_i\times B_i)/\mathrm{mm^3}$
余料	2827	250	706750
浇道	1400	315	441000
铸件	40000	450	18000000
$\sum$	$\sum A_i = 44227$		$\sum C_i = 19147750$

从底部拉杠中心到实际压力中心的距离 $= \dfrac{\sum C_i}{\sum A_i} = \dfrac{19147750}{44227} = 432.9$（mm）

垂直偏心距 $= \dfrac{\sum C_i}{\sum A_i} - \dfrac{L}{2} = 432.9 - \dfrac{700}{2} = 82.9$（mm）

垂直偏移率 $e = \left(\dfrac{\sum C_i}{\sum A_i} - \dfrac{L}{2} \right) \dfrac{1}{L} = \dfrac{82.9}{700} = 0.118$

水平偏移率本例为零。

偏中心时的锁模力 $F_偏 = F_锁(1+2e) = F_锁(1+2\times0.118) \approx 1.24F_锁$

以上说明，此例中压铸机的锁模力比同中心时的锁模力大 24%。

根据计算的锁模力来选取压铸机的型号，使所选型号的压铸机的额定锁模力大于所计算的锁模力即可。

3.3.6 开合型距离与压铸型厚度的关系

压铸模合模后应能严密地锁紧分型面，因此，要求合模后的模具总厚度大于（一般大 20mm）压铸机的最小合模距离。开模后应能顺利地取出铸件，最大开模距离减去模具总厚度的数值，即为取出铸件（包括浇注系统）的空间。由图 3-12 可知：

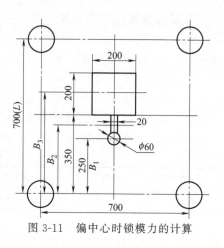

图 3-11 偏中心时锁模力的计算

$$H_合 = h_1 + h_2$$
$$H_合 \geqslant L_{min} + 20mm$$
$$L_{max} \geqslant H_合 + L_1 + L_2 + 10mm$$
$$L \geqslant L_1 + L_2 + 10mm$$

式中 h_1 ——定模厚度，mm；

h_2 ——动模厚度，mm；

$H_合$ ——压铸模合模后的总厚度，mm；

L_{min} ——最小合模距离，mm；

L_{max} ——最大开模距离，mm；

L_1 ——铸件（包括浇注系统）厚度，mm；

L_2 ——铸件推出距离，mm；

L ——最小开模距离，mm。

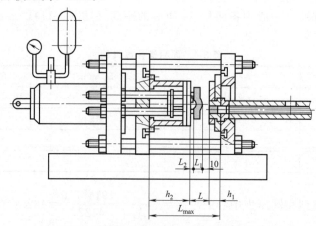

图 3-12 压铸机开模距离与压铸模厚度的关系

3.4 典型压铸机型号及主要参数

以常用 J1125G 型卧式冷室压铸机为例。

J1125G 型卧式冷室压铸机模板尺寸见图 3-13，主要参数见表 3-5。

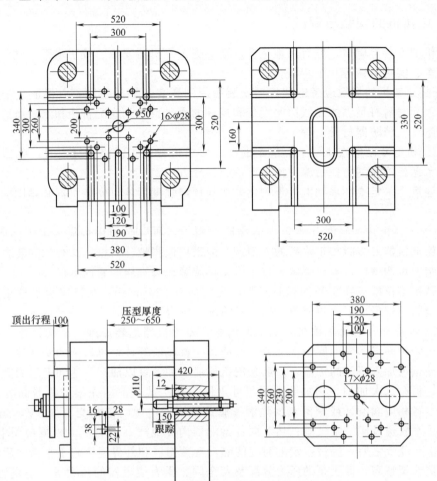

图 3-13　J1125G 型卧式冷室压铸机模板尺寸

表 3-5　J1125G 型卧式冷室压铸机主要参数

项目名称	数值	项目名称	数值
合型力/kN	2500	最大金属浇注量/kg	(铝)3.2
拉杆之间的内尺寸(水平×垂直)/mm	520×520	压室法兰直径/mm	110
拉杆直径/mm	—	压室法兰凸出高度/mm	12
动模座板行程/mm	400	冲头跟踪距离/mm	150
压铸厚度/mm	250～650	液压顶出器顶出力/kN	130
压射位置/mm	0，-160	液压顶出器顶出行程/mm	100
压射力/kN	143～280	一次空循环时间/s	10
压室直径/mm	50/60/70	管路工作压力/MPa	11.7
压室比压/MPa	28～143	油泵电机功率/kW	15
铸件投影面积/cm²	175～886	外形尺寸(长×宽×高)/mm	6450×1795×2335

3.5　压铸机的调试、常见故障及维护

压铸机在出厂前都进行过质量检查和空车试转。根据机器的大小，发运时采用整机或分

散装箱运送。在搬运过程中，必须注意保证人与设备的安全。

3.5.1　压铸机的安装与调试

压铸机的安装与调试一般有场地选择、基础施工、机器安装、校正水平、试车准备、空载运转试车、实物压铸等几个步骤。

① 安装压铸机的场地应考虑到机器安装后周围要有足够的空间，以保证各个部件可以装拆维修；同时需有足够的光线照明设备和良好的通风条件；应配备冷却水、压缩空气和电源管道设施以及消防器材设备等。

② 压铸机的基础应按说明书上规定的尺寸要求进行施工。浇混凝土时，应预留地脚螺栓孔，并考虑机器漏油防护措施中集中漏油的处理方法。

必须注意：一定要在水泥混凝土硬化并达到规定强度后才可安装机器和紧固地脚螺栓的螺母。

③ 由于压铸机在运转时产生很大的颠簸作用力，所以必须用可靠、牢固的固定方法，同时还要保证机器安装时校正水平的方便。一般采用地脚螺栓与楔铁结合的安装方法，即在机器底部装上可调楔铁，等机器水平校正后，再旋紧地脚螺栓的紧固螺母。

用酒精水准仪检查导轨间的相对水平，允差为 0.02mm/m。在机器水平校正好后，方可将螺母旋紧，螺母旋紧后再复查一次水平情况，符合要求后，才可进行试车。

④ 试车前应充分了解压铸机说明书的内容，熟悉机器运转原理、结构性能、操作调整方法及安全防护知识。先彻底清洗油箱、过滤器、蓄能器等，将机器上的防锈油、灰尘等擦去。再往油箱内加入清洁的油液，一般采用机械油，加油量以油标尺达到上限为度，待机器试运转后，再第二次加油，仍加到油标尺寸上限为止。试车前应先根据机器润滑系统标示图，在机器各相应润滑处或润滑点加注润滑脂；再接通电源（三相交流 384V，50Hz）、冷却水源、排水管道及压缩空气等；然后向各蓄能器内充氮气，充氮压力根据说明书上要求，在最后一次充氮气之后，经过一定的时间间隔，待蓄能器和外界温度趋于平衡之后再检查氮气压力；接着调整高、低压泵的压力分配及安全阀、压力继电器的压力等，检查管路系统，察听油泵及管路有无异常声音；经过初步检查，如若一切正常，即可进行空载运转试验。试车前必须在动模板上装上压铸模或代用模垫，其厚度不得小于规定的最小厚度。

⑤ 压铸机空载运转试车前要先关闭蓄能器阀，再开动机器，以正常运转速度空载运转，并由小到大地调节各运动油缸的节流阀，空载运转需进行 4h。调试空压射动作时，只能以慢压射动作进行，如欲试快压射，必须在压射室内放入软质衬垫，并尽可能缩短快压射行程，以防高速压射冲击损坏机件。机器试运转，必须将"手动"和"自动"循环两种工作程序方法分别进行，可先进行手动试车。"手动"试车时，只需逐项转动各工序开关，进行机器各工序的单独操作，如合模、压射、压射回程、顶出器的动作、开模等。进行"自动"循环方法试车时，应预定动作程序，在操作时只需按按钮两次，第一次双手按动两只合模按钮，待合模结束，指示灯发亮，再按"压射"按钮，机器就进行压射，接下来的工序就按预选程序"自动"联动进行，并需选择适当的冷却延时和顶出延时时间，调节好各行程开关的适当位置。对机械顶出机构，应调节好顶杆位置。

机器的调试主要是安装模具并调整合模机构。安装压铸模之前，必须测量模具上与熔杯凸缘相配合的孔的深度，配好熔杯凸缘后的调整垫。如模具需要在装动模之前先置入顶杆，则应将顶杆放入顶杆孔后再装上模具。安装压铸模是依据压铸模的厚度来调整合模机构的。为此应首先测量出压铸模的厚度尺寸，然后调整机器的合模距离，一般有以下三种形式。

a. 合模缸座有传动机构的曲肘扩力机构。通过操纵电器箱上的压模厚度调整开关的按钮，在开模状态用连续大距离调整和点动调整两种方法调整模具厚度。一般在模板间距临近所要调整尺寸时用点动调整，先使调整的模板间距略小于压铸模厚度1.5mm，然后开模，再将动、定模合在一起，装在机器的动、定模板上，并与熔杯配合。模具装上模板后，即可进行合模力的调整，开动机器使之合模。如前述模板间距小于模具厚度1~1.5mm，曲肘伸不直，即没有达到伸直死点，可按下述步骤进行调试：将机器置于开模状态，操纵压模厚度调整按钮，使两模板间距略增大，把机器再合模，反复调试直至曲肘刚过临界点（死点）而伸直；如果合模力过大，应再次增大模板间距，但合模力不宜太低；合模力的微调，由齿轮螺母转动刻度控制，如机器有测试装置，应使四拉杠受力相差在5%以内。

b. 合模缸座无传动机构的曲肘扩张机构。模板间距调整到小于模具厚度10mm，合模后，刹紧动模板上拉杆螺钉，脱开合模缸座四块螺母压板，再用手或扳手将合模缸座上的四只大杠螺母旋动后退大于10mm，然后进行合模曲肘撑直，用扳手均匀旋紧模板上四只大杠螺母，压板插入大杠螺母，再慢速开模，待动、定模脱开5mm左右时关闭机器。根据说明书要求，顺时针转动大杠螺母，使其达到规定刻度，扳紧压板，合模力调整结束。

c. 全液压合模机构。固定顶杆位置，调整行程开关位置，使合模距离大于模具顶出距离。在四根拉杠的机器上，若没有液压抽拉杠机构，在安装大型模具时，要采用抽出拉杠的方法。当模具外形尺寸大于拉杆间距时，可将靠近操作者一侧上方的那根拉杠抽出，待安装好模具后再插进拉杠，其操作步骤如下。

使机器处于合模状态，卸下定模板上拉杠压板的螺母，记下螺母外圆刻线与定模板上的标尺位置，拆下合模缸座上齿轮螺母压盖或螺母上的压板，然后用有色笔或其他方法在两只零件相齐处做上记号（有传动机构的机器，拉杆齿轮螺母不能转动，否则将影响重新装配后动、定模板间的平行度要求）。拧紧动模板上刹紧拉杆的螺钉，用极慢的速度使机器开模，这时拉杠就缓慢拉出，为使拉杠继续拉出时有个定位，可在拉杠端部与定模板之间垫木块，松开定模板上刹紧拉杠螺钉，然后合模，当合模后，再次刹紧拉杠螺钉开模。到所需的间距后进行装模，模具安装完毕，重新装上被抽出的拉杠，其操作步骤与上述情况相反。

注意： 有传动机构的机器拉杠螺母和齿轮螺母一定要与原装配位置相一致，应确保装配准确无误。

3.5.2 压铸机的维护与保养

压铸机的维护和保养主要包括机械部分、液压部分、电器部分三个方面。

压铸机的运转是通过各个电磁滑阀的控制，改变各执行元件管道中的压力油方向，使压铸机完成合模、压射、开模、压射回程、抽芯、顶出等一系列动作，从而形成一个工作循环。为了保证压铸机能够正常运转，必须重视和经常进行机器的维护和保养，才能保证正常生产，并延长机器的使用寿命。

对压铸机进行维护和保养的内容，按检查时间分，可分为每日（每班）检查、每周检查、每月检查以及半年检查四种类型。

① 每日检查的内容：查看泵是否工作正常，油位是否低于标尺，油温是否过高，油箱盖是否密封；检查液压系统有无漏油情况，并旋紧松动的管路接头与紧固螺钉；检查拉杠螺母有无松动情况；检查润滑系统各润滑点的润滑情况是否正常；检查安全装置、行程开关的固定情况与动作情况；观察蓄能器的氮气压力是否正常，液压系统中各种压力工作情况；查看冷却系统是否正常；检查机器所有动作是否正常。

② 每周检查的项目：清除油箱上、导轨、拉杠及曲肘等处的脏物；检查所有电磁阀线圈的固定及工作情况；检查油箱上的油位；检查液压系统的工作情况；检查蓄能器的漏油、漏氮气情况；检查各种安全装置。

③ 每月检查的情况：清洗油泵及过滤器，并更换滤芯；检查油泵及吸油管、轴的密封及漏气情况；检查动模板、拉杠（拉立柱）与导套之间的间隙是否正常，调整拖板的高低；检查合模机构的受力情况是否均匀；检查全部电器元件，旋紧松动的连接部分；检查润滑油泵及润滑系统的工作情况；校正压力表。

④ 每半年检查的项目：检查机器安装水平变动情况；检查油泵及液压管路、液压件工作性能情况；清洗滤油器、冷却器；检查蓄能器漏油、漏气情况；检查润滑系统工作状态情况；检查拉杠、导轨磨损情况。

机器第一次运转时加入的压力油在使用 500h 后，应更换新油并清洗油箱，以后每隔 3000h 更换新油并清洗油箱一次。

为了保证合模部分（主要指曲肘合模机构）的均匀受力，要定期校正拉杠的受力状态，每根拉杠受力不应超过理论数值的 5%。对大于 10000kN 的压铸机，每隔 3 年需校正一次；对小于 10000kN 的压铸机，每隔 5 年需校正一次。蓄能器在使用 10 年后要进行一次水压试验，水冷却器每使用 1500h 后，应拆下清洗水垢，否则会影响散热效果。

3.5.3 热室压铸机常见故障排除方法

压铸机常见故障为动作不灵、无动作、无压力、动作失误等，排除这些故障的关键在于区分它是属于电气、液压还是机械故障。掌握压铸机每个动作相关的输入及输出条件、压力、速度调整方法是排除故障的基础。

因机械部分损伤而引起的故障较易判断与排除。电气部分失灵往往由于电动机、继电器，或者电磁阀中的线圈绝缘被烧坏，接触元件的触点被烧损，熔丝被烧断，以及电气线路与元件连接处发生松动或脱开等多种因素。液压系统失灵的原因则较多，电气部分及液压系统的故障又常常混合在一起，因此，需要经过仔细观察、认真检查与具体分析才能确定产生故障的原因。

分清是电气故障还是机械故障的主要方法是：在某一动作不进行时，首先查看一下电气操作件，如开关、按钮等位置是否正确；看系统压力是否符合要求；如果上述情况正常，再查看该动作的先导电磁铁是否通电，若不通电则检查电气线路；若通电，再检查液压管路，电磁铁通电情况可以通过电磁铁外壳是否带有磁性，以及观察电磁铁是否吸合等方法来判断。

热室压铸机常见故障排除方法见表 3-6。此处仅提出分析问题的思路，对于不同厂家生产的压铸机，具体操作会不同，请按照各自的说明书进行操作。

表 3-6 热室压铸机常见故障排除方法

故障	原 因	排 除 方 法
不能开模	锁模条件被破坏	前或后安全门未关
		①关门或检查安全门吉掣是否压到位 ②是否有信号输出或吉掣是否损坏
		锁模油路中相关油阀无动作
		①检查各输出点是否有信号输出或接线是否松脱 ②检查锁模油路中相关油阀，如锁模油阀、比例阀、方向阀等是否卡死或电磁铁线圈是否损坏 ③检查输出压力、流量（速度）是否正常

故障	原 因		排 除 方 法
不能开模	锁模条件被破坏	顶针未回原位	①检查顶出行程调整是否过大,导致感应不到 ②近接开关是否无信号或损坏 ③顶针油路中相关油阀动作不灵或卡死
		机械手未回原位	①检查近接开关是否失效,或气阀动作不灵、卡死 ②在不使用气动打头时应将机械手扎住,以免振松(机械手下垂会导致误报警)
		锁模解码器参数变化	①检查锁模解码器是否有信号输出或损坏而无法计数 ②连接锁模解码器的齿轮齿条是否损坏、松动,解码器支架是否松动导致计数不准确 ③突然的停电、停机会导致锁模解码器显示值与实际监控状态发生变化,需重新调整解码器原始值
	低压锁模故障		①检查模具内是否有异物或闭合不好 ②低压锁模相关参数设置不当,如:低压报警时间、压力、位置等是否恰当
	机铰、铰边、钢丝严重磨损,运动至此部位卡住		更换严重磨损零件
	锁模油缸后段内有异物或磨损、拉花阻住		清洗或更换
	总结:出现故障,首先利用电脑报警功能,根据故障提示,判断故障可能发生的部位,然后利用电脑内部检视功能检查可能的故障点是否正常,并进一步通过仔细观察,予以排除		
	锁模相关条件被破坏	开模油路中相关油阀无动作	①检查各输出点是否有信号输出或接线位是否松脱 ②检查开模油路中相关油阀是否卡死或电磁线圈是否损坏 ③检查开模动作相应输出压力、流量速度是否正确
		射料油缸未回位	参考故障"不能回锤"之排除方法
		锁模解码器参数发生变化而导致计数不准确	参考故障"锁模条件被破坏"的排除方法
	安装模具未按操作要求调整,锁模过紧,锁模停机时间过长		①调整锁模力。模具安装好后,将开/锁模各段压力速度值恢复到正常数值,但将高压锁模的压力值降低到40%~50%。手动操作锁模后,观察压力表的压力变化,应有4~5MPa的锁模压力显示,否则应手动操作,使模厚减薄至显示40%~50%的锁模压力,而机铰刚好不能伸直,锁不紧模为止。视模具的大小可选择高压锁模的压力,再将高压锁模压力调至70%~80%,再次锁模。机铰应能伸直,且锁模压力上升到70%~80%,这说明锁模力已足够,否则应再调整模厚数值,至锁模力够紧 ②养成习惯,停机时要处于开模状态,如锁紧模长时间停机,除了不能锁模外,也可能使拉杆等疲劳损伤
	模具升温膨胀后未重调容模量,导致锁模力增大,开模困难		①参考故障"不能开模"的排除方法 ②加大开模一段压力及速度,润滑后重新手动状态开模 ③在系统额定压力内调高系统压力,手动状态打开模具后,复原系统压力及各相应参数

故障	原　因		排除方法
不能开模	模具升温膨胀后未重调容模量,导致锁模力增大,开模困难		④调模是在无负荷状态下进行的,上述两种方法未奏效时,唯有松开头板前哥林柱螺母,松开模具后重新安装螺母,调节动、定板间平行度。不要试图用调模机构在锁模状态下强行调松哥林柱螺母以达到开模目的,这样将会导致调模机构的无谓损坏,如断链条、损坏链轮,甚至损坏调模马达 ⑤严格按照调模步骤调整容模空间及锁模力大小,当装模试压一段时间,模具升温膨胀,锁模力增大后,注意及时调整容模量,使锁模力回到原来的值,避免开模故障 ⑥减少锁模停机时间,停机前切记将模具打开,切勿在锁紧模具的情况下停机
	肘杆(或曲肘)机构零件严重磨损或损坏		更换严重磨损或损坏的零件
飞料	射嘴身与鹅颈壶接合部位飞料	模具入水口中心与射嘴中心出现偏差,工作一段时间后,由于反复冲击,导致射嘴身与鹅颈壶接合部松动而飞料	重调中心,建议模具设计时加装与头板预设孔相符的定位圈
		制造质量问题。射嘴身与鹅颈壶锥面配合不好,出现间隙,导致飞料	拆下射嘴身,先清理干净嘴身锥度表面锌料,再清理干净鹅颈壶锥孔内表面锌料,适当研配两配合锥面,再重新安装射嘴身。若发现有顶底现象,应适当截去射嘴身端部再研磨
		射嘴身安装方法不正确导致锥面配合不好而飞料	正确的安装方法是将鹅颈锥孔加热到一定温度,再将射嘴身紧套入锥孔中。加热温度不够或常温安装会导致高温工作时配合锥面的松动而飞料
	射嘴与模具入水口接合处飞料	模具入水口与射嘴中心出现偏差,未对正	重调中心
		模具入水口与鹅颈射嘴不相符,其入水口角度、孔的圆度及尺寸可能不吻合	修整模具入水口或更换射嘴。加工模具入水口及射嘴时尽可能按标准制作
		射料时扣嘴力参数未达到要求	增大扣嘴力
		离嘴时有锌液滴漏,使之接触不良	清理滴漏锌液,适当增加离嘴延时时间
	模具分型面处飞料	调模未调好,模具未锁紧	重新调锁模力
		机铰部分严重磨损,使模板锁模力下降	更换或修复严重磨损机铰部分零件
		模具本身平行度不好或模具经多次使用后严重磨损、变形	修复模具
		动、定模座板间平行度未调整好或使用后出现偏差	重调动、定模座板间平行度至符合要求
	总结:飞料在生产中时有发生,一旦出现飞料,要立即停机检查,查明原因并解决后才能继续生产		

故障	原　因		排　除　方　法
锤子卡死	压室、炉温过高导致锤头卡死	①热电偶出故障 ②温控器出故障 ③燃烧机等出故障	控制料缸的温度
	坩埚中锌液面浮渣过多，液面过低		及时撇去浮渣，添加锌料，确保液面不低于坩埚表面30mm
	机器安装误差	压射活塞缸与鹅颈司筒中心偏差过大	与生产厂商联系处理
	制造质量问题	锤头与司筒配合间隙过小，鹅颈壶制造的位置精度不够	与生产厂商联系处理
不能射料	射料相关条件被破坏	前、后安全门未关	关门或检查安全门是否压到位，吉掣是否有信号或损坏
		射料位置未回原位	参考射料油缸不回锤之检查方法
		锁模行程未终止	①检查锁模行程终止开关是否压到位或损坏、无信号 ②检查锁模终止确认开关是否压到位或损坏、无信号 ③锁模解码器参数变化，需重新调整参数
	扣嘴前限吉掣没有压到位或损坏		①扣嘴前限吉掣没有压到位；调节压块，压住扣嘴前限吉掣 ②检查扣嘴前限吉掣是否损坏，损坏则更换或修复
	射料参数设置不当	射料压力不够或射料时间没设置	设置相关参数正确值
	射料油路故障(如两个先导阀、两个插装阀等卡死)		①检查相应油阀输出点是否有信号输出，接线有无松脱 ②检查射料油路中相关阀是否卡死，电磁线圈是否损坏
射料不正常	氮气压力不够		检查补充氮气。长时间使用后应排出窜漏到氮气樽气腔部分的液压油，并重新充氮气，一般氮气充压4~5MPa
	射料相关参数设置不当(如射料时间太短)		输入正确射料参数
	回料时间不够，储能压力达不到要求值		给足回料时间
	射料油路中相关油阀动作不灵(如脏物堵塞、卡住)		检查、清洗或更换
	充压油阀动作不灵或手动放油阀未关死，储能压力不够		清洗或更换充压油阀或关死放油阀
	只有一速，没有快速射料		①检查压射吉掣是否工作正常，否则必须更换 ②检查二速射料油阀及相关电路是否工作正常
	一速、二速调节不当(如一速行程过长)		重新调整一速射料时间，将二速射料开始时间提前
	压射速度调节手轮(速度阀)的开启度太小		重新调节手轮(速度阀)的开启度，增大流量
	鹅颈壶或射嘴内有堵塞		适当提高发热套、发热饼温度，并进行清理
	鹅颈壶有穿漏现象，或锤头、钢吟、唧筒损坏导致反料		返修或更换相应磨损零件
	自制锤柄过长，鹅颈壶入壶料口堵塞		更换或返修

续表

故障	原因	排除方法
不能回锤	射料油路故障	①检查射料油路相关输出点是否有信号,工作是否正常 ②检查相关油阀(如:一速阀、氮气充压油阀)是否卡住或损坏
	锤头卡死	检查锤头卡死原因,排除故障,更换相应损坏零件
	总结:发生射料故障,应首先检查相关电路各输出点是否正常。如确认正常,再检查油路中油阀是否卡死、是否有脏物堵塞。如是,则需拆下清洗或更换	
顶针机构故障	电路故障	检查近接开关是否无讯号输出或损坏,如是,调整位置,妥善接驳或予以更换
	顶针相关油路故障	检查顶针油路相应油阀是否卡住或损坏(如电磁线圈损坏),否则清洗或更换油阀
	顶针机械部分故障	①检查安装近接开关的固定板是否松动、移位,使近接开关失效 ②检查顶出行程调整是否过大而导致近接开关感应不到 ③检查顶针板导杆、中心顶针、顶针法兰板等相应机械零件是否变形、移位或损坏
调模故障	开模未终止,调模条件破坏	参照故障"不能开模"之排除方法
	调模电眼计数故障	①检查电眼是否有信号输出或损坏失效 ②检查安装电眼的相应机械零件是否松脱,感应距离调整不当等引起电眼感应失效,计数不准
	调模马达超负荷	①检查相关机械零件是否因损坏或卡死而引起过电流保护,如是,则更换相关零件或修复 ②检查三相电源是否因缺相或电压不稳而引起过电流保护继电路跳闸
	调模应在无负荷状态(即开模状态)下进行	
系统无总压	三相电源缺相,电动机无法启动,或油泵、电动机损坏	系统无总压时,若油泵不工作,应首先检查三相供电情况,再检查、修复及更换油泵或电动机
	电磁比例阀无电,起压条件被破坏	检查电路是否有信号输出,接线是否松脱,阀芯是否卡住或损坏
	油箱油面过低或进油滤网堵塞	添加液压油或清洗滤网
	整个液压系统回路中有液压阀被异物卡住或电磁线圈损坏而不能复位	检查、清洗油路或油阀,更换损坏的液压阀

　　小结:压铸机的故障,除系统故障外,偶发性故障很多,原因也是多方面的,有阀的故障、泵压力故障、各密封件磨损、老化失效、机械及电器故障等。解决方法各不相同,关键在于熟悉机器工作原理,掌握动作输入、输出的相关条件,充分利用电脑辅助诊断,在系统总压正常的情况下,可以参考故障诊断流程图逐项检查,找出原因,排除故障。千万注意:在排除射料方面的故障时,应先将锤头拆除;在排除液压故障时,应关停油泵,开启手动放油阀,将回路中的油压卸荷

3.5.4　冷室压铸机常见故障排除方法

　　冷室压铸机常见故障排除方法见表3-7。

表 3-7 冷室压铸机常见故障排除方法

故障	诊断与排除
	国产压铸机最常见的故障就是漏油。漏油基本上以两种形式出现:外部漏油和内部漏油

<table>
<tr><td rowspan="5">减压故障</td><td rowspan="3">外部漏油</td><td>

外部漏油的诊断。大家可能觉得,外面漏油可以看得见,哪里还要诊断?其实不然,外部漏油不做细致诊断,就会陷入经常更换油封、天天漏油的被动局面,因为我们看到的只是现象。外部漏油确实很直观,但造成漏油的原因却涉及方方面面。从密封形式到配合件间的配合精度,再到装配修理时的清洁度,每一个环节都可能留下漏油隐患。例如:相当长的一段时间,合模油缸、压射油缸的有杆端以及滑管都采用 Y_x 型油封。事实证明,这样的油封在没有压力作用在唇边的情况下,有带油、渗油现象。特别是压射活塞杆,由于此处温度较高,油封易老化并失去弹性,因此经常出现漏油现象。在铜导套因磨损出现较大间隙时,油封还会出现粉碎性损坏。在这样的情况下,就不能用常规的方法进行处理。以下几个图例可供参考

① 如图(a)所示保持原有的密封形式(例如活塞杆的外径 $\phi60mm$,那么 Y_x 型油封尺寸为 $60mm \times 72mm \times 14mm$),将活塞杆导套的内外壁各加一个 O 形圈配合聚四氟乙烯挡圈。这种方法简单易行,可以有效地防止活塞杆漏油。但是一旦 Y_x 型油封出现较严重的老化或导套与活塞杆之间配合间隙偏大,其效果并不太好

② 如图(b)所示放弃原来的 Y_x 型油封做彻底改进(例如:活塞杆直径为 $\phi60mm$)。夹布油封有很好的耐热性;抗磨损效果好,而且可以进行多次预紧。导套内的 O 形圈和聚四氟乙烯挡圈可有效地防止活塞杆运动时带油。经此改进可根治漏油。当然,这种改进方法工作量大,相关零件都要进行修改,而且要求对夹布油封的使用要有一定的认识

③ 压铸机管接头漏油现象也相当普遍。如图(c)所示,由于接头是方形,所以在对密封面进行车削加工时,4 个角因间隙切削而产生刀纹,造成密封面不平,致使 O 形圈曾周期性损坏,而且是粉碎性损坏。改进方法:如图(d)所示,将方接头的 4 个角位避空。这样可以消除加工误差;减小与配合件间的接触面积,有效面积的贴紧效果更好;减少焊接变形对密封面造成的影响

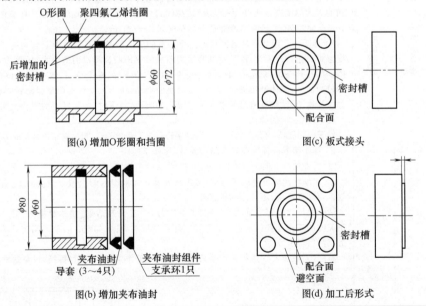

图(a) 增加O形圈和挡圈　　　　图(c) 板式接头

图(b) 增加夹布油封　　　　图(d) 加工后形式

</td></tr>
<tr><td></td></tr>
<tr><td></td></tr>
<tr><td rowspan="2">内部漏油</td><td>

(1)内部漏油的形成

对于液压设备,内部泄漏现象可能在系统的每一个职能元件内产生,如:泵、阀、油缸。由于日积月累的运行磨损及密封件老化或一些突发性原因,内漏现象便会出现。当内漏达到一定量时,便形成故障。如果这类故障得不到及时排除,便会由点向面开始扩散,在液压系统内部产生恶性循环,如图(e)所示。压铸机由于其工作环境比较恶劣、背景温度相对偏高,一般情况下,国产压铸机在经过持续一年左右的使用后,基本上都会存在不同程度的内漏。对于压铸机,快速高效地获得铸件是其最大的优势。而内漏故障的存在,轻则影响到设备的生产效率(升压缓慢),重则无法生产出合格的铸件(设备无法连续工作,油温太高,系统无法达到额定工作压力)

</td></tr>
<tr><td></td></tr>
</table>

故障	诊断与排除

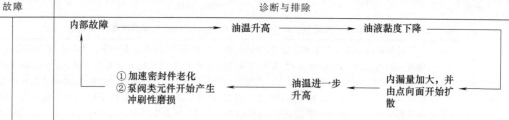

图(e) 内部漏油的形成

（2）内部泄漏故障诊断

诊断液压系统的内漏故障需要一定的理论知识和实践经验。切不可盲目下手,到处乱拆

诊断内漏故障最常用的方法有以下三种

① 眼观法。眼观法是最为常用的方法,通过观察系统各处压力表所反映的压力升降情况,可以判断出众多故障所存在的范围（当然,眼睛更多地用于发现故障的存在）

[例1]从快压射开始到快压射结束,这段时间内观察快压射蓄能器的压力下降情况（正常情况下,压力下降应为额定工作压力的10%以内）。如果压力下降太多,则说明蓄能器内氮气填充不足。由此而联想到,可能还有漏气现象存在

[例2]如图(f)所示,开机,让蓄能器压力达到额定的工作压力,然后停机。观察蓄能器上的压力表是否有压力下降现象。如果压力有下降,证明与蓄能器有直接关系的阀和阀组有内漏存在。压力下降越快,说明内漏越严重

如图(f)所示的系统用眼观法,将内漏故障锁定在单向阀1,快压射主阀2,快压射控制阀3这个范围内。再配合手摸法和耳听法就可直接诊断出哪一个阀存在内漏

② 手摸法。手摸法是进一步缩小故障范围的有效手段,用其甚至可以确定故障点（建议在冷机情况下用手摸诊断最为有效）。步骤:停机,将油液冷却至常温;开机,连续动作10～15min;用手摸,将各个阀的表面温度进行比较,表面温度较高的阀一定存在比较严重的内漏。在某个动作状态下,持续动作10min左右,还可诊断出油缸是否存在内漏

③ 耳听法。用耳听法诊断故障需要丰富的实践经验。环境内背景噪声的干扰会影响诊断效果,尺度也难以把握。因此,除了用耳听法判断能够发出明显噪声的故障点外,更多地用其来诊断油泵的故障。如叶片泵,如果定吸油口漏气或油箱内液位不够,在升压时,泵会发出像打机枪一样的噪声且声响较为清脆,泵体及出油管道会产生明显的振动,压力表指针有明显抖动;如果是泵吸油口负压太高,如过滤网堵塞,则在升压时泵会发出沉闷的叫声,减压时,泵所发出的声音也相对较大

（3）故障元件的确认

对于内漏故障,必须对诊断出来的结果进行进一步地确认,最后确定被怀疑的某个元件是否已经失效

① 首先卸下被怀疑存在内漏的元件,比如单向阀

② 从进油口方向P_1腔加入汽油[见图(g)]

③ 如果汽油面下降缓慢,说明有少量内漏。如果加入的汽油很快漏向P_2腔,则说明此阀已完全失效。由此而证明,原诊断结果正确

油缸故障比较容易确认,只要将油缸拆分,一看便知结果,如油封损失、活塞环失效、卡死等。而真正关键的工作是查找油封及活塞环损坏和失效的原因,如配合间隙不当会造成油封损坏,或过度磨损造成活塞环卡死等

总之,对故障元件进行最后确认是很重要的工作,切不可盲目拆换,以免造成不必要的浪费

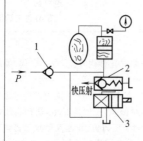

图(f)液压系统

1—单向阀;2—快压射主阀;3—快压射控制阀

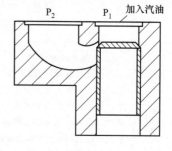

图(g) 单向阀

故障	诊断与排除
机械故障	压铸机的机械部分最关键的部位是合模部分的曲肘扩力机构。针对这一部分的日常维护保养工作特别重要 　　早期生产的曲肘扩力机械的压铸机,由于没有集中润滑系统(靠人工注油),所以曲肘部的故障率较高。轴与轴套之间经常出现非正常磨损 　　现在,集中润滑系统在压铸机上已被广泛采用。这在很大程度上改善了机械部分的运行效果,提高了构件寿命。但由于种种原因,对这一系统仍不可以完全依赖 　　很多的事例证明:绝大部分的曲肘、钢套、氮化轴的非正常损坏都与润滑不良有关。这些构件一旦出现较大程度的磨损,便会使合模机械失去精度。比如:4条大杆受力不匀,继而产生断轴、裂钢套等机械故障 　　对于设备使用者来讲,设备维护工作的重点应该是以预防为主,一旦发现苗头,应尽早着手解决,以免造成更严重的后果

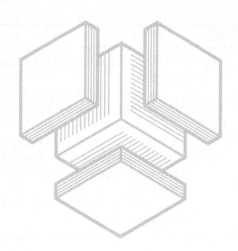

第4章
压铸件与压铸模设计

4.1 压铸件设计基础

压铸件从结构上考虑，基本上有功能结构、工艺结构和造型结构几方面。

① 功能结构是结构设计的核心，用于确定能实现压铸件使用功能条件的尺寸、壁厚、形状以及校核在静载荷或动载荷的使用过程中的形变、疲劳、磨损等的变化状态。

② 合理的工艺结构设计是压铸件顺利成型的前提。首先以压铸成型的可行性为分析基础，并合理处理液态金属的流动性、收缩率以及冷却固化后压铸件的脱模等技术问题。因此，工艺结构设计直接关系到压铸件的可压铸性以及压铸件的质量、生产效率和成本。

③ 造型设计也要考虑美学要求。对于机壳或暴露在表面的压铸件，在满足功能结构和工艺结构的前提下，通过外部造型与必要的装饰，给人以美感，体现功能和外观造型的统一。

压铸结构件的设计程序大体有以下几点。

4.1.1 压铸件总体分析

全面地了解和分析产品的类型及最终用途是整个产品开发过程的重要一步。只有充分了解产品的主要功能，才能在设计中抓住重点，分清主次，设计出经济实用的产品来。为此，应对压铸结构件的使用功能、装配关系、经济价值以及生产批量等进行全面分析。

① 压铸件的使用功能。了解压铸件在整机中起的作用和应具有的使用功能。为保证实现这些使用功能，必须预测压铸件的承载条件，确定承载的类型、速度、频率和持续时间等因素，并预测压铸件在运输、组装过程中被意外破坏的可能性。因此，对压铸件的强度、致密性、防蚀性以及尺寸精度等进行定量分析，并提出技术要求。

② 压铸件的装配关系。了解压铸件在整机中的装配位置，与哪些部件连接，以什么方

式连接，并选用符合产品组装要求的制造公差。

③ 了解压铸件的使用环境，包括温度、湿度以及化学介质因素。在一般情况下，在较高的温度下，可导致蠕变现象增加；在低温时，则使冲击强度下降。在化学介质的环境，如酸、碱、盐以及海水中使用的压铸件，有的材料易被其浸蚀，从而缩短使用寿命。所以，应从选取压铸合金或增强压铸件的综合性能上考虑，以适应这些环境。

④ 压铸件结构应符合压铸工艺的基本要求，使压铸件容易成型，顺利脱模。

⑤ 从整机考虑，了解产品的经济价值，分清是高档产品还是低档产品。高档产品对压铸机的性能、压铸模制造要求精度较高，即必须有较大的投入，才能保证最大的使用效果和较高的经济效益的一致性。

⑥ 应考虑产品是长线产品还是短线产品，预测短期和长期的生产批量，并确定经济实用的生产方法。

4.1.2 压铸件设计方法

在分析了压铸件的前提下，开始压铸件的最初设计，即绘制压铸件的设计草图。绘制压铸件的设计草图，应从以下几个环节入手。

（1）设计方法

设计压铸件可用下列一种或多种方法来解决结构设计问题。

① 根据积累的经验设计。在设计实践中积累的设计经验无疑是十分宝贵的。对于经验丰富的设计者来说，如果在常规的几何结构设计时，依赖于以前的经验（包括正面经验和反面教训）进行设计，实际上是非常成功的。然而，当设计者面临一种结构形式完全不同的产品时，仅凭以往经验方法设计的压铸件，极有可能出现安全系数取得过大或过小的情况。因此，应将实际经验与以下设计方法结合起来。

② 用实验方法设计。压铸件的设计者可以依靠对样品实件的试验测试，实现对压铸件结构的设计。这种方法依赖于对样品的分析和反复修改，有可能得到理想的设计方案。但它有两个前提：样品的质量能完全代表产品制件的质量；预期的试验条件能够被模拟或估计。

然而，这种方法的主要问题是：样品的制造比较烦琐，能否完全模拟也是问题，还需要投入额外的资金。同时，设计的流程过长，耽误了产品最佳投放市场的时间。因此，仅仅依靠这种试验方法有时是不现实的。

③ 用分析的方法设计。压铸件在使用时，总是受到力学载荷作用或外加变形时产生的应力和应变。对结构的受力状况进行分析来确定设计方案是目前常用的设计方法。

压铸成型可以用于成型几何形状复杂的压铸件。无论怎样复杂的压铸件，总是由若干个基本的几何形状构成。用分析的方法，通常把具有复杂几何结构的压铸件分解成一系列具有规则几何结构的典型结构形式，即简化和分解到所用技术分析能够分析的程度，如直梁、锥形梁、环形梁、圆柱、平板和回转体等，并且单独对每个典型结构进行应力和应变分析。

单独分析的结果应看作是近似的结果。因各个典型结构实际上并不是独立的实体，它们在承载作用下，相互会产生叠加或抵消的作用而产生一定的误差。误差的大小与各独立几何体之间相互作用的形式和程度有关。

（2）设计过程

压铸件的设计程序对新产品开发的进度以及产品质量至关重要。目前广泛采用的是平行交叉法。平行交叉法压铸件设计如图 4-1 所示。

在经过市场调查，确定开发某一新产品时，首先应根据新产品的功能要求、工艺要求以及美感要求进行总体设计，再分拆零部件。在了解了压铸件的基本功能和相互连接关系后，

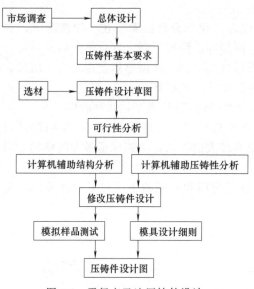

图 4-1　平行交叉法压铸件设计

给出压铸件的设计草图，同时根据压铸件的使用环境、受力状况，选取合适的压铸合金。之后，应进行可行性分析。一是分析压铸件结构的承载能力和外部造型的美感，二是从压铸工艺角度分析压铸件的可压铸性能，初步拟定压铸模的大体形式。

汇总以上分析，对压铸件设计草图进行必要的修改。然后对已修改的设计草图再进行分析。通过模拟样品测试，对压铸件的承载能力进行可靠性评价。同时，初步确定压铸模的大体结构特点、造型成本和周期以及在压铸过程中可能出现的问题，反馈给压铸件设计者，形成正式的压铸件设计图。

平行交叉法的特点是由单一设计变为联合设计，将产品设计师、工艺师、模具设计师连为一体，沟通设计思路，将压铸工艺、压铸模各方面可能存在的潜在问题及时进行反馈修正，使压铸件的设计更加合理，既保证了产品质量，又节约了大量的时间，以加快新产品的开发进程。

（3）尺寸确定

以使用功能和配合关系为前提，分清哪些尺寸是固定不变的，哪些是可以灵活掌握的。比如阀体和管接头的内径是表示流址的基本技术参数，是与使用功能有直接关系的尺寸，是标定不变的；而相互配合连接的尺寸，则是可以灵活确定的。

尺寸精度也应根据使用功能和组装的配合精度而定。选择尺寸精度要体现经济性要求，即在满足使用功能和装配精度的前提下，应尽量选择较低的配合精度，并保证其在压铸成型技术所能达到的精度范围内，以达到便于加工、降低成本的目的。

当需要仿制某产品或原产品改型（包括产品性能的改变或成型方法的改变，如从原来的铸造成型改为压铸成型等）时，应将着眼点放在制品的具体应用和压铸工艺上，而不是它的外形。否则往往把改型和仿制的制品设计成原产品的复制品，而难以进行改造和创新。同时，简单的模仿很可能发生侵犯专利权的纠纷。所以，建立完全创新的一种思路，冲破思维定势的束缚，才能设计出更经济实用的压铸产品来。

4.1.3　压铸件应力变形分析

压铸件结构设计的目的是获取一种实用可行的方案，使所设计的结构能够胜任其使用要求，并留有余地（安全系数）。

压铸件在组装和使用过程中，总要受到各种类型的力的作用。要使压铸件能够承受在组装和使用过程中的各种应力和应变，首先必须明确以下两点。

① 能确定实际承受的载荷状况，如载荷的类型、载荷的大小以及误操作。

② 确切了解压铸件应具有的力学性能以及关键部位的承载能力。

在一般情况下，对压铸件结构性能的要求，包括尺寸的稳定性和因承受载荷因素而诱发的使用应力和应变能力。其中包括压铸件在成型、加工和装配过程中产生的应力和应变。因此，有必要对压铸件结构进行可靠性分析，以确保压铸件在装配和使用过程中能保持相对稳定的状态。

下面就压铸件在使用状态下所承受的载荷状况进行分析。

（1）静载荷下的变形行为

在静载荷下压铸件的弹性变形和塑性变形会改变压铸件的尺寸和形状。为防止压铸件在使用寿命的期限内变形失效，首先应了解影响压铸件力学性能的因素。

① 应力-应变。静载荷下的压铸件弹性和塑性变形会改变压铸件的形状和尺寸，结构件的强度就是描述它抵抗外部静载荷的能力。作用于结构件的负载有拉伸、压缩、弯曲、剪切和扭转五种基本类型或它们的组合。结构件在这些负载的作用下会产生变形。当作用在结构件上的静载荷在一定限度之内时，变形量与载荷成正比例关系。载荷去除后，变形立即消失，恢复原来的形状和尺寸，这种情况称为弹性变形。当作用在结构件上的静载荷超出一定限度后，会发生塑性变形。当静载荷去除后，变形量不能全部回复，这种现象称为永久变形。当静载荷继续增大时，变形量将继续增大，直至丧失使用能力或断裂。

影响应力形变的因素有结构件的内在质量和强度，多重静载荷的叠加，热（膨）胀失配以及装配、运输、使用过程中的误操作等。因此，为安全起见，至少应能估算出在能够代表"最坏受载条件"的情况下的性能，而选取合适的安全系数。

在分析静载荷的变形行为时，应特别注意应力集中的作用。在一般情况下，静载荷对结构件的力学作用可以描绘成：载荷的大小在某方向上集中于一个点、一条线或某一边缘部位，或分布在一定区域内，结构件受到的集中应力，也往往分布在拐角、孔洞或任何不连续的几何体上，导致局部应力值明显高于其附近的压力值，从而引起局部的变形过大或失效。因此，在压铸件结构设计时，应注意增加这些区域的强度，如采用均匀的壁厚、拐角成圆弧连接、局部设加强肋等加固措施。

② 蠕变。在长期固定的静载荷下，金属材料逐渐产生塑性变形的现象称为蠕变。当结构件在长期承载时，要长期承受包括自身质量在内的应力作用，它不仅要产生瞬间弹性变形，还要出现蠕变现象。蠕变应变随着时间的延长而逐渐增大。当静载荷去除后，蠕变应变逐渐回复，但不能回复原状，会留下永久的应变 x。这时再加载荷，持续一定时间后再去除载荷，蠕变应力逐渐回复，但留下的永久应变量加大，即为 $x+y$。

蠕变行为的最终现象是塑性断裂。在断裂处存在不可逆的塑性变形，从而导致压铸件失去使用性能而报废。

影响蠕变应变的主要因素如下。

a. 工作环境温度的影响。温度越高，蠕变应变量越大，各种金属材料的蠕变情况与温度有关。铝合金材料在100℃以上时就发生蠕变；而钢在350℃时才会发生蠕变。

b. 蠕变应变随着受载时间的延长而增大。

c. 当静载荷按阶梯形式增加时，压铸件的蠕变应变量也按相同的方式叠加。

d. 在数值相同的静载荷应力下，剪切蠕变比拉伸蠕变大，而拉伸蠕变比压缩蠕变大。

（2）动载荷下的变形行为

压铸件受到的动载荷有冲击载荷、交变载荷和疲劳载荷等。由于动载荷都具有一定的速度，所以动载荷对压铸件产生的应力和变形比静载荷要大得多。

冲击强度是评价某种材料抵抗冲击的能力或判断这种材料脆性与韧性程度的量度。

由动载荷产生的应力和变形受动载荷的大小、作用速率、作用点以及压铸件结构的几何形状等因素的影响。

① 冲击载荷。压铸件在组装运输或使用过程中，经常地或偶然地受到撞击，撞击动能产生冲击载荷，使压铸件的应力和变形瞬时增大。当冲击载荷在冲击强度临界值以内时，材料具有的弹性特性使压铸件会恢复到静载荷条件下的状态。当冲击载荷的大小超过临界值

时，压铸件将会产生永久变形或导致破坏。

影响冲击性能的主要因素如下。

a. 应力集中。尽管在静载荷条件下应力集中的影响非常显著，可是在动载荷作用下的影响更大。在动载荷作用下，很小的缺口、很小的压铸缺陷和瑕疵都会降低压铸件的耐冲击性能和使用寿命。这种现象称为缺口敏感性。

图 4-2 为应力集中示意图。图 4-2 (a) 为尖角结构。在缺口底部流线间距较小，流线在相对较短的距离 S_1 内发生了迅速变化，说明这个过渡区域是高应力集中的地方。图 4-2 (b) 采用圆角结构，增大了缺口底部流线的间距，过渡区距离 S_2 也相对增加，表明应力集中减弱，使应力分散在较大的区域，提高了结构件的强度。

(a) 尖角结构   (b) 圆角结构

图 4-2 应力集中示意图

应力集中的程度受压铸件缺陷的几何形状、位置、动载荷的大小和材料的缺口敏感性以及缺口的深度和尖角曲率半径等因素的影响。在静态条件下，受缺口影响很小的韧性材料，在动态条件下会显出较强的缺口敏感性。动载荷越大，缺口越深，缺口尖角曲率越小，缺口敏感性表现得越强。

b. 冲击速度的影响。在同样的冲击载荷下，冲击速度越高，它对结构件的冲击能量越大，引起变形和破坏的程度也越大。

c. 温度影响。金属材料在低温下呈现冲击脆性。压铸件在低温状态下工作而受到冲击载荷时，会以脆性方式发生断裂破坏。它与蠕变情况相反，环境温度越低，这种现象表现得越明显。

② 疲劳特性。压铸结构件受到的工作载荷虽然在综合强度极限以内，但经过相当时间的工作后，也会发生断裂。现以正在旋转的齿轮上任一齿根受到的应力为例说明。在一对齿轮传动的啮合过程中，齿轮轴旋转一周，这个齿啮合一次，每次啮合，齿根的弯曲应力就由零变化到某一最大值，然后再变化为零。齿轮轴不停地旋转，齿根的受力状况就不断地重复上述过程。在 V 带传动时，V 带在带动从动的槽轮旋转时，V 带的外载荷虽然不变，但因槽轮的受力点总在变化，它受到的弯曲应力也随时间成周期性变化。因此，不但在周期性变化的脉冲载荷下，而且在恒定载荷的特定条件下，结构件也会受到周期性应力的变化。

随时间成周期性变化的应力称为交变应力。这个交变应力是处于一个相同的最大应力和最小应力之间的重复变化的力。

在交变应力作用下，材料发生破裂的现象称为疲劳。金属材料在无数次重复的交变载荷作用下，而不致破坏的最大应力称为疲劳强度或疲劳极限。在一般情况下，疲劳强度比综合强度小得多。

结构件在交变应力下工作，应力每重复一次，称为一个应力循环。重复变化的周期数称为循环次数。疲劳强度随应力循环次数的增加而下降，同时疲劳特性受频率、振幅和环境温度的影响较大。

应力集中在疲劳现象中反映得也很明显，比如，在压铸件的拐角处、孔洞以及缺口等应力集中处都容易发生疲劳破坏。疲劳破坏往往集中发生在结构件的局部区域，因此，在压铸件结构设计中，应注意对局部区域结构的加固措施，如加设加强肋或避免表面的凹凸、尖角以及壁厚断面的急剧改变等。

以上是外加载荷对压铸件造成的变形行为。压铸件在压铸过程中产生的压铸缺陷是加剧外加载荷而引起变形行为的内部原因。压铸件中的孔穴、疏松、冷隔、断面变化较大的局部区域以及内应力聚集的地方，都是应力集中的部位。因此，除合理地设计压铸结构件外，提高压铸件的内在质量也可减少和避免压铸件在使用时的变形。

4.1.4　压铸件设计的经济性

体现综合经济性是压铸件设计的重要原则。

① 压铸件自身的成本核算。在满足使用性能的前提下，减轻压铸件的自身质量是降低生产成本的重要途径。它除了节约压铸材料外，还减轻了整机的整体质量，采用均匀而薄壁的结构形式，还有利于金属液的填充，避免出现压铸缺陷。

② 从降低压铸模的制作成本考虑。制作压铸模是一项不小的投资。在设计压铸件的结构时，应考虑压铸模制造的难易程度，尽量避免如侧抽芯等复杂的结构形式，力争使压铸模既简单规范，又易于成型，易于脱模。

③ 缩短开发周期。时间是产品开发的宝贵资源，尽可能缩短压铸件设计周期、压铸模开发周期以及组装件装配周期，从而缩短整个开发周期，使新产品尽快投入市场。

4.2　压铸件质量要求

4.2.1　压铸件精度、表面粗糙度及加工余量

（1）压铸件的尺寸精度

① 压铸件尺寸公差。GB/T 6414—1986《铸件尺寸公差、几何公差与机械加工余量》中规定了压力铸造生产的各种铸造金属及合金铸件的尺寸公差。

铸件尺寸公差的代号为CT。不同等级的公差数值列于表4-1。

表4-1　铸件尺寸公差数值　　　　　　mm

铸件基本尺寸		公差等级						
大于	至	CT3	CT4	CT5	CT6	CT7	CT8	CT9
	3	0.14	0.20	0.28	0.40	0.56	0.80	1.2
3	6	0.16	0.24	0.32	0.48	0.64	0.90	1.3
6	10	0.18	0.26	0.36	0.52	0.74	1.0	1.5
10	16	0.20	0.28	0.38	0.54	0.78	1.1	1.6
16	25	0.22	0.30	0.42	0.58	0.82	1.2	1.7
25	40	0.24	0.32	0.46	0.64	0.90	1.3	1.8
40	63	0.26	0.36	0.50	0.70	1.0	1.4	2.0
63	100	0.28	0.40	0.56	0.78	1.1	1.6	2.2
100	160	0.30	0.44	0.62	0.88	1.2	1.8	2.5
160	250	0.34	0.50	0.70	1.0	1.4	2.0	2.8
250	400	0.40	0.56	0.78	1.1	1.6	2.2	3.2
400	630	—	0.64	0.90	1.2	1.8	2.6	3.6
630	1000	—	—	1.0	1.4	2.0	2.8	4.0
1000	1600	—	—	—	1.6	2.2	3.2	4.6

压铸件线性尺寸公差见表 4-2。压铸件线性尺寸受分型面或压铸模活动部分的影响，应按表 4-3 和表 4-4 规定，在基本尺寸公差上再加附加公差。

表 4-2　压铸件线性尺寸公差

合　　金	公差等级 CT	合　　金	公差等级 CT
锌合金	4～6	铜合金	6～8
铝（镁）合金	5～7		

表 4-3　线性尺寸受分型面影响时的附加公差

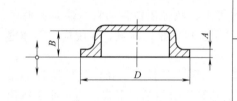

压型在分型面上的投影面积/cm²	A 或 B 的附加增或减量/mm		
	锌合金	铝合金	铜合金
≤150	0.08	0.10	0.10
150～300	0.10	0.15	0.15
300～600	0.15	0.20	0.20
600～1200	0.20	0.30	—

表 4-4　线性尺寸受压铸模活动部分影响时的附加公差

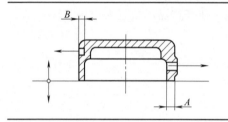

压型活动部位的投影面积/cm²	A 或 B 的附加增或减量/mm		
	锌合金	铝合金	铜合金
≤30	0.10	0.15	0.25
30～100	0.15	0.20	0.35
100	0.20	0.30	—

公差应用举例如下。

a. 铝合金压铸件的尺寸 A 为 $3^{+0.12}_{0}$ mm，压型活动部分由成型滑块构成，其投影面积为 340cm²，由表 4-4 查得附加公差为 0.20mm，则 A 的尺寸公差为 0～0.32mm。

b. 在同一压铸件上尺寸 D 为 $2.5^{+0.12}_{0}$ mm，压型活动部分由滑块型芯构成，型芯直径为 20mm，则其投影面积为 3.14cm²，由表 4-4 查得其附加公差为 0.15mm，又因尺寸 B 受活动部位的影响后附加公差为减量，故尺寸 B 的公差为 -0.15～+0.12mm。

② 尺寸公差位置

a. 不加工的配合尺寸，孔取正（+），轴取负（-）。

b. 待加工尺寸，孔取负（-），轴取正（+）；或孔和轴均取双向偏差（±），但其偏差值为 CT14 级精度公差值的 1/2。

c. 非配合尺寸根据铸件结构的需要，确定公差带位置取单向或双向，必要时调整其基本尺寸。

③ 孔中心距尺寸公差。孔中心距尺寸公差按表 4-5 规定选用。

表 4-5　孔中心距尺寸公差　　　　　　　　　　　　　　　　　　　　　　　mm

合金种类＼基本尺寸	≤18	18～30	30～50	50～80	80～120	120～160	160～210	210～260	260～310	310～360
锌合金、铝合金	0.10	0.12	0.15	0.23	0.30	0.35	0.40	0.48	0.56	0.65
镁合金、铜合金	0.16	0.20	0.25	0.35	0.48	0.60	0.78	0.92	1.08	1.25

注：孔中心距尺寸受分型面或模具活动部位影响时，表内数值应按表 4-3 和表 4-4 的规定，加上附加公差。

④ 壁厚尺寸公差。压铸件壁厚尺寸公差见表4-6。受分型面或压型活动部分影响的壁厚公差尺寸按表4-3和表4-4选择加上附加公差。

表4-6 压铸件壁厚尺寸公差　　　　　　　　　　　　　　　mm

壁厚	≤3	3～6	6～10
厚度偏差	±0.15	±0.20	±0.30

⑤ 圆弧半径尺寸公差。压铸件转接圆弧半径尺寸公差，见表4-7。凸圆弧半径 R_1 的尺寸偏差取"＋"，凹圆弧半径 R 尺寸偏差取"－"。

表4-7 压铸件转接圆弧半径尺寸公差　　　　　　　　　　　mm

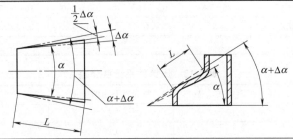

R、R_1 公称尺寸	≤3，3～6，6～10，10～18，18～30，30～50，50～80，80～120，120～180，180～260				
偏差 R^+	0.48	0.70	1.00	1.40	1.90
偏差 R^-	0.40	0.58	0.84	1.20	1.60

⑥ 角度与锥度公差。压铸件角度和锥度公差见表4-8。锥度公差按锥体母线长度决定，角度公差按角度短边长度决定。

表4-8 压铸件角度与锥度公差

精度等级	公称尺寸 L/mm								
	≤3	3～6	6～10	10～18	18～30	30～50	50～80	80～120	120～180	180～260
	角度和锥度偏差 Δ								
1	1°30′	1°15′	1°	50′	40′	30′	25′	20′	15′	12′
2	2°30′	2°	1°30′	1°30′	1°15′	1°	50′	40′	25′	20′

（2）压铸件的表面粗糙度

压铸件表面粗糙度应符合GB/T 6060.1—2018的规定。按使用要求，压铸件可分为三级，表4-9是表面质量分级。

表4-9 表面质量分级（GB/T 1382—1992）

级别	符号	使用范围	表面粗糙度/μm
Ⅰ	Y1	工艺要求高的表面，镀铬、抛光、研磨的表面，相对运动的配合面，危险应力区表面	$Ra1.6$
Ⅱ	Y2	要求一般，或要求密封的表面，阳极氧化及装配接触面等	$Ra3.2$
Ⅲ	Y3	保护性的涂覆表面及紧固接触面，油漆打腻表面，其他表面	$Ra6.3$

（3）压铸件的加工余量

由于压铸的特点是快速凝固，因此铸件表面形成细晶粒的致密层，具有较高的力学性能，尽量不要加工去掉。过大的加工余量会暴露不够致密的内部组织。加工余量见表 4-10、表 4-11。

表 4-10　推荐的加工余量及其偏差　　　　　　　　　　　　　　　　mm

基本尺寸	≤100	100~250	250~400	400~630	630~1000
每面余量	$0.5^{+0.4}_{-0.1}$	$0.75^{+0.5}_{-0.2}$	$1.0^{+0.5}_{-0.3}$	$1.5^{+0.6}_{-0.3}$	$2.0^{+1.0}_{-0.4}$

表 4-11　推荐的铰孔加工余量　　　　　　　　　　　　　mm

图　例	孔径 D	加工余量 δ
	≤6	0.05
	6~10	0.10
	10~18	0.15
	18~30	0.20
	30~50	0.25
	50~80	0.30

注：待加工的内表面尺寸以大端为基准，外表面尺寸以小端为基准。

4.2.2　压铸件表面形状和公差

压铸件平面度公差见表 4-12，压铸件平行度公差见表 4-13，压铸件同轴度公差见表 4-14。

表 4-12　压铸件平面度公差　　　　　　　　　　　　　　　　　mm

名义尺寸	~25	25~63	63~100	100~160	160~250	250~400	400
整形前	0.20	0.30	0.45	0.70	1.0	1.5	2.2
整形后	0.10	0.15	0.20	0.25	0.3	0.4	0.5

表 4-13　压铸件平行度公差　　　　　　　　　　　　　　　　　mm

名义尺寸	同一半型内的公差	两个半型内的公差	同一半型内两个活动部位间公差
<25	0.10	0.15	0.20
25~63	0.15	0.20	0.30
63~160	0.20	0.30	0.45
160~250	0.30	0.45	0.70
250~400	0.45	0.65	1.20
400	0.75	1.00	—

表 4-14　压铸件同轴度公差　　　　　　　　　　　　　　　　　mm

名义尺寸	同一半型内的公差	两个半型内的公差	名义尺寸	同一半型内的公差	两个半型内的公差
~18	0.10	0.20	120~260	0.35	0.50
18~50	0.15	0.25	260~500	0.65	0.80
50~120	0.25	0.35	—	—	—

4.3　压铸件基本结构单元设计

4.3.1　壁厚和圆角

（1）壁厚

压铸件设计的特点之一是壁厚设计。厚壁会使压铸件的力学性能明显下降，图 4-3 表示出锌合金、铝合金、镁合金的强度增减百分率与铸件壁厚的关系。

（2）圆角

对于不等壁厚的铸件，圆角（见图4-4）可按下式计算：

$$R=A+B/3 \text{或} R=A+B/4 \quad (2-1)$$

对于等壁厚的铸件，圆角（见图4-5）可按下式计算：

$$R_{f(min)}=0.5S; \quad R_{f(max)}=S; \quad R_a \leqslant R_f+S \quad (2-2)$$

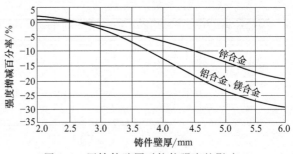

图 4-3 压铸件壁厚对抗拉强度的影响

上述公式对铝合金和镁合金较适宜。当零件的使用要求选用更小圆角时，则圆角半径应不小于连接的最薄壁厚的一半（见表 4-15），即：$r_1 > 0.5b_1$。对于特殊的要求，在工艺条件允许的情况下，可以选用更小的圆角，即 $r_1=(0.3 \sim 0.5)$mm。

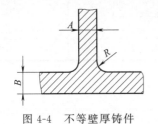

图 4-4 不等壁厚铸件

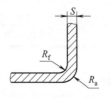

图 4-5 等壁厚铸件

表 4-15 圆角参数的选择 mm

连接形式	壁厚条件	图 例	参数公式
直角连接	壁厚相等 $b_1=b_2$		$r_1=b_1=b_2$ $r_2 \approx r_1+b_1$（或 b_2）
	壁厚不等 $b_1<b_2$		$r_1 \approx 2/3(b_1+b_2)$ $r_2 \approx r_1+b_2$
T形壁连接	壁厚相等 $b_1=b_2$		$r_1 \approx (1 \sim 1.25)b_1$
	壁厚不等 $b_3 > (b_1)b_2$ $b_1 \approx b_2$		$r_1 \approx (1 \sim 1.25)b_1$
	壁厚不等 $b_3 > b_2 > b_1$		$r_1 \approx (1 \sim 1.25)b_1$

连接形式	壁厚条件		图 例	参 数 公 式
交叉连接	壁厚均匀	十字形	90°	$r_1 = b_1$
		X 形	45°	$r_1 \approx 0.7b_1$ $r_2 \approx 1.5b_1$
		Y 形	30°	$r_1 \approx 0.5b_1$ $r_2 \approx 2.5b_1$
	壁厚不等		最薄的壁厚为 b_1	按 b_1 选取

4.3.2 筋和孔

（1）筋

筋的作用是壁厚改薄后，用以提高零件的强度和刚性，防止或减少铸件收缩变形，避免工件从模型内顶出时发生变形，充填时用作辅助回路（金属流动的通路）。筋的厚度应小于所在壁的厚度，一般取该处壁的厚度的 $2/3 \sim 3/4$。筋的厚度及斜度见表 4-16。

表 4-16　筋的厚度及斜度　　　　　　　　　　　　　　　　　　　　　mm

	尺 寸 规 范	
正常壁厚 S	$S \leqslant 3$	$S > 3$
b_1	$(0.6 \sim 1)S$	$(0.4 \sim 0.7)S$
b_2	$(1 \sim 1.3)S$	$(0.6 \sim 1)S$
高度 h	$h \leqslant 5S$	—
最小圆角半径 r	$r_1 \leqslant 0.5$ $r_2 \geqslant S$	—

（2）孔

铸件上的孔应尽量铸出，这不仅可使壁厚尽量均匀，减少热节，节省金属材料；而且可减少机加工工时。压铸零件的孔，一般是指紧固连接用的圆形孔，也包括相似于这一类型的孔，至于零件整体结构本身形状的孔不属于这个类型范围。孔最小尺寸与深度的有关尺寸见表 4-17。

4.3.3 螺纹和嵌件

（1）螺纹

在一定的工艺条件下，锌、铝及镁等合金的压铸件，可以直接压铸出螺纹。铜合金只是在个别情况下才压铸出螺纹。压铸螺纹一般为国家标准规定的 3 级精度。螺纹分为外螺纹和内螺纹两大类。外螺纹又分两种，一种是由可分开的两半螺纹型腔构成的。另一种是由螺纹型环构成的。内螺纹是由螺纹型芯构成，其特点是螺纹型芯的螺纹在轴方向上要有斜度，通常为$10'\sim15'$。压铸螺纹的牙形，应是平头或圆头的。平头螺纹牙形见图 4-6，压铸螺纹的极限尺寸见表 4-18。

表 4-17　铸孔最小孔径以及孔径与深度的关系

合金	最小孔径 d/mm		深度为孔径 d 的倍数			
	经济合理的	技术上可能的	不通孔		通孔	
			$d>5$	$d<5$	$d>5$	$d<5$
锌合金	1.5	0.8	$6d$	$4d$	$12d$	$8d$
铝合金	2.5	2.0	$4d$	$3d$	$8d$	$6d$
镁合金	2.0	1.5	$5d$	$4d$	$10d$	$8d$
铜合金	4.0	2.5	$3d$	$2d$	$5d$	$3d$

注：1. 表内深度系指固定型芯而言，对于活动的单个型芯，其深度还可以适当增加。

2. 对于较大的孔径，精度要求不高时，孔的深度亦可超出上述范围。

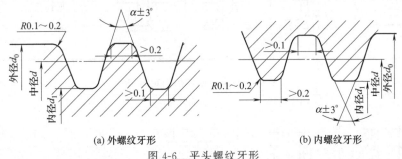

(a) 外螺纹牙形　　　　(b) 内螺纹牙形

图 4-6　平头螺纹牙形

表 4-18　压铸螺纹的极限尺寸　　　　　　　　　　mm

合　金	最小螺距 S	最小直径 d_0(外径)		最大长度 l(S 的倍数)	
		外螺纹	内螺纹	外螺纹	内螺纹
锌合金	0.75	6	10	$8S$	$5S$
铝合金	0.75	8	14	$6S$	$4S$
镁合金	0.75	10	14	$6S$	$4S$
铜合金	1	12	—	$6S$	—

注：1. 压铸时内螺纹的直径不宜过大。

2. 外螺纹不是由螺纹型腔压铸出时，其最大长度可以加大。

（2）嵌件

1）铸件上采用嵌件的目的

① 消除压铸件的局部热节，减小壁厚，防止产生缩孔。

② 改善和提高铸件局部性能，如强度、硬度、耐蚀性、耐磨性、焊接性、导电性、导磁性和绝缘性等，以扩大压铸件的应用范围。

③ 对于具有侧凹、深孔、曲折孔道等结构的复杂铸件，因无法抽芯而导致压铸困难，使用嵌件则可以顺利压出。

④ 可将许多小铸件合铸在一起，代替装配工序或将复杂件转化为简单件。

2）注意事项

① 嵌件在铸件内必须稳固牢靠，故其铸入部分应制出直纹、斜纹、滚花、凹槽、凸起或其他结构，以增强嵌件与压铸合金的结合。轴类和套类嵌件的固定方法见表 4-19 和表

4-20。

② 嵌件周围应有一定厚度的金属层，以提高铸件与嵌件的包紧力，并防止金属层产生裂纹，金属层厚度可按嵌件直径选取。

③ 嵌件包紧部分不允许有尖角，以免铸件发生开裂。设计铸件时要考虑到嵌件在模具中的定位和各种公差配合的要求，要保证嵌件在受到金属液冲击时不脱落、不偏移。嵌件应有倒角，以便安放并避免铸件裂纹。同一铸件上嵌件数不宜太多，以免压铸时因安放嵌件而降低生产率和影响正常工作循环。

表 4-19　轴类嵌件的固定方法

形式	螺钉头	螺栓	开槽	凸台滚花	十字销	十字头
图例	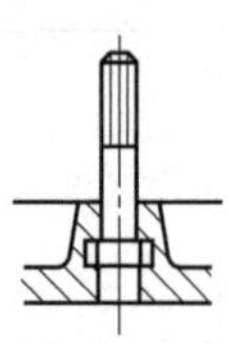	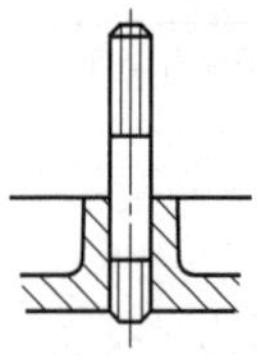	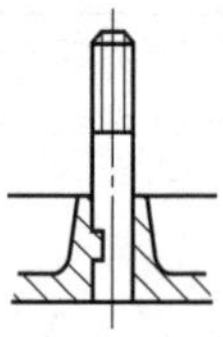	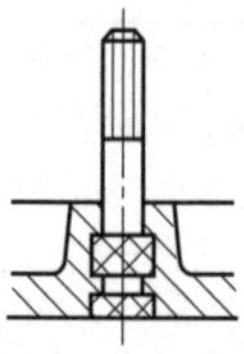	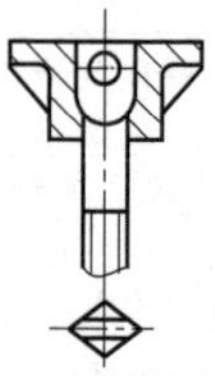	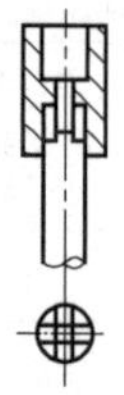

表 4-20　套类嵌件的固定方法

形式	平槽	凸缘削平	六角环槽	尖锥削槽	滚花环槽
图例	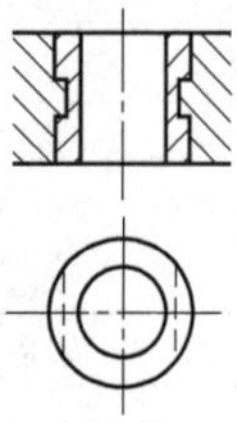	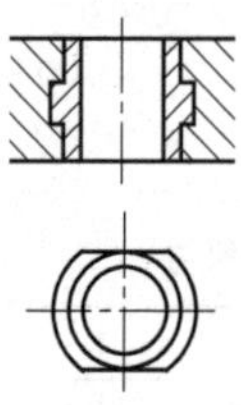	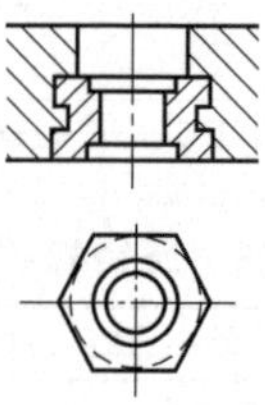	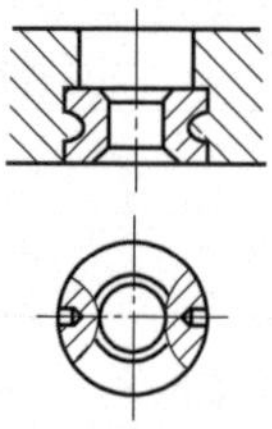	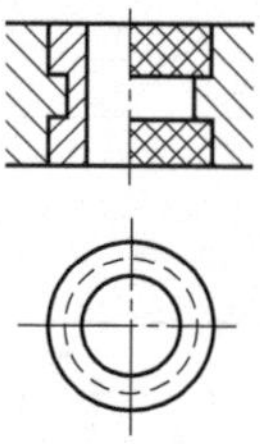

④ 带嵌件的压铸件最好不要进行热处理和表面处理，以免两种金属的相变不同而产生体积的变化不同，导致嵌件在铸件中松动和产生腐蚀。

⑤ 嵌件在压铸前最好能镀以防蚀性保护层，以防止嵌件与铸件本身产生电化学腐蚀。

⑥ 嵌件的形状和在铸件上所处的位置应使压铸生产时放置方便。

4.3.4　凸纹和直纹

压铸凸纹或直纹，其纹路一般应平行于出模方向，并具有一定的出模斜度。推荐的凸纹与直纹的结构尺寸见表 4-21。

表 4-21　凸纹与直纹的结构尺寸

mm

简　　图	零件直径 D	凸纹半径 R	凸纹节距 I	凸纹高度 h
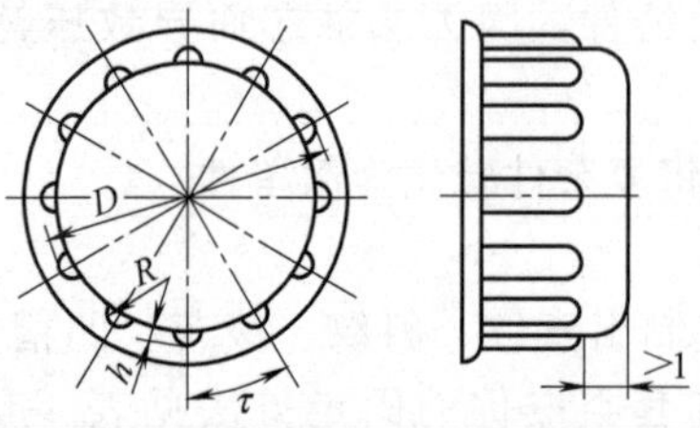	<18	0.5～1.0	$5R$～$6R$	
	18～50	0.4～0.8	$5R$	
	50～80	1.0～5.0	$5R$	0.8R
	80～120	2.0～6.0	$4R$～$5R$	

续表

简 图	零件直径 D	凸纹半径 R	凸纹节距 I	凸纹高度 h
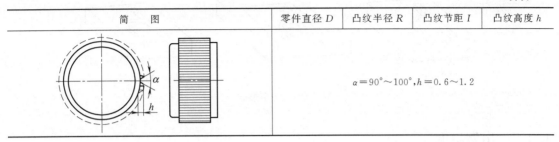		$\alpha=90°\sim100°, h=0.6\sim1.2$		

4.3.5 齿轮和网纹

压铸齿的最小模数、精度和斜度见表 4-22。

表 4-22 压铸齿的最小模数、精度和斜度

项 目	铅锡合金	锌合金	铝合金	镁合金	铜合金
模数/mm	0.3	0.3	0.5	0.5	1.5
精度/mm	3	3	3	3	3
斜度	每面有 0.05~0.2mm,而铜合金应为 0.1~0.2mm				

对于较大面积平板状零件或其他形状零件,为减少或消除表面上的流痕或花斑等缺陷,常在表面上设置网纹或网点,其造型以有利于模具制造和铸件出模为原则,平板状零件的网纹结构和尺寸见图 4-7。

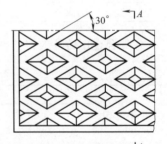

图 4-7 平板状零件的网纹结构和尺寸

4.3.6 文字、标志和图案

压铸件上的文字、标志与图案一般是凸体的,不应有尖角,尽可能简单。其有关尺寸见表 4-23。

表 4-23 文字、标志与图案有关尺寸

凸 体	凹 体	说 明
		b—线条的宽度 h—线条高度 S—线条间距 θ—线条侧边斜度
$b>0.25mm, h<b,$ $\theta>10°, S_{min}\geqslant h$	$b>0.35mm, h<b,$ $\theta>15°, S_{min}\geqslant h$	

铸件上线条的凸起高度与宽度之比约为 2∶3,最小高度为 0.3mm。字体出型越大越好,一般不应小于 10°。铸字一般分为三种,如图 4-8 所示,图 4-8(c)有特殊理由才能使用。

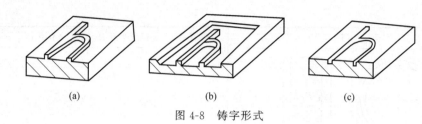

(a)   (b)   (c)

图 4-8　铸字形式

4.3.7　出型斜度

斜度的作用是减少铸件与模型的摩擦，容易取出铸件；保证铸件表面不拉伤；延长模型使用寿命。当零件设计未考虑斜度时，应另行按最小的铸造斜度选取。一般最小的铸造斜度见表 4-24。只有在特殊要求和工艺条件许可的情况下，才选用比表 4-24 更小的斜度值。

表 4-24　一般最小的铸造斜度

铸造合金类别	最小的铸造斜度	
	外表面	内表面
锌合金	20′	40′
铝合金	30′	1°
镁合金	25′	50′
铜合金	40′	1°20′

各类合金压铸件的铸孔直径与最大深度和斜度的关系，见表 4-25。

表 4-25　铸孔直径与最大深度和斜度的关系

孔直径 D/mm	压铸合金					
	锌合金		铝合金		铜合金	
	最大深度/mm	铸造斜度	最大深度/mm	铸造斜度	最大深度/mm	铸造斜度
≤3	9	1°30′	8	2°30′	—	—
3~4	14	1°20′	13	2°	—	—
4~5	18	1°10′	16	1°45′	—	—
5~6	20	1°	18	1°40′	—	—
6~8	32	50′	25	1°30′	14	2°30′
8~10	40	45′	38	1°15′	25	2°
10~12	50	40′	50	1°10′	30	1°45′
12~16	80	30′	80	1°	45	1°15′
16~20	110	25′	110	45′	70	1°
20~25	150	20′	150	40′	—	—

注：1. 当 $D>25$mm 时，锌合金、铝合金压铸孔深为孔径的 6 倍。

2. 螺纹底孔允许按此表铸造斜度铸出，扩孔达到螺纹尺寸。

3. 对孔径小、收缩应力很大的铸孔，表中深度可适当缩小。

4.4　压铸件设计的工艺性

压铸件结构的合理程度和工艺适应性是决定后面工作能否顺利进行的重要因素。如分型面的选择、浇口的开设、推出机构的布置、收缩规律的掌握、精度的保证、缺陷的种类及其程度等，都是以压铸件本身压铸工艺性的优劣为前提的。

4.4.1　简化模具、 延长模具使用寿命

（1）压铸件的分型面上，应尽量避免圆角

图 4-9（a）中的圆角不仅增加了模具的加工难度，而且使圆角处的模具强度和寿命有所下降。若动模与定模稍有错位，压铸件圆角部分易形成台阶，影响外观。若将结构改为如图 4-9（b）所示的结构，则分型面平整，加工简便，避免了上述缺点。

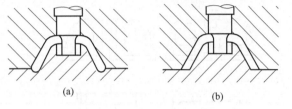

图 4-9　避免在分型面上有圆角

（2）避免模具局部过薄

图 4-10（a）所示的盒形件，因侧面有孔而增设的活动型芯，使压铸模的局部厚度过薄，使用时易变形和损坏。如将压铸件侧向的孔向下延伸为如图 4-10（b）所示的结构，则可省去活动型芯，并且也消除了模具上的薄弱部分，有利于延长模具的使用寿命。

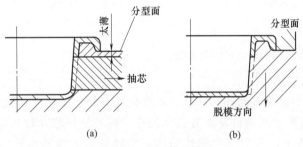

图 4-10　改善结构，便于模具制造

（3）避免在压铸件上设计互相交叉的盲孔

交叉的盲孔必须使用公差配合较高的互相交叉的型芯［图 4-11（a）］，这既增加了模具的加工量，又要求严格控制抽芯的次序。一旦金属液窜入型芯交叉的间隙中，便会使型芯发生困难。若将交叉的盲孔改为如图 4-11（b）所示的结构，即可避免型芯交叉，消除了上述的缺点。

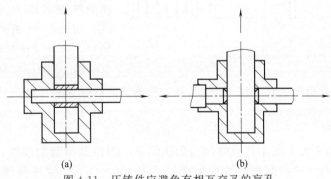

图 4-11　压铸件应避免有相互交叉的盲孔

（4）消除内侧凹，降低生产成本

压铸件内法兰和轴承孔为内侧凹，抽芯困难，或需设置复杂的抽芯机构，或需设置可熔

型芯。这既增加了模具的加工量，又降低了生产率。若将压铸件改为如图 4-12（b）所示的消除内侧凹的结构，即可简化模具，克服了如图 4-12（a）所示压铸件带来的缺点。

同样，如图 4-13（a）所示的压铸件。由于矩形孔尺寸 $B<A$，抽芯困难，结构复杂。若压铸件按图 4-13（b）所示进行改进，取矩形孔尺寸 $B \geqslant A+0.2$，模具就简化了。无需另设抽芯机构，延长了模具使用寿命。

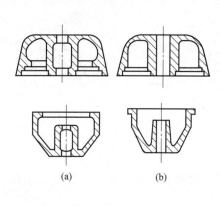

图 4-12　内侧凹结构及消除

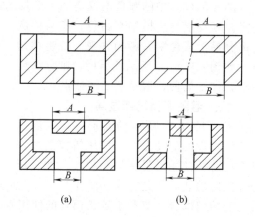

图 4-13　矩形孔尺寸与轴芯

4.4.2　减少抽芯部位、防止变形

（1）减少抽芯部位

减少不与分型面垂直的抽芯部位，对降低模具的复杂程度和保证压铸件的精度是有好处的，图 4-14（a）所示压铸件侧面有三个侧孔，需另设抽芯方向不与分型面垂直的抽芯机构。按图 4-14（b）所示，改变三个侧孔结构，使侧孔与大型芯出模方向一致，即与分型面垂直。则不用另设抽芯机构就可压铸成型，显然，后一种结构省去了抽芯机构，模具得到了简化。

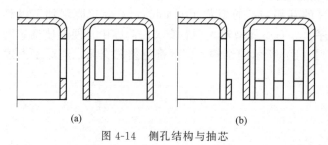

图 4-14　侧孔结构与抽芯

图 4-15（a）所示压铸件，中心方孔深度深，抽芯距离长，需设专用抽芯机构，模具复杂；加上悬臂式型芯伸入型腔，易变形，难以控制侧壁壁厚均匀。而采用如图 4-15（b）所示的 H 形断面结构后就不需抽芯，简化了模具结构。

图 4-16（a）所示压铸件侧壁四孔需设抽芯机构，若按图 4-16（b）进行改进，将侧壁圆孔改为与压铸件出模方向一致的 U 形凹槽后，即可省掉抽芯机构。

（2）防止变形

图 4-17（a）为平板上有不连续的侧壁的压铸件，因温差引起的收缩，截面削弱部位会发生变形，若在削弱部位的两侧面增加加强肋 ［图 4-17（b）］，或选择图 4-17（c）的结构（但侧面需设置抽芯机构），或采用降低开口部位的高度，并增添两条横跨平板的加强肋的结构 ［图 4-17（d）］，均可提高开口部位的刚度，防止压铸件变形。

图 4-18 为用弯曲壁补偿和降低残余应力，防止压铸件变形和裂纹的例子。盒形件内部

的直壁 J［图 4-18（a）］，常因承受过大的应力而产生裂纹；若将直壁改成弯曲壁［图 4-18（b）］后，弯曲壁能起到补偿作用，防止压铸件变形。

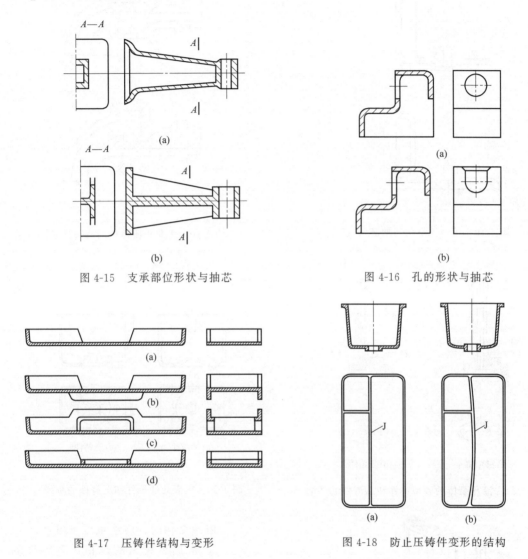

图 4-15　支承部位形状与抽芯　　　　　图 4-16　孔的形状与抽芯

图 4-17　压铸件结构与变形　　　　　图 4-18　防止压铸件变形的结构

4.4.3　方便压铸件脱模和抽芯

图 4-19（a）所示压铸件，因 K 处的型芯受凸台阻碍，无法抽芯。若将压铸件的形状做一定修改，变为图 4-19（b）所示的结构，K 处的型芯即可顺利抽出。

图 4-20（a）所示水龙头压铸件，因有内侧凹 A 和 B，平直段 C 以及 R 的中心线距离压铸件外廓太近，无法抽芯。若按图 4-20（b）所示对压铸件结构进行改进，采取消除内侧凹，增大圆弧 R，使弧状型芯的回转中心处有足够强度，并使弧状型芯退出时在其背后有足够空间，方便了脱模和抽芯。

4.4.4　其他加工方法改为压铸加工时注意事项

图 4-21～图 4-23 是美国金属学会介绍的三个由其他方法改为压铸法的例子，其中图 4-21所示压铸件原为砂型铸件，图 4-22 和图 4-23 所示原为冲压件。

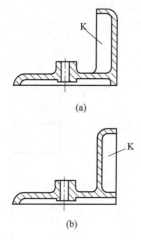

图 4-19　压铸件形状与抽芯

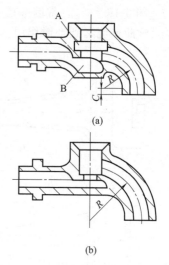

图 4-20　水龙头压铸件结构与抽芯

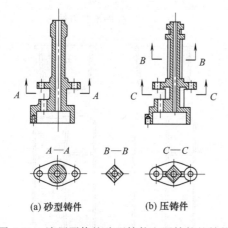

(a) 砂型铸件　　　　(b) 压铸件

图 4-21　液压泵体的砂型铸件和压铸件的结构

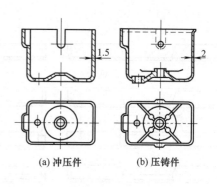

(a) 冲压件　　　　(b) 压铸件

图 4-22　机壳的冲压件和压铸件的结构

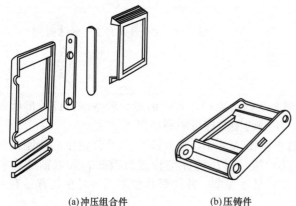

(a) 冲压组合件　　　　(b) 压铸件

图 4-23　照相机壳体的组合件和压铸件的结构

修改结构时，应注意以下事项。

① 根据压铸机的规格，对零件的大小进行分析，或几个小型零件组合成一个整体的压铸件，或将一个大型零件分成几个较小的部分进行压铸，以取得更好的经济效益。

② 按照压铸件基本结构单元的设计要求，对用其他方法成型的零件结构进行必要的修改设计，以适应压铸法的特点。

③ 采用增设和合理布置加强肋的结构，以满足压铸件的强度和刚度要求。

④ 将实心结构改为空心结构，消除热节，均匀壁厚，减轻压铸件质量，降低生产成本。

4.5 压铸模设计基础

4.5.1 压铸模概述

在压铸生产中，正确采用各种压铸工艺参数是获得优质压铸件的重要措施，而金属压铸模则是正确选择和调整有关工艺参数的基础。所以，能否顺利进行压铸生产、压铸件质量的优劣、压铸成型效率以及综合成本等，在很大程度上取决于金属压铸模结构的合理性和技术的先进性以及模具的制造质量。

金属压铸模在压铸生产过程中的作用如下。

① 确定浇注系统，特别是内浇口位置和导流方向以及排溢系统的位置，决定着熔融金属的充填条件和成型状况。

② 压铸模是压铸件的翻版，它决定了压铸件的形状和精度。

③ 模具成型表面的质量影响压铸件的表面质量以及压铸件脱模阻力的大小。

④ 压铸件在压铸成型后，易于从压铸模中脱出，避免在推出模体后变形、破损等现象的发生。

⑤ 模具的强度和刚度能承受压射比压以及内浇口金属液对模具的冲击。

⑥ 控制和调节在压铸过程中模具的热交换和热平衡。

⑦ 压铸机成型效率的最大限度发挥。

在压铸生产中，压铸模与压铸工艺、生产操作存在着相互制约、相互影响的密切关系。所以，金属压铸模的设计，实质上是对压铸生产过程中预计产生的结构和可能出现各种问题的综合反映。因此，在设计过程中，必须通过分析压铸件的结构特点，了解压铸工艺参数能够实施的可能程度，掌握在不同情况下的充填条件以及考虑对经济效果的影响等，设计出结构合理、运行可靠、满足生产要求的压铸模。

同时，由于金属压铸模结构较为复杂，制造精度要求较高，当压铸模设计并制造完成后，其修改的余地不大，所以在模具设计时应周密思考，谨慎细腻，力争不出现原则性错误，以达到最经济的设计目标。

4.5.2 压铸模的结构形式

（1）压铸模的基本结构

图 4-24 所示是一副典型的压铸模具。按照模具上各零件所起的作用不同，压铸模的结构组成可以分成以下几个部分。

① 成型部分。成型部分是模具决定压铸件几何形状和尺寸精度的部位。成型压铸件外表面的零件称为型腔，成型压铸件内表面的零件称为型芯。如图 4-24 中的零件动模镶块 13、侧型芯 14、定模镶块 15 和型芯 21 等。

② 浇道系统。浇道系统是沟通模具型腔与压铸机压室的部分，即金属液进入型腔的通道。图 4-24 中的动模镶块 13、定模镶块 15 和浇口套 18 等零件组成浇道系统。

③ 排溢系统。排溢系统是溢流系统和排气系统的总称，它是根据金属液在模具内的充填情况而开设的。排溢系统一般开设在成型零件上。

④ 推出机构。推出机构是将压铸件从模具中推出的机构，如图 4-24 中的推板 1、推杆固定板 2、推杆 25、28、31、推板导套 33 和推板导柱 34 等零件组成推出机构。

⑤ 侧抽芯机构。是抽动与开合模方向运动不一致的成型零件的机构，在压铸件推出前

完成抽芯动作。如图 4-24 中的侧滑块 9、楔紧块 10、斜销 11、侧型芯 14 和限位挡块 4、拉杆 5、垫片 6、螺母 7、弹簧 8 等零件组成侧抽芯机构。

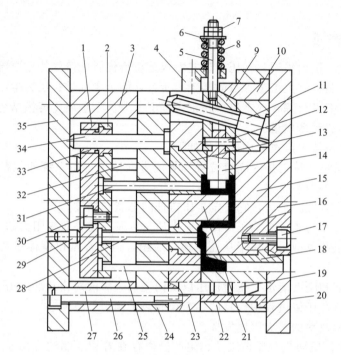

图 4-24 压铸模的结构组成

1—推板；2—推杆固定板；3—垫块；4—限位挡块；5—拉杆；6—垫片；7—螺母；8—弹簧；9—侧滑块；10—楔紧块；
11—斜销；12,27—圆柱销；13—动模镶块；14—侧型芯；15—定模镶块；16—定模座板；17,26,30—内六角螺钉；
18—浇口套；19—导柱；20—导套；21—型芯；22—定模套板；23—动模套板；24—支承板；25,28,31—推杆；
29—限位钉；32—复位杆；33—推板导套；34—推板导柱；35—动模座板

⑥ 导向零件。导向零件是引导定模和动模在开模与合模时可靠地按照一定方向进行运动的零件。如图 4-24 中的导柱 19 和导套 20 等零件。

⑦ 支承部分。支承部分是模具各部分按一定的规律和位置组合和固定后，安装到压铸机上的零件。如图 4-24 中的垫块 3、定模座板 16、定模套板 22、动模套板 23、支承板 24 和动模座板 35 等零件。

⑧ 其他。除前述各部分零件外，模具内还有其他紧固件、定位件等。如螺钉、销钉、限位钉等。

除上述各部分外，有些模具还设有安全装置、冷却系统和加热系统等。

（2）压铸模的分类

根据所使用的压铸机类型的不同，压铸模的结构形式也略有不同，大体上可分为以下几种形式。

1）热压室压铸机用压铸模的典型结构

热压室压铸机用压铸模的基本结构如图 4-25 所示。

2）立式冷压室压铸机用压铸模的典型结构

立式冷压室压铸机用压铸模的基本结构如图 4-26 所示。

3）卧式冷压室压铸机用压铸模的典型结构

① 卧式冷压室压铸机偏心浇口压铸模的基本结构如图 4-27 所示。

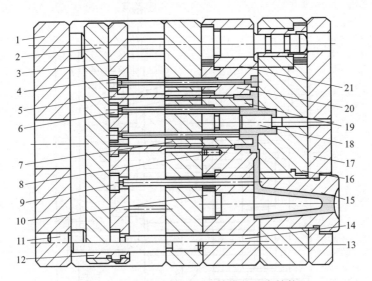

图 4-25　热压室压铸机用压铸模的基本结构

1—动模座板；2—推板；3—推杆固定板；4,6,9—推杆；5—扇形推杆；7—支承板；8—止转销；

10—分流锥；11—限位钉；12—推板导套；13—推板导柱；14—复位杆；15—浇口套；

16—定模镶块；17—定模座板；18—型芯；19,20—动模镶块；21—动模套板

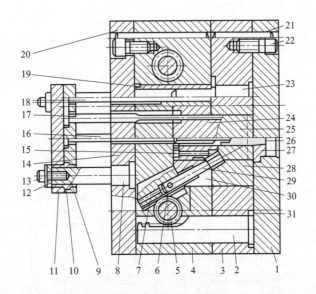

图 4-26　立式冷压室压铸机用压铸模的基本结构

1—定模座板；2—传动齿条；3—定模套板；4—动模套板；5—齿轴；6,21—销；7—齿条滑块；8—推板导柱；

9—推杆固定板；10—推板导套；11—推板；12—限位垫圈；13,22—螺钉；14—支承板；15—型芯；

16—中心推杆；17—成型推杆；18—复位杆；19—导套；20—通用模座；23—导柱；

24,30—动模镶块；25,28—定模镶块；26—分流锥；27—浇口套；29—活动型芯；31—止转块

② 卧式冷压室压铸机中心浇口压铸模的基本结构如图 4-28 所示。

4）全立式压铸机用压铸模的典型结构

全立式压铸机用压铸模的基本结构如图 4-29 所示。

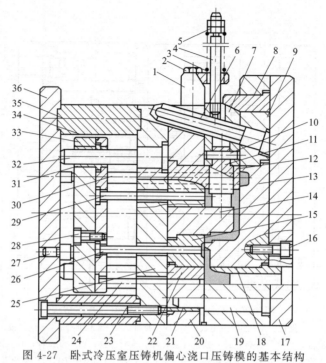

图 4-27 卧式冷压室压铸机偏心浇口压铸模的基本结构

1—限位块；2,16,23,28—螺钉；3—弹簧；4—螺栓；5—螺母；6—斜销；7—滑块；8—楔紧块；9—定模套板；10—销；
11—活动型芯；12,15—动模镶块；13—定模镶块；14—型芯；17—定模座板；18—浇口套；19—导柱；20—动模套板；
21—导套；22—浇道；24,26,29—推杆；25—支承板；27—限位钉；30—复位杆；31—推板导套；
32—推板导柱；33—推板；34—推板固定板；35—垫板；36—动模座板

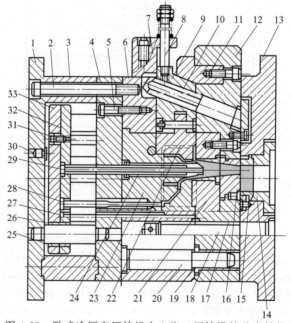

图 4-28 卧式冷压室压铸机中心浇口压铸模的基本结构

1—动模座板；2,5,31—螺钉；3—垫块；4—支承板；6—动模套板；7—限位块；8—螺栓；9—滑块；10—斜销；11—楔紧块；
12—定模活动套板；13—定模座板；14—浇口套；15—螺栓槽浇口套；16—浇道镶块；17,19—导套；18—定模导柱；
20—动模导柱；21—定模镶块；22—活动镶块；23—动模镶块；24—分流锥；25—推板导柱；26—推板导套；
27—复位杆；28—推杆；29—中心推杆；30—限位钉；32—推杆固定板；33—推板

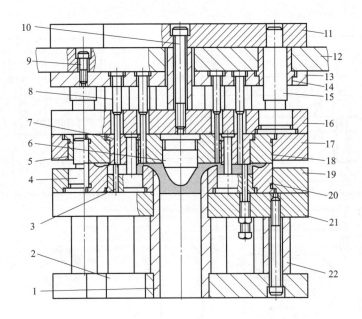

图 4-29　全立式压铸机用压铸模的基本结构

1—压室；2—座板；3—型芯；4—导柱；5—导套；6—分流锥；7—1$^{\#}$动模镶块；8—推杆；9,10—螺钉；
11—动模座板；12—推板；13—推杆固定板；14—推杆导套；15—推板导柱；16—支承板；17—动模套板；
18—2$^{\#}$动模镶块；19—定模套板；20—定模镶块；21—定模座板；22—支承柱

（3）压铸模典型结构图

1）内斜滑块抽芯推出机构

如图 4-30 所示，其中铸件内孔由三等分的内螺纹形成内凹，因此采用内斜滑块，既可脱出铸件内螺纹又可推出铸件。内斜滑块 4 形成铸件内部的三条内螺纹，由动模型芯 7 内的导滑槽导向，抽芯距离要大于螺纹牙形高度。

开模后，由推板 1 推动推杆 3、8 将铸件推出。推杆推动内斜滑块 4，沿斜面内向移动，从螺纹中脱出，推杆 8 协同推出铸件。合模时，复位杆 9 推动推板 1，并带动推杆 3、8 复位，定模型芯 5 与内斜滑块 4 相碰。推动斜滑块沿斜面运动复位。斜滑块运动由横销 6 限位。

2）利用铸件包紧力拉断的结构

如图 4-31（a）所示为利用较大的动模型芯包紧力，在开模过程中直接拉断余料的结构。

开模时，由于铸件对型腔和型芯的附着力和包紧力及压射头推出余料的推力，敞开附加分型面 Ⅰ，敞开距离达到取出余料后，定模动套板 1 被限位杆 3 阻挡，停止运动。继续开模，敞开分型面 Ⅱ，此时由于铸件对型芯的包紧力，将余料拉断并自行落下，然后推出机构将铸件推出。模具结构较简单，但易使铸件产生变形，拉断浇口直径较小，一般在 ϕ10mm 以下。

3）利用螺旋扭力扭断结构

图 4-31（b）所示为螺旋槽扭断余料的结构。在该结构中，另加一特殊螺旋槽浇口套 5。开模时，由压射冲头推进，将余料按螺旋线方向从浇口套旋出，由于铸件和直浇道不转，所以在直浇道与余料接触处扭断。其可扭断的直径一般小于 7mm，螺旋角一般小于 15°，推出力与直浇道偏心距 S 的大小有关（一般在 10~15mm 范围内）。

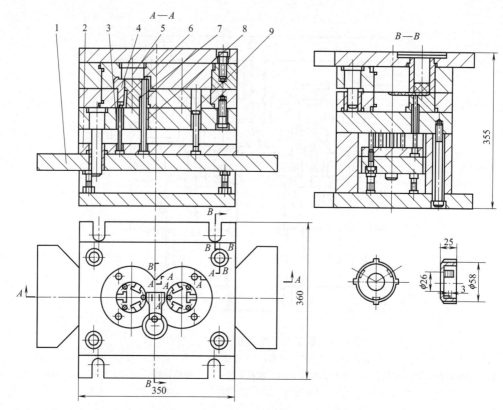

图 4-30　内斜滑块抽芯兼作推出机构的压铸模

1—推板；2—推杆固定板；3,8—推杆；4—内斜滑块；

5—定模型芯；6—横销；7—动模型芯；9—复位杆

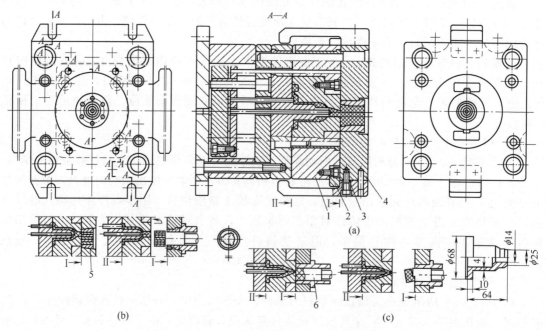

图 4-31　利用铸件包紧力拉断余料的结构

1—定模动套板；2—挡块；3—限位杆；4—定模座板；5—螺旋槽浇口套；6—拉钩冲头

（4）利用余料倒钩拉断结构

图 4-31（c）所示为拉钩压射冲头回程时拉断的结构，将压射冲头顶端偏中心处设计成钩形。开模时，压射冲头推进，敞开分型面Ⅰ，压射冲头回程，利用拉钩的偏心力矩拉断直浇口。

（5）卧式压铸机用点浇口模具

如图 4-32 所示，为薄壁箱式铸件，分型面上的投影面积较大，为充分使用压铸机的容量，采用点浇口。冲头回程时，借助于冲头上的燕尾钩拉断点浇口。在开模过程中，由拉杆 6 与限位螺钉 5 的作用使分型面Ⅰ限位。

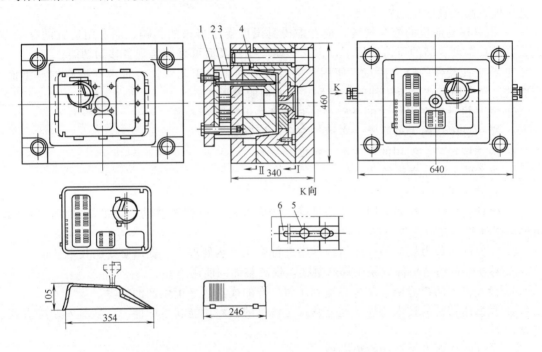

图 4-32　卧式压铸机用点浇口模具结构
1—推板；2—推杆；3—两用杆（推杆兼复位杆）；4—镶块；5—限位螺钉；6—拉杆

4.5.3　压铸模设计基本原则

① 模具设计时，应充分了解压铸件的主要用途和与其他结构件的装配关系，以便于分清主次，突出模具结构的重点，获得符合技术要求和使用要求的压铸件。

② 结合实际，了解现场模具实际的加工能力，如现有的设备和可协作单位的装备情况，以及操作人员的技术水平，设计出符合现场实际的模具结构形式。

对于较复杂的成型零件，应重点考虑符合实际的加工方法，是采用普通的加工方法，还是采用特殊的加工方法。当因加工设备所限，必须采用传统的加工方法时，应考虑怎样分拆、镶拼才更易于加工、抛光，更能避免热处理的变形，以保证组装的尺寸精度。

③ 模具应适应压铸生产的各项工艺要求，选择符合压铸工艺要求的浇注系统，特别是内浇口位置和导向，应使金属液流动平稳、顺畅，并有序地排出型腔内的气体，以达到良好的充填效果和避免压铸缺陷的产生。

④ 充分体现压铸成型的优越性能，尽量压铸成型出符合压铸工艺的结构，如孔、槽、侧凹、侧凸等部位，避免不必要的后加工。

⑤ 在保证压铸件质量稳定的前提下，压铸模结构应先进合理，运行准确可靠；操作方

便，安全快捷。

⑥ 设计的压铸模应在安全生产的前提下，有较高的压铸效率，具备充模快、开模快、脱模机构灵活可靠以及自动化程度高等特点。

⑦ 模具结构件应满足机械加工工艺和热处理工艺的要求。选材适当，尤其是各成型零件和其他与金属液直接接触的零件，应选用优质耐热钢，并进行淬硬处理，使其具有足够抵抗热变形能力、疲劳强度和硬度等综合力学性能以及耐蚀性能。

⑧ 压铸模的设计和制造应符合压铸件所规定的形状和尺寸的各项技术要求，特别是保证高精度、高质量部位的技术要求。

⑨ 相对移动部位的配合精度，应考虑模具温度变化带来的影响。应选用适宜的移动公差，在模具温度较高的压铸环境下，仍能移动顺畅、灵活可靠地实现各移动功能。

⑩ 根据压铸件的结构特点、使用性能及模具加工的工艺性。合理选择模具的分型面、型腔数量和布局形式、压铸件的推出形式和侧向脱模形式。

⑪ 模具设计应在可行性的基础上，对经济性进行综合考虑。

a. 模具总体结构力求简单、实用，综合造价低廉。

b. 应选取经济、实用的尺寸配合精度。

c. 注意减少浇注余料的消耗量。

⑫ 设法提高模具的使用寿命。

a. 模具结构件应耐磨耐用，特别是受力较大的部位或相对移动部位的结构件，应具有足够的强度和刚性，并进行必要的强度计算。

b. 重要的承载力较大的模体组合件应进行调质等热处理，并提出必要的技术要求。

c. 易损部位的结构件应易于局部更换，提高整体的使用寿命。

⑬ 设置必要的模温调节装置，达到压铸生产的模具热平衡生产的效率。

⑭ 掌握压铸机的技术特性，充分发挥压铸机的技术功能和生产能力。模具安装应方便、可靠。

⑮ 设计时应留有充分的修模余地。

a. 某些结构形式可能有几种设计方案，当对拟采用的形式把握不大时，应在设计时，给改用其他的结构形式留出修正的空间，以免模具整体报废或出现工作量很大的修改。

b. 重要部位的成型零件的尺寸，应考虑到试模以后的尺寸修正余量，以弥补理论上难以避免的影响。

⑯ 模具设计应尽量采用标准化通用件，以缩短模具的制造周期。

4.5.4 利用 ProCAST 辅助设计压铸模

压铸件充型数值模拟的方法如下。

① 选择合适的压铸件并对其结构适当简化，提出具有较新模拟的实际意义。

② 建立充型模型，先做二维模型，后做三维模型，在建立模型时可以适当简化铸件的某些不重要的或对充型影响不显著的结构。

③ 对模型进行网格化，也就是得到有限元模型。注意，要选用适合于流体分析的网格单元。

④ 利用立体力学和传热学的远离为网格化后的模型施加边界条件和初始条件。

边界条件主要有液态金属的入口速度、入口压力、入口温度；还要设置铸型上的边界条件，如液态金属与型壁接触的速度变化、压力变化和液态金属与铸型的传热边界条件，通常为对流换热、热传导和辐射传热。

初始条件就是充型时铸型上的初始温度和铸型内的初始压力。

⑤ 选择合理的计算模型。压铸充型通常为湍流模型（k-ε 模型），计算模型要包括动量方程、连续性方程和能量方程。

⑥ 设置有限元计算的时间步长、收敛准则、稳定性参数等。

⑦ 求解有限元模型。

⑧ 计算结果的后处理。主要处理计算得到的各个不同时刻的充型速度变化、充型压力变化、液态金属的温度变化。

利用这些结果数据，可以评价压铸过程、压铸参数对最终得到的压铸件的质量问题。不断地改变压铸件的参数，可得到最佳的压铸工艺参数，用来指导实际生产过程；同时也可以用来分析压铸模的抗疲劳情况和预测压铸模的寿命。

⑨ 选择合适的模拟软件，主要有 ANSYS、Procast、Flow3d 等，各个软件各有其特点。

⑩ 从模拟的结果看，如充型过程中紊流区的旋涡是否可能产生卷气，导致铝合金气孔，可以将实际铸件剖开，做金相观察，进一步的组织观察可通过 SEM 来看。

⑪ 除模拟压铸充型和凝固过程外，还可以分析压铸模型的抗疲劳情况，预测其寿命。

4.6　压铸模设计程序

4.6.1　研究产品图，对压铸件进行工艺分析

（1）收集设计资料

设计前，要收集有关压铸件设计、压铸成型工艺、模具制造、压铸设备、机械加工及特种加工工艺等方面的资料，并进行整理、汇总和消化吸收，以便在以后的设计中进行借鉴和使用。

（2）分析铸件蓝图、研究产品对象

产品零件图、技术条件及有关标准、实物模型等是绘制毛坯图及进行模具设计最重要的依据，首先对压铸件的蓝图进行充分的研讨和消化吸收，并了解产品零件的用途、主要功能以及相互配合关系、后续加工处理工序的内容、用户的年订货量及月需要量等。

（3）了解现场的实际情况

对现有的或确定购买的压铸机及其辅助装置的特性参数设计、安装配合等有关部分作细致的熟悉了解；对模具加工制造主要设备能力、水平、模具零部件标准化推广应用程度，坯料储备情况等加以了解；对进行压铸生产作业的现场设备、工艺流程，包括从熔炼、压铸到清理、光饰等各工序的操作方式、质量控制手段等要有基本的了解。这样才能在结合现场实际的基础上设计出立足本地、经济实用的压铸模。

（4）对压铸件进行工艺分析

① 合金种类能否满足要求的技术性能。

② 尺寸精度及形位精度。

③ 壁厚、壁的连接、肋和圆角。

④ 分型、出模方向与出模斜度。

⑤ 抽芯与型芯交叉、侧凹等。

⑥ 推出方向、推杆位置。

⑦ 镶嵌件的装夹定位。

⑧ 基准面和需要机械加工的部位。

⑨ 孔、螺纹和齿的压铸。

⑩ 图案、文字和符号。

⑪ 其他特殊质量要求。

4.6.2 拟定模具总体设计方案，对方案进行讨论和论证

总体的设计原则是让模具结构最大限度地满足压铸成型工艺要求和高效低耗的经济效益。

（1）确定模具分型面

分型面的选择在很大程度上影响模具结构的复杂程度，是模具设计成功与否的关键，很多情况下分型面也是模具设计和制造的基准面，选择时应注意以下几点。

① 使该基准面既有利于模具加工，同时又兼顾压铸的成型性。

② 确定型腔数量、合理的布局形式，并测算投影面积；确定压铸件的成型位置，分析定模和动模中所包含的成型部分的分配状况，成型零件的结构组合和固定形式。

③ 分析动模和定模零件所受包紧力的大小。应使动模上成型零件的包紧力大于在定模上的包紧力，以使开模时压铸件留在动模一侧。

（2）拟定浇注系统设计总体布置方案

① 考虑压铸件的结构特点、几何形状、型腔的排气条件等因素。

② 考虑所选用压铸机的形式。

③ 考虑直浇道、横浇道、内浇口的位置、形式、尺寸、导流方向、排溢系统的设置等。其中内浇口的位置和形式，是决定金属液的充填效果和压铸件质量的重要因素。

（3）脱模方式的选择

在一般情况下，压铸成型后，在分型时，压铸件留在动模一侧。为使压铸件在不损坏、不变形的状态下顺利脱模，应根据压铸件的结构特点，选择正确合理的脱模方式，并确定推出部位和复位杆的位置、尺寸。

对于复杂的压铸件，在一次推出动作后，不能完全脱模时，应采用二次或多次脱模机构，并确定分型次数和多次脱模的结构形式及动作顺序。这些结构形式都应在模具结构草图中反映出来。

（4）压铸件侧凹凸部位的处置

要形成压铸件的侧凹凸，一般采用侧抽芯机构。对于批量不大的产品，可采用手动抽芯机构和活动型芯的模外抽芯等简单的侧抽芯形式，可在开模后再用人工脱芯。当必须借用开模力或外力驱动的侧抽芯机构时，应首先计算抽芯力，再选择适宜的侧抽芯机构。

（5）确定主要零件的结构和尺寸

根据压铸合金的性能和压铸件的结构特点确定压射比压，并结合压铸件的投影面积和型腔深度，确定以下内容：

① 确定型腔侧壁厚度、支承板厚度，确定型腔板、动模板、动模座板、定模座板的厚度及尺寸。

② 确定模具导向形式、位置、尺寸。

③ 确定压铸模的定位方式、安装位置、固定形式。

④ 确定各结构件的连接和固定形式。

⑤ 布置冷却或加热管道的位置、尺寸。

（6）选择压铸机的规格和型号

因模具与压铸机要配套使用，一般要根据压铸件的正投影面积和体积等参数选定压铸

机，同时兼顾现场拥有的设备生产负荷的均衡性。

① 根据所选定的压射比压和由正投影面积测算出的锁模力，并结合压铸件的体积和压铸机的压室直径，初步选定压铸机的规格和型号。

② 模具的闭合高度应在压射机可调节的闭合高度范围内。为满足这项要求，可通过调节垫块的高度来解决。

③ 模具的脱模推出力和推出距离应在压铸机允许的范围内。

④ 动模座板行程应满足在开模时顺利取出压铸件的要求。

⑤ 模体外形尺寸应保证能从压铸机拉杆内尺寸的空间装入。

⑥ 模具的定位尺寸应符合压铸机压室法兰偏心距离、直径和高度的要求。

（7）绘制模具装配草图

① 图纸严格按比例画出，尽量采用1:1比例绘制，以增强直观效果，容易发现问题。绘制模具装配图应遵循先内后外，先上后下的顺序，先从压铸件的成型部位开始，并围绕分型面、浇注系统等依次展开。

② 注意投影和剖视等在图纸中的合理布局，正确表示所有相互配合部位零件的形状、大小以及装配关系。标注模具的立体尺寸，即将长×宽×高的尺寸在装配图上标出，同时验证是否与所选用的压铸机匹配。

③ 适当留出修改空间，以便后期对不合理的结构形式进行修改。

④ 尽量选用通用件和标准件，如标准模架、推出元件、导向件及浇口套等，并标出它们的型号和规格。

⑤ 初步测算模具造价。

（8）方案的讨论与论证

拟定了初步方案后，现场调研，广泛征询压铸生产和模具制造工艺人员以及有实践经验的现场工作人员的意见，并对设计方案加以补充和修正，使所设计的压铸模结构更加合理、实用和经济。

4.6.3 绘制零件工程图及模具装配图

（1）绘制零件工程图

首先绘制主要零件图，对装配草图中有些考虑不周的地方加以修正和补充。主要零件包括各成型零件及主要模板，如动模板、定模板等。在绘制零件图时，应注意如下几点。

① 图面尽量按1:1的比例画出，以便于发现问题。

② 合理选择各视图的视角，注意投影、剖视等的正确表达，避免烦琐、重复。

③ 标注尺寸、制造公差、形位精度、表面粗糙度以及热处理等技术要求。

（2）绘制模具装配图

主要零件的绘制过程也是对装配草图的自我检验和审定的过程，对发现和遗漏的问题，在装配草图的基础上加以修正和补充，注意以下几点。

① 对零件正式编号，并列出完整的零件明细表、技术要求和标题栏。

② 在装配图上，应标注模体的外形立体尺寸以及模具的定位安装尺寸，必要时应强调说明模具的安装方向。

③ 所选用压铸机的型号、压室的内径及喷嘴直径。

④ 压铸件合金种类、压射比压、推出机构的推出行程、冷却系统的进出口等。

⑤ 模具制造的技术要求。

（3）绘制其余全部自制零件的工程图

将绘制完的主要零件工程图按制图规范补充完整，并填写零件序号，然后将未绘制的自制零件图全部补齐，并校对所有图纸。

4.6.4　编写设计说明书，审核、试模及现场跟踪

（1）编写设计说明书

① 对压铸件结构特点进行分析。

② 浇注系统的设计。包括压铸件成型位置，分型面的选择，内浇口的位置、形式和导流方向以及预测可能出现的压铸缺陷及处理方法。

③ 压铸件的成型条件和工艺参数。

④ 成型零部件的设计与计算。包括型腔、型芯的结构形式、尺寸计算；型腔侧壁厚度和支承板厚度的计算和强度校核。

⑤ 脱模机构的设计。包括脱模力的计算；推出机构、复位机构、侧抽芯机构的形式、结构、尺寸配合以及主要强度、刚度或者稳定性的校核。

⑥ 模具温度调节系统的设计与计算。包括模具热平衡计算；模温调节系统的结构、位置和尺寸计算。

设计说明书要求文字简洁通顺，计算准确。计算部分只要求列出公式，代入数据，求出结果即可，运算过程可以省略。必要时要画出与设计计算有关的结构简图。

（2）审核

包括图纸的标准化审查与主管部门审核会签。

（3）试模及现场跟踪

模具投产后，模具设计者应跟踪模具加工制造和试模全过程，及时增补或更改设计的疏漏或不足之处，对现场出现的问题加以解决或变通。

4.6.5　全面总结、积累经验

当压铸模制作和试模完成，并经过一定批量的连续生产后，应对压铸模设计、制作、试模过程进行全面的回顾，认真总结经验，以利于提高。

① 从设计到试模成功这一全过程都出现哪些问题，采用什么措施加以修正和解决的？

② 对那些取得优良效果的结构形式应予以肯定，进一步总结升华，以有利于今后的应用。

③ 压铸模还存在哪些局部问题，比如压铸件质量、压铸效率等，还应该有哪些改进？

④ 从设计构思到现场实践都走了哪些弯路？其根本原因是什么？

⑤ 从现场跟踪发现哪些结构件在加工工艺上还存在问题，今后应从积累实践经验入手，设计出最容易加工和装配的模具结构件。

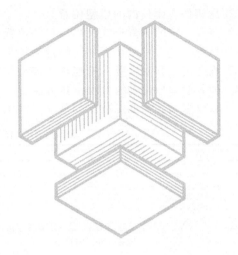

第**5**章
压铸模分型面的选择

为了加工和组装成型零件，以及安放嵌件和其他活动型芯，也为了将成型的压铸件从模体内取出，必须将模具分割成可以分离的两部分或几部分。在合模时，这些分离的部分将成型零件封闭为成型空腔。压铸成型后，使它们分离，取出压铸件和浇注余料以及清除杂物。这些可以分离部分的相互接触的表面称为分型面。

在一般情况下，模具只设一个分型面，即动模部分与定模部分相接触的表面，这一表面称为主分型面。但有时由于压铸件结构的特殊需要，或使压铸件完全脱模的需要，往往增设一个或多个辅助分型面。

分型面虽然不是压铸模一个完整的组成部分，但它与压铸件成型部位的位置和分布、形状和尺寸精度、浇注系统的设置、压铸成型的工艺条件、压铸件的质量以及压铸模的结构形式、制造工艺和制模成本有密切关系。因此，分型面的设计和选择是压铸模设计中的一项重要工作。

5.1 分型面的基本部位和影响因素

压铸模的分型面是模具设计和制造的基准面，它直接影响着模具加工的工艺以及压铸的效果和效率。

5.1.1 分型面的基本部位

压铸模分型面的基本部位见表 5-1。

5.1.2 分型面的影响因素

分型面对下列几个方面有直接的影响。
① 影响压铸模结构的繁简程度。

② 压铸件在模具内的成型位置。
③ 浇注系统的布置形式及内浇口的位置和导流方向、导流方式。
④ 型腔排气条件及排溢系统的排溢效果。
⑤ 确定定模和动模各自所包含的成型部分。
⑥ 模具成型零件的组合及镶拼方法。
⑦ 以分型面作为加工装配的基准面对压铸件尺寸精度的保证程度。

表 5-1　压铸模分型面的基本部位

分 型 部 位	说　明	分 型 部 位	说　明
	结构简单,动、定模型腔错位对铸件影响较小		模具加工较复杂,垂直于分型面的嵌套式结构易和模具导向机构、滑块锁紧机构发生干涉,且易形成飞边。A 处突出部位强度差,热量集中。只能用于小模具
	结构简单,动、定模型腔错位对铸件影响较小		模具加工较复杂,垂直于分型面的嵌套式结构易和模具导向机构、滑块锁紧机构发生干涉,且易形成飞边。只能用于小模具
	对两半模对位要求较高,动、定模错位较小时,有利于用机械切除铸件的飞边		模具加工较复杂,垂直于分型面的嵌套式结构易和模具导向机构、滑块锁紧机构发生干涉,模具各部分热平衡较好,铸件飞边便于机械切除,只能用于小模具

注：分型面的位置用符号表示（见表中示图），箭头所指示的方向为动模的移动方向。

⑧ 压铸生产时的生产效率以及对成型部位的清理效果。
⑨ 压铸件的脱模方向及脱模斜度的倾向。开模时,能否按要求使压铸件留在动模。
⑩ 压铸件表面的美观和修整的难易程度。

5.2　分型面的基本类型

压铸模分型面的形式应根据压铸件的形状特点确定。还应考虑到压铸工艺方面的诸多因素,并使模具的制造尽量简便。

分型面的基本类型主要有单分型面、多分型面和侧分型面。

5.2.1　单分型面

通过一次分型即可使压铸件和浇注余料完全脱模的结构,即为单分型面。单分型面的基本类型见表 5-2。

5.2.2　多分型面

由于结构的需要，当一个分型面不能满足要求时，可采用多分型面的结构形式，见表 5-3。

5.2.3　侧分型面

上面介绍的都是与开模方向垂直的分型面。当模具有侧抽芯的结构形式时，除了设置垂直分型面外，还应设置与开模方向平行的分型面，即侧分型面，如图 5-1 所示，图（a）为在从Ⅰ处分型时，侧滑块在斜销的驱动作用下，从Ⅱ处侧分型，并进行侧抽芯动作；图（b）为斜滑块侧抽芯机构，开模时，从Ⅰ-Ⅰ处分型后，斜滑块在推杆作用下才开始在Ⅱ-Ⅱ处分型，完成侧抽芯动作。

表 5-2　单分型面的基本类型

类　　型	简　　图	说　　明
直线分型面	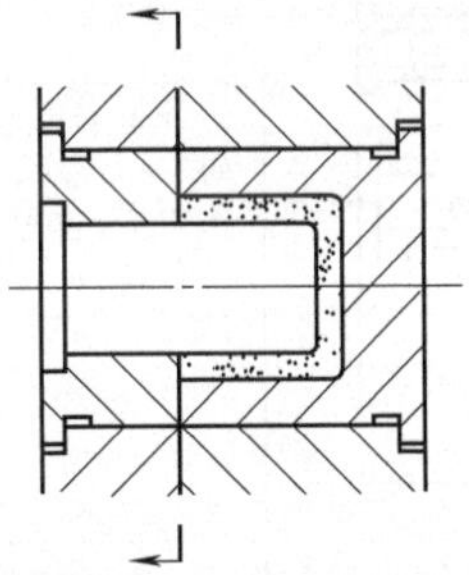	分型面平行于压铸机动、定模固定板平面
倾斜分型面	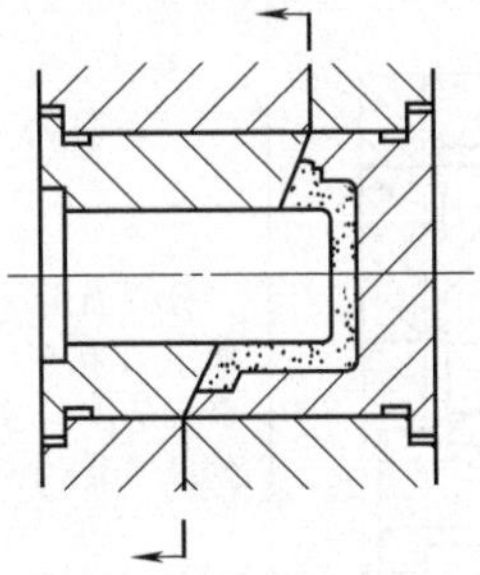	分型面与压铸机动、定模固定板成一角度
阶梯分型面	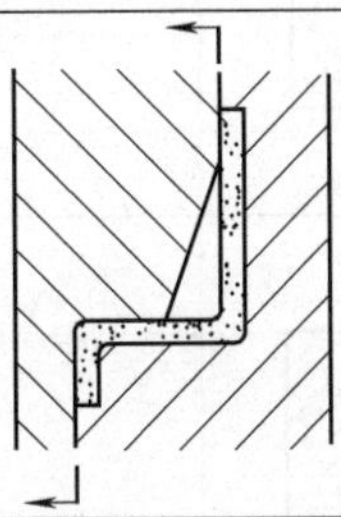	分型面不在同一平面上，由几个阶梯平面组成
曲线分型面	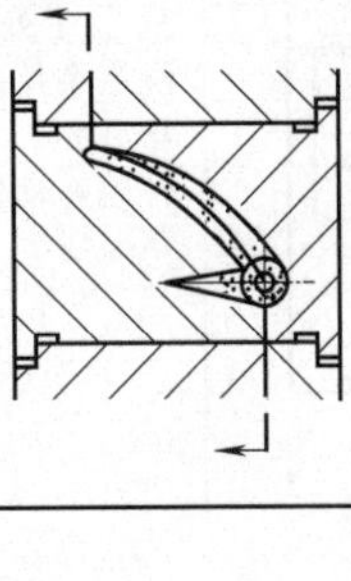	分型面按铸件结构特点形成曲面

压铸模具设计实用教程

续表

类　型	简　图	说　明
综合分型面	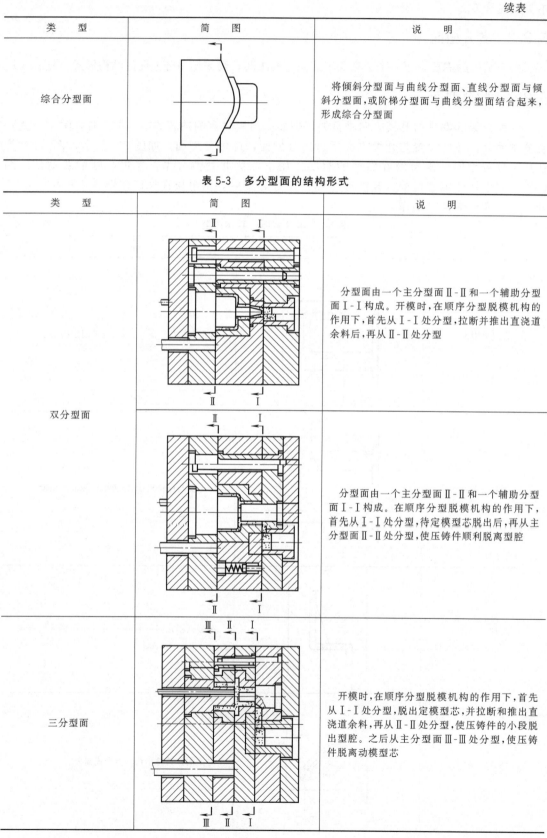	将倾斜分型面与曲线分型面、直线分型面与倾斜分型面，或阶梯分型面与曲线分型面结合起来，形成综合分型面

表 5-3　多分型面的结构形式

类　型	简　图	说　明
双分型面		分型面由一个主分型面Ⅱ-Ⅱ和一个辅助分型面Ⅰ-Ⅰ构成。开模时，在顺序分型脱模机构的作用下，首先从Ⅰ-Ⅰ处分型，拉断并推出直浇道余料后，再从Ⅱ-Ⅱ处分型
		分型面由一个主分型面Ⅱ-Ⅱ和一个辅助分型面Ⅰ-Ⅰ构成。在顺序分型脱模机构的作用下，首先从Ⅰ-Ⅰ处分型，待定模型芯脱出后，再从主分型面Ⅱ-Ⅱ处分型，使压铸件顺利脱离型腔
三分型面		开模时，在顺序分型脱模机构的作用下，首先从Ⅰ-Ⅰ处分型，脱出定模型芯，并拉断和推出直浇道余料，再从Ⅱ-Ⅱ处分型，使压铸件的小段脱出型腔。之后从主分型面Ⅲ-Ⅲ处分型，使压铸件脱离动模型芯

094

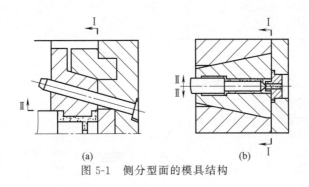

(a) (b)

图 5-1　侧分型面的模具结构

5.3　分型面的选择原则

选择铸件的分型面涉及铸件的形状和技术要求、浇注系统和溢流系统的布置、压铸工艺条件、压铸模的结构和制造成本、模具的热平衡等因素，这些因素往往难以兼顾，确定分型面时要予以综合考虑。选择分型面应注意以下几点。

5.3.1　分型面简单并易于加工

对倾斜分型面或曲线分型面，为便于加工和研合，应采用贯通的结构形式。图 5-2 分别为倾斜分型面和曲线分型面的贯通形式，图（a）的贯通结构只有一个斜面或曲面相互的对合面，易于加工，易于研合。图（b）的形式有几个研合面，给加工和研合带来了困难。

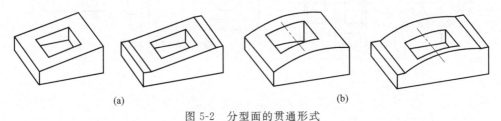

(a) (b)

图 5-2　分型面的贯通形式

图 5-3 所示为应选择有利于成型零件加工的形式。图（a）为蝶形螺母。如采用Ⅰ-Ⅰ作为分型面，由于形成窄而深的型腔，用普通机械加工很难成型，只能采用特殊的电加工方法。它除了制作电极外，还不容易抛光。如分型面设在Ⅱ-Ⅱ处，使型腔制作变得简单，用普通的机械加工方法即可完成。图（b）为支架类压铸件。采用Ⅰ-Ⅰ分型面，需设置两个相互对称的侧抽芯机构，使模具结构复杂。同时增大了模具的总体高度，也给成型部位的加工带来困难。如采用Ⅱ-Ⅱ分型面，省去了侧抽芯机构，成型部位只是一个对合的型腔，容易加工成型。

5.3.2　简化模具结构和充填成型

选择良好的分型面可以简化模具结构。如图 5-4 所示，图（a）为两孔轴线呈锐角交叉的压铸件。如果在Ⅰ-Ⅰ处分型，各孔的抽芯轴线均在分型面上，需要分别设置三处侧抽芯机构，加大了压铸模的复杂程度。若采用在Ⅱ-Ⅱ处分型，只需设置一个斜抽芯机构即可。图（b）中 ϕ_1 和 ϕ_2 有同轴度要求。如果按Ⅰ-Ⅰ分型，ϕ_1 和 ϕ_2 的成孔型芯则分别放置在动模和定模上，很难保证 ϕ_1 和 ϕ_2 的同轴度要求，况且压铸件均含在动模内，对动模的包紧力大，给脱模带来困难。采用Ⅱ-Ⅱ的阶梯分型面，使 ϕ_1 和 ϕ_2 的成孔型芯都安装在动模一

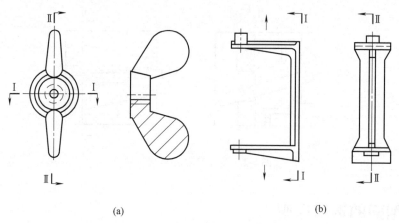

(a)

(b)

图 5-3　易于加工的分型面

侧，保证 ϕ_1 和 ϕ_2 孔的同轴度。侧孔也安置在动模成型并抽芯，使模具简单化，同时减少了压铸件对动模的包紧力。

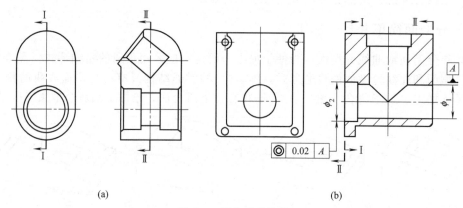

(a)

(b)

图 5-4　简化模具结构

　　带有侧孔或侧凹凸的压铸件，在采用侧抽芯机构时，往往把侧抽芯的部位设在动模一侧，而尽量避免设置在定模一侧。如图 5-5 中图（a）和图（b）的右图，它们分别将侧型芯设置在定模一侧。开模时，在侧型芯的阻力作用下，使压铸件随定模一起脱离动模，并含在型腔内，不能顺利脱模，所以必须采用顺序分型脱模机构，使侧型芯与驱动元件做相对移动，并完成抽芯动作后，才能从主分型面分型，使压铸件留在动模型芯，并脱离型腔，使模具结构复杂。采用左图的形式，在动模一侧设置侧型芯，驱动元件设置在定模，在主分型面分型时，即可开始抽芯，简化了模具结构。

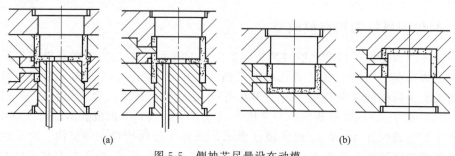

(a)

(b)

图 5-5　侧抽芯尽量设在动模

　　在选择分型面时，应结合金属液的流动特点，对浇注系统的布局，比如内浇口位置、导流方向、在什么部位设置溢流槽和排气道更有利于冷污金属液和气体的排出等一系列问题，进行综合分析和考虑。

　　为了有利于金属液的流动，在一般情况下，应将分型面设置在金属液流的终端。如图5-6所示，图（a）右图的分型，使 A 处形成盲区，容易聚集气体，出现压铸缺陷。左图的分型面设置在金属液流动的终端，使型腔中的气体有序地排出，有利于充填成型。图（b）右图的形式虽然能起加固型腔的作用，但却堵塞了排气通道，使气体不能有效地排出。左图采取加设有不连续的若干个斜楔镶块，既加固了型腔，又不影响型腔的排气。带爪形的压铸件，在选择分型面时，也应考虑浇注时排气的问题。如图（c）中分型面设在Ⅰ-Ⅰ处，它与金属液流的终端相重合，有充分的空间开设溢流槽和排气道，除满足溢流和排气的功能外，还提高了爪端部位的模具温度，有利于金属液的充填，保证了压铸件爪端的质量。Ⅱ-Ⅱ分型面充填条件较差，而且增加了模具制作的难度。图（d）为长管状压铸件，可采用Ⅰ-Ⅰ分型面，设置环形内浇口和环形溢流槽。虽然增加了侧抽芯机构，但比Ⅱ-Ⅱ分型面更能满足压铸工艺要求。

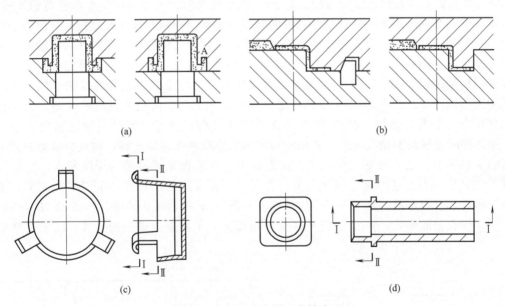

图 5-6　分型面应有利于充填成型

5.3.3　保证压铸件的精度要求

　　分型面对压铸件某些部位的尺寸精度有直接影响。分型面选择得不合理，则会因制造误差或开模误差，使精度要求得不到保证。如图 5-7 所示的压铸件，它们在某些部位都有精度要求。图（a）中孔 A 的轴线与内壁的距离 L 有精度要求。如选用Ⅰ-Ⅰ分型面，L 的精度由成孔的侧型芯决定。由于侧型芯在移动时容易产生误差，影响了尺寸精度。这时，应选用Ⅱ-Ⅱ作为分型面，A 孔由固定型芯成型，保证了尺寸精度的稳定性。图（b）法兰类压铸件，外径 d_1 和内孔 d_2 有同轴度要求。分型面Ⅰ-Ⅰ使 d_1 和 d_2 的尺寸分别在定模和动模上成型。由合模时引起的精度误差，使同轴度精度要求得不到保证。应选取 d_1 和 d_2 两尺寸都在同一模板内成型的Ⅱ-Ⅱ分型面。为保证高度 $20_{-0.05}^{\ 0}$ 的精度要求，图（c）中选用Ⅰ-Ⅰ为分型面，克服了分型面Ⅱ-Ⅱ因合模误差而影响压铸件高度精度的缺陷。在一般情况下，分型面应避免与机架的基准面重合，如图（d）的压铸件，A 面为机械加工的基准面。如果以 A 面为分型面，则会因模具合模的误差影响，产生飞边、毛刺等现象，影响了基准面的尺寸精度。所以应选用 Ⅰ-Ⅰ 为分型面，使加工基准面保持较高的尺寸精度。

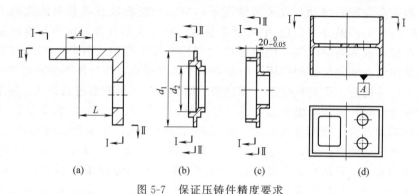

图 5-7　保证压铸件精度要求

图 5-8 是保证压铸件精度的实例。图（a）是壁厚均匀、内外同轴度要求较高的压铸件。若采用右图的直线分型面，内径和外径的同轴度只依赖于导向零件的配合精度。但由于模具的制造和装配总存在允许或不允许的误差，导致动、定模的偏移，使压铸件的同轴度得不到保证。如采用左图斜面定位的方法，则不受模具移动精度的影响，稳定可靠地保证了压铸件壁厚和同轴度的精度要求。图（b）是铝合金齿轮。它的内孔 D 和齿轮分度圆直径 d 有较高的同轴度要求。在右图中 D 和 d 分别在定模和动模中成型。由于合模时的误差，很难保证同轴度要求。左图的结构，即 D 和 d 都在动模中成型，很容易满足同轴度精度要求。图（c）压铸件的高度 h 有精度要求。右图中会因为在合模或金属填充时，模具分型面的紧密程度影响 h 的精度。通过分型面的改变，在左图中，只要保证了型腔的深度要求，即可保证高度 h 的精度，与合模的误差因素无关。有局部精度要求的压铸件，采用瓣合成型，也往往由于制造和合模误差，保证不了它的精度。如图（d）所示的压铸件，外径 D 处有精度要求，如采用右图的形式，将 D 处设置在主分型面上，采用瓣合成型的方式，由于受到制造

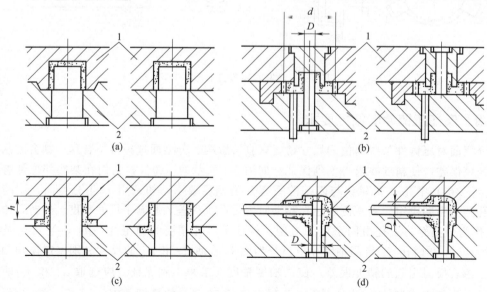

图 5-8　保证压铸件精度的实例
1—定模；2—动模

和合模因素的影响，其圆柱度不能得到保证，精度要求也肯定满足不了需要，而且会在直径 D 的表面出现合模接痕。左图改变了压铸件的安放位置，在动模的型腔成型，保证了直径 D 的精度要求。

5.3.4 开模时尽量使压铸件留在动模

在选择分型面时，应分析和比较定模和动模所设置的成型零件各自受到压铸件包紧力的大小，将包紧力较大的一端设置在动模部分，在开模时，才能使压铸件留在动模一侧，以便于推出脱模。

图 5-9 是压铸件的留模方式。由于压铸件的收缩对型芯的包紧力大于对型腔的包紧力，所以图 5-9 (a) 右图的形式在开模时，压铸件包紧型芯，并随之一起脱离动模型腔，无法使压铸件从定模型芯中脱出。左图的设置使压铸件包紧型芯，开模时，脱离型腔而留在动模一侧，在推出机构的作用下，将压铸件推出。

对于图 5-9 (b) 的结构形式，如果型腔的结构比较简单，型腔受到的包紧力小于成孔型芯受到的包紧力，可采用右图的设置形式，使压铸件留在动模，但当型腔的形状复杂，它受到的包紧力较大，压铸件是否留在动模无法确定时，应采用左图的形式，将型腔、型芯都置于动模一侧。

图 5-9 (c) 是压铸件两端都设置型芯的情形。这时就应分析和比较压铸件对两端型芯包

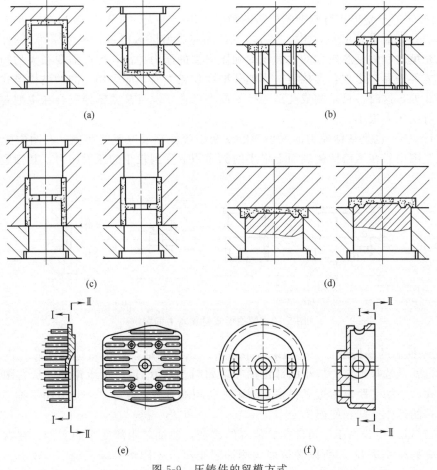

(a)　　　　　　　　　　　　(b)

(c)　　　　　　　　　　　　(d)

(e)　　　　　　　　　　　　(f)

图 5-9 压铸件的留模方式

紧力的大小。当型芯的脱模斜度相同时，较长的型芯所受到的包紧力较大，右图将较长的型芯设置在定模一侧，可能使压铸件随定模移动而脱离动模型芯。左图改变了压铸件安放的方向，增加了动模的包紧力。但由于型腔设在定模，因此，应该加大定模型腔和型芯的脱模斜度并减小动模型芯的脱模斜度，才能使压铸件留在动模一侧。

图 5-9（d）是平面上有三角槽的压铸件。由于三角槽型芯的斜度很大，右图的分型形式不能形成对型芯的包紧力，所以，在分型时不能使压铸件留在动模一侧。左图将型芯和型腔全部设在动模内，压铸件不会黏附在定模上。同时还可避免金属液直接冲击型芯的尖角部位，有利于型腔的充填和延长模具寿命。

图 5-9（e）是带散热片的压铸件。由于多个散热片在收缩时产生相当大的包紧力，所以选择Ⅰ-Ⅰ分型面，以便在开模时使压铸件留在动模。

图 5-9（f）的压铸件，由于型芯所受到的包紧力大，从这个角度考虑，应采用Ⅱ-Ⅱ分型面。但是压铸件的侧孔必须采用定模侧抽芯机构，使模具结构复杂。如果采用Ⅰ-Ⅰ作为分型面，借助侧型芯对压铸件的阻碍力作用，抵消了压铸件对型芯的包紧力，使压铸件在开模时留在动模。同时采用动模抽芯机构，简化了模具结构。

总之，在选择分型面时，衡量包紧力的大小，除考虑包紧表面积、型芯长度、脱模斜度外，还应对压铸件的形状以及抽芯机构进行综合考虑，以保证压铸件在开模时留在动模。

5.3.5 考虑压铸成型的协调

① 侧型芯的分型形式对侧型芯所需的锁紧力影响很大。如图 5-10 所示，在图 5-10（a）中右图，侧分型面设在Ⅰ处，侧型芯的端部直接与成型区域接触，成为压铸成型的一部分，金属液在充填时，侧型芯较大的侧面积受到压射力的压力冲击，因此需要很大的锁模力，同时，在压铸件表面会出现合模接痕。当侧分型面积较大时，应采用左图的结构形式，将侧分型面设在Ⅱ处，这时，只是侧成孔型芯接触成型部位，况且又紧密地碰合在主型芯侧面，所受到的压射反压力很小。

图 5-10（b）也是从锁模力的大小考虑改变压铸件摆放位置的实例。右图中瓣合型腔受力较大，左图中只在压铸件侧端面上很小的侧面积上受到较小的压射压力，其锁紧力也相对较小。

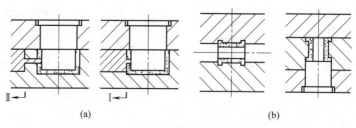

(a)   (b)

图 5-10　侧抽形式对锁紧力的影响

② 在侧抽芯的结构组合中，如果有条件可以选择的话，应尽量选择抽芯长度较短的一侧抽芯，也就是选择抽芯力较小的部位抽芯。如图 5-11（a）所示压铸件，从右图改成左图的安放形式，使抽芯距离缩短了很多。缩短抽芯距离有两点好处，一是减小了抽芯力；二是缩小了模具的运作空间，使模体变小。

图 5-11（b）也是由于压铸件摆放位置的改变，使抽芯距离变小的实例。在右图中，决定抽芯距离的尺寸是 D_1，所以必须加大侧抽芯距离，才能将大端直径 D_1 取出。采用左图的形式，决定抽芯距离的尺寸是 D_2，由于 $D_2 < D_1$，所以这种形式可缩短抽芯距离。

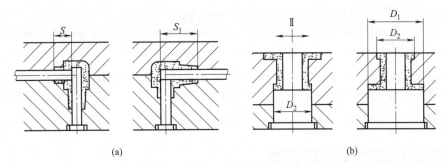

图 5-11　选用较短的抽芯距离

　　这些情况对一般的场合没有显著影响，但在侧型芯受到的压射冲击力很大，或接近极限的情况下，注意这些常被忽略的细节，对侧分型面的位置略加改动，则是十分必要的。

　　③ 与压铸机的技术参数相协调。在设计压铸模时，应使压铸模的结构满足压铸机的各项技术参数。其中重要的一项是压铸件的投影面积。在图 5-12 中，当压铸件的投影面积 A 接近压铸机最大投影面积的临界状况时，压铸机的锁模力也处于临界状态，这时压铸件应按图 5-12（a）的形式放置，使投影面积变小；当模具的闭合高度过大时，可采用图 5-12（b）的形式。因此，在设计实践中，应根据具体情况灵活运用。

5.3.6　嵌件和活动型芯便于安装

　　带嵌件或需要设置活动型芯的压铸模，往往由于安装速度影响了压铸效率。为此，选择方便快捷的安装部位，是设计嵌件的重要内容。图 5-13（a）的压铸件两端设有嵌件。为了安装方便，将分型面设在嵌件的轴心处。合模前，将嵌件装在分型面上，定位后合模。开模时，嵌件随压铸件推出。

　　图 5-13（b）中是带活动型芯的压铸模。对于右图的形式，压铸件对动模型芯的包紧力较小，开模时，压铸件会随定模型腔脱离动模。对于左图的形式，增加压铸件转向设置，加

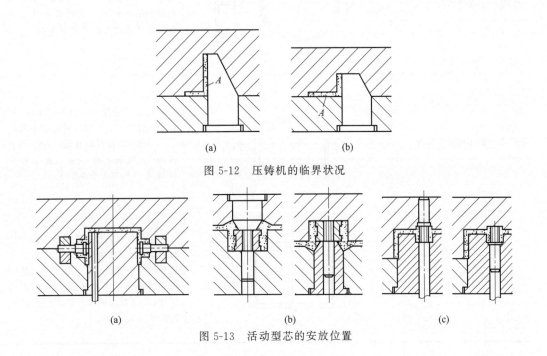

图 5-12　压铸机的临界状况

图 5-13　活动型芯的安放位置

大了对动模的包紧力，使压铸件留在动模而便于脱模。

图 5-13（c）是在安放活动型芯时，避免推出机构设置预复位的实例。右图采用推杆将活动型芯推出的结构形式。在合模前，必须设置预复位机构，带动推杆先行后退，留出安放活动型芯的空间，方可安装，使模具结构复杂化。左图的形式则是将活动型芯安置在定模一侧，或使推杆移位，不与活动型芯产生干扰，就可以避免设置推出机构预复位的烦琐结构。

5.4 典型分型面分析及实例

5.4.1 典型分型面设计分析

典型零件选择分型面的要点见表 5-4。

表 5-4 典型零件选择分型面的要点

零件结构特征	图例	分析
铸件有外螺纹，并要求互换性好		为使铸件螺纹部分质量好、互换性强，分型面应使浇注系统有较大的选择余地。选Ⅰ-Ⅰ分型面，铸件两端排气条件较差；Ⅱ-Ⅱ分型面可在法兰部位采用缝隙浇口和在螺纹部分的另一端开设环形或半环形浇口。这两种浇口都能获得较好的铸件质量和轮廓清晰的螺纹
带短螺纹帽盖类零件		帽盖类零件的直径通常为高度的数倍。当短螺纹的直径较大时，不宜采用环形螺纹镶块，一般选择Ⅰ-Ⅰ分型面。小零件宜选Ⅱ-Ⅱ分型面
带凸缘不通孔的桶形零件		铸件法兰部位与一般零件不同，压铸工艺性较差。在零件外形较小时选Ⅰ-Ⅰ分型面，模具结构较简单。当零件轴向尺寸较大时，宜选取Ⅱ-Ⅱ作为分型面，压铸工艺条件较好
带凸缘的筒形零件		由于铸件对两端型芯的包紧力很接近，选择分型面应着重考虑铸件从定模中出模的问题。Ⅰ-Ⅰ分型面需要设置定模出模辅助装置，适用于较大的铸件；Ⅱ-Ⅱ分型面用于小型铸件，铸件成形条件也较好

续表

零件结构特征	图例	分析
带反向凸缘的零件 A 平面有外观要求	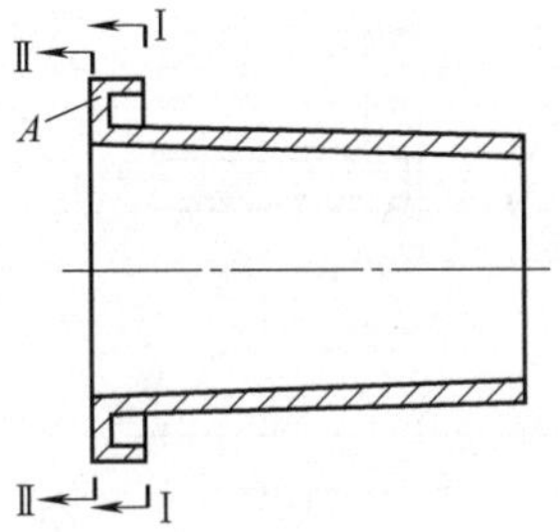	I-I 分型面符合将分型面设置在金属液流动方向末端的要求,但由于 A 面有外观要求,不允许留有推杆痕迹。II-II 分型面可以采用卸料板推出机构,以满足 A 面的外观要求
有对应侧孔的壳体零件	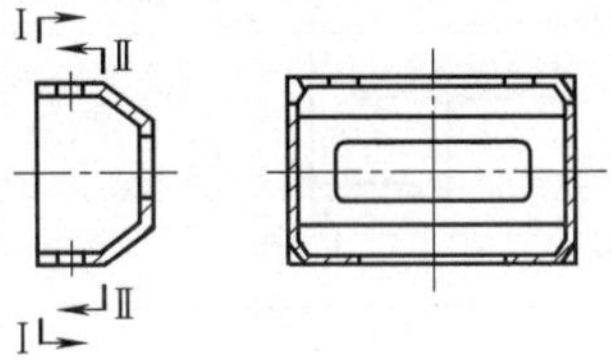	为简化模具结构,应把侧抽芯机构尽量设计在动模上,I-I 和 II-II 都能满足要求。当选择 II-II 分型面时,如推杆设置在侧抽芯活动型芯在分型面的投影范围内,推出机构应能预复位。I-I 分型利于模具对应侧抽芯机构强制铸件脱离定模,结构简单,同时成型条件也较好
单侧孔方形零件	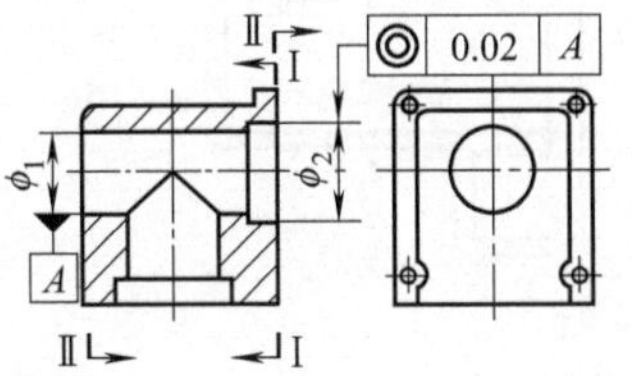	I-I 分型面符合简化模具的要求,为减少铸件变形,ϕ_1 和 ϕ_2 势必分别放置在动、定模上,不易保证同轴度要求。选 II-II 折线分型,侧抽芯仍可设置在动模上,ϕ_1 和 ϕ_2 也可达到同轴度要求,在铸件顶端开设浇口,更适应压铸工艺的要求
曲折外形零件	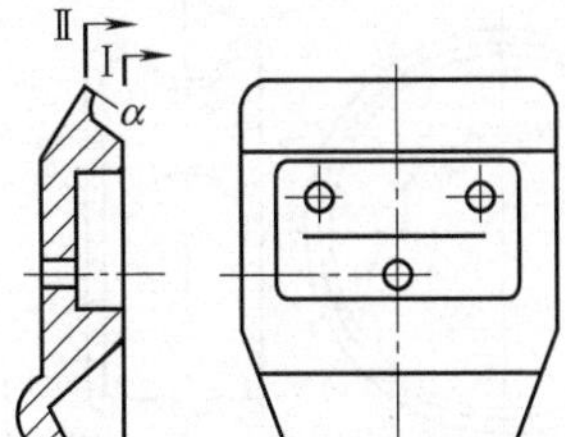	I-I 分型面虽然平整,有利于机械加工,但造成模具型腔较脆弱的尖角 α,影响模具使用寿命。II-II 折线分型,增加机械加工工作量,但机械加工和铸造工艺性都较好
带爪形零件	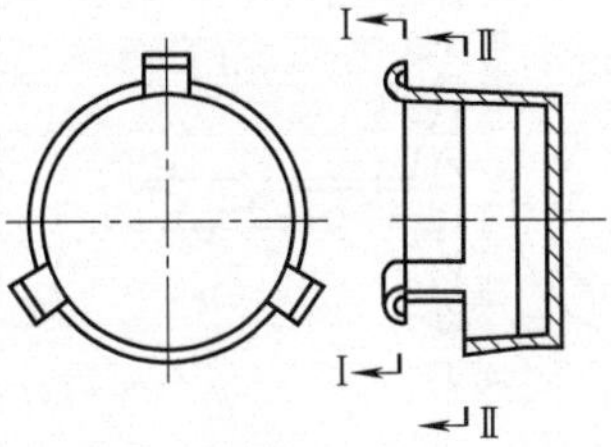	I-I 分型使爪端处在分型面上,有较多的余地供开设溢流槽,以提高爪端部分模具温度和溢出较冷的金属液,比 II-II 分型更能保证铸件爪端的质量

压铸模具设计实用教程

续表

零件结构特征	图例	分析
带凹槽转盘零件	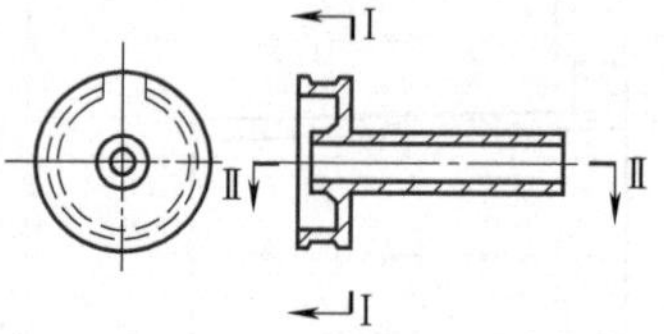	Ⅰ-Ⅰ分型面需要设置两对应侧抽芯,因小孔对型芯的包紧力较大,一次推出会引起铸件变形或开裂,采用两次推出机构增加模具复杂性。Ⅱ-Ⅱ分型面只需设置一个两次抽芯机构,浇口设置在小孔的尾端,铸件填充条件好,一模多件也有选择的余地
转盘形零件	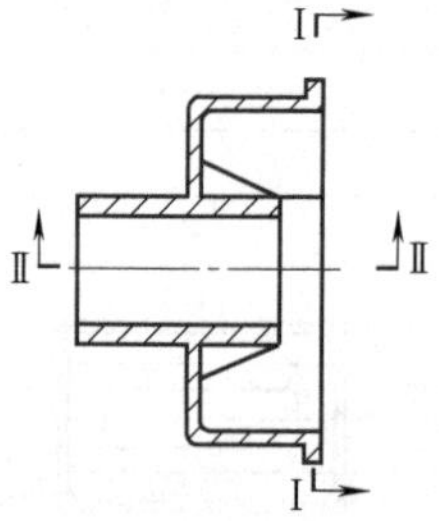	铸件形式与上侧相似,其几何尺寸不同,分型面的选择也有所不同。Ⅱ-Ⅱ分型需设两侧抽芯机构,增加模具的复杂性。Ⅰ-Ⅰ分型面采用推管推杆联合推出,结构简单
套管形零件	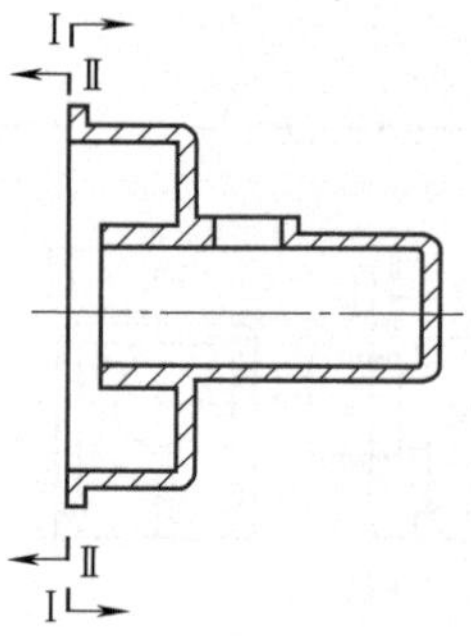	铸件大小两孔连接处,结构较薄弱,要考虑铸件脱出型芯时的变形问题 Ⅰ-Ⅰ分型面侧抽芯机构在动模上,符合一般设计要求,但型芯全在定模内,要设置定模抽芯机构,同时很难避免铸件变形。Ⅱ-Ⅱ分型面,用推管和卸料板复合推出机构来保证大小型芯同步出模,避免铸件变形,侧抽芯虽在定模上,因其反压力较小,易于采用开模前预抽芯机构
三面有侧孔的薄壁圆形零件	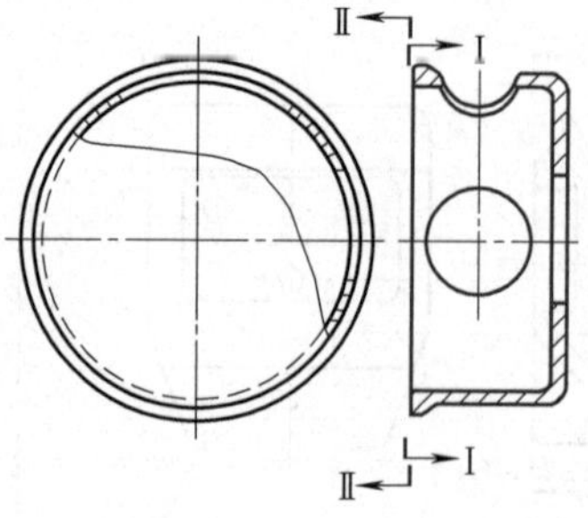	采用Ⅰ-Ⅰ分型面利用侧抽芯机构强制铸件脱离定模,模具结构较简单,但铸件壁浇薄,将会引起侧孔变形或开裂。Ⅱ-Ⅱ分型,侧抽芯虽在定模上,活动型芯受到的胀型力较小,采用分型前预抽芯机构
带喇叭口长管形零件	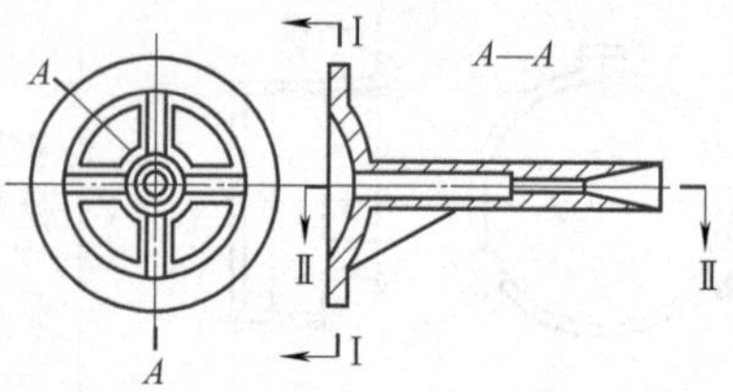	铸件长度与管形直径比值较大,Ⅰ-Ⅰ分型,模具结构简单,由于铸件长,小端成型条件差。为确保铸件质量,选择Ⅱ-Ⅱ分型面,使铸件两端都有较大余地开设溢流槽,有利于模具热平衡,铸件质量较好

零件结构特征	图例	分析
法兰压环类零件	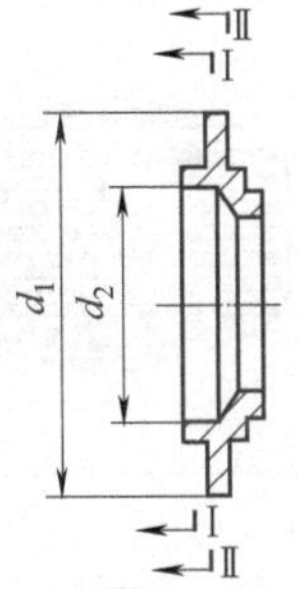	I-I分型面符合将大部型腔分置在定模的习惯做法,有同轴度要求的两孔 d_1 和 d_2 被分离在动模和定模上,影响铸件精度。应选取使 d_1 和 d_2 两尺寸都在同一半模内的II-II分型面
罩壳类零件	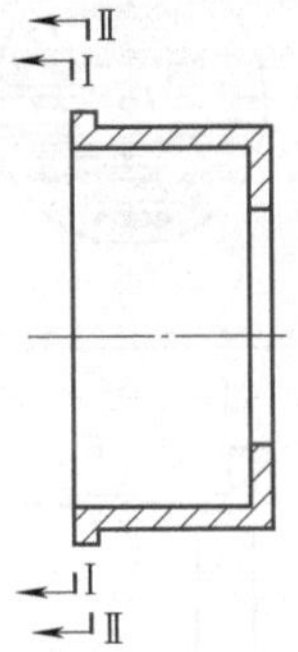	带法兰的罩壳类零件,一般选取I-I作为分型面,符合将型腔放置在定模上,型芯设置在动模上的习惯分型,也是同类零件理想的分型面。如果II-II面要求机械加工,为简化铸件修整工作,应选II-II作为分型面
带密封槽板状零件	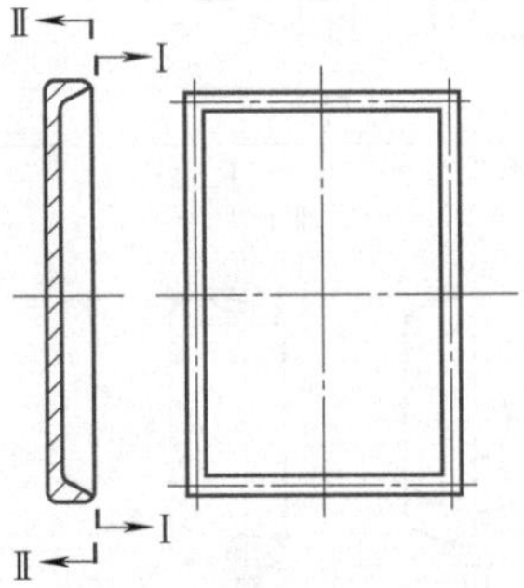	对此类零件要注意估算铸件对动、定模型芯的包紧力。常常因凹槽尺寸较小而被忽视,当另一端型芯脱模斜度偏大时,II-II分型比I-I分型更能保证模具开模时,铸件顺利地脱离定模
带三角槽的板形零件	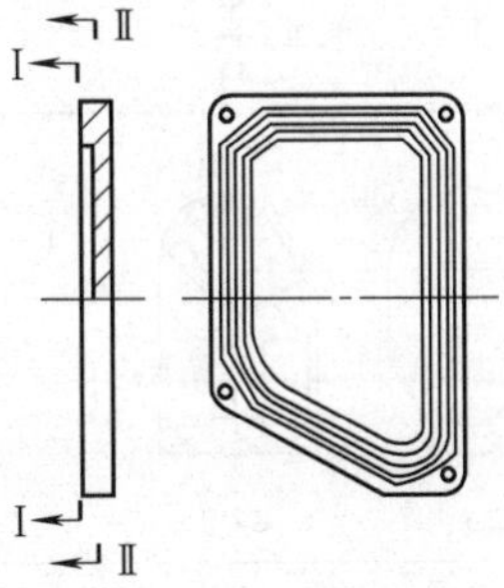	由于三角槽和型芯的脱模斜度明显偏大,选用I-I分型将很难保证铸件随开模动作而留在动模上。II-II分型面,型芯和型腔全都在动模内,铸件黏附在定模内的可能性小,同时能避免金属液直接冲击型芯的锐角部位,有利于型腔的充填和延长模具寿命
圆柱形散热片零件	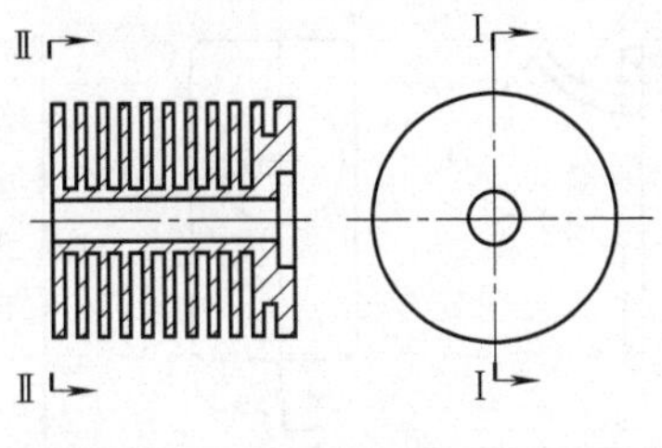	铸件可有I-I和II-II两个相互垂直的分型面,同样都可以获得较好的铸件,两种分型面适用于不同类型的压铸机。I-I分型适用于卧式冷室压铸机,采用侧浇口。II-II分型多数用在以中心浇口为特点的立式压铸机上

零件结构特征	图例	分析
带散热片气缸盖		散热片虽然脱模斜度大,但片数较多,铸件收缩产生的包紧力相当大 Ⅰ-Ⅰ分型面,铸件对动模上的球面型芯所产生的包紧力很小,开模时铸件将留在定模上,无法出模 Ⅱ-Ⅱ分型,铸件可顺利脱出定模,推出元件的位置也能得到较合理的安排
带相互垂直的散热片气缸盖		同类型气缸盖,几何形状略有不同,铸件在模具内的位置可能有较大的变化。由于可以利用侧抽芯机构迫使铸件留在动模上,Ⅰ-Ⅰ分型使大多数散热片根部位于分型面上,比Ⅱ-Ⅱ分型更有利于铸件成型。这样,铸件对型芯的包紧力很小,推出机构也较简便
带嵌件支架零件		在嵌件长度 L 值较小时,Ⅰ-Ⅰ分型面是最理想的分型面;当 L 值较大时,Ⅱ-Ⅱ分型势必增加模具厚度,使模具过于笨重,并影响工艺参数的控制。尤其是当 L 值大到使铸件不能从模具中取出时,更应选择Ⅱ-Ⅱ作为分型面
带轴环架		为了在生产过程中放置嵌件方便,选Ⅰ-Ⅰ分型面,嵌件安放在模具侧抽芯机构的滑动块上,稳定可靠。绝不能选用Ⅱ-Ⅱ分型,利用嵌件强制使铸件脱离定模,将会引起嵌件构动或铸件变形、开裂等缺陷
孔轴线成锐角交叉的零件		Ⅰ-Ⅰ分型,斜孔抽芯轴线在分型面上,需要设置三个侧抽芯机构,生产率较低。Ⅱ-Ⅱ分型,只需要设置一个斜抽芯机构,结构虽然较复杂,但可一模多腔,适用于批量大的小零件
带孔零件		带弯孔零件一般选用Ⅰ-Ⅰ分型,便于设置弯孔抽芯机构;对于弯孔不长、弧度适当的零件可选取Ⅱ-Ⅱ分型面,采用以 A 点为中心的旋转推板推出机构,简化模具结构

续表

零件结构特征	图例	分析
单侧深孔的支架零件	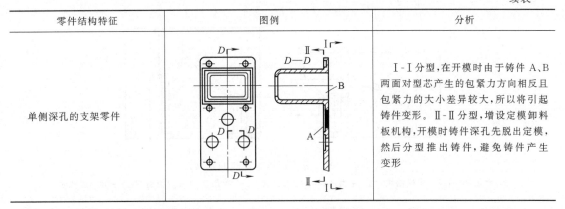	Ⅰ-Ⅰ分型,在开模时由于铸件 A、B 两面对型芯产生的包紧力方向相反且包紧力的大小差异较大,所以将引起铸件变形。Ⅱ-Ⅱ分型,增设定模卸料板机构,开模时铸件深孔先脱出定模,然后分型推出铸件,避免铸件产生变形

5.4.2 典型分型面设计实例

分型面的设计对模具的结构有很大影响,所以设计合理的分型面可以简化模具结构。

(1) 成型位置影响侧抽芯距离的结构实例

图 5-14 所示的压铸件在端部有一个弯管接头,需设置侧抽芯机构。由于分型面成型位置不同,引起侧抽芯距离的变化。图 5-14 (b) 中成型位置的设置形式必须使侧型芯的前端脱离压铸件的正投影区域,才能使压铸件脱出,即这时的侧抽芯距必须大于 S_1。采用图 5-14 (a)的形式,将压铸件倒置摆放,侧抽芯距离只要大于 S,即可脱模。由此可以看出,成型位置的改变使侧抽芯距离有明显的减小。

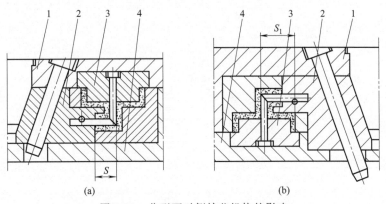

图 5-14 分型面对侧抽芯机构的影响
1—定模板;2—侧滑座;3—主型芯;4—动模板

(2) 改变分型面可避免侧抽芯的实例

在特殊情况下,改变分型面可以避免侧抽芯的复杂结构。如图 5-15 所示的压铸件,当按图 5-15 (a) 的形式分型时,由于在分型面的垂直投影上有相互重叠的尺寸 n,必须设置侧抽芯机构,在消除重叠的区域后,才能使压铸件顺利脱模。现在,考虑到相互重叠的区域不大,采取图 5-15 (b) 的形式,将分型面的倾斜角增大,即消除了正投影面积上的重叠现象,只加设与脱模方向一致的定模型芯 6,在正常状态下开模,即可使压铸件顺利脱模。压铸件上的圆形通孔可采用异形成孔芯 7 成型。

图 5-16 也有类似的情况。压铸件内侧有一个与基准面相对倾斜的立壁。按照图 5-16 (a) 的分型面,就需要设置活动型芯,将压铸件推出后,再用人工从模体中取出,这将影响

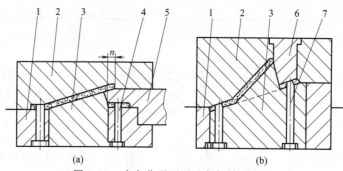

图 5-15　改变分型面可避免侧抽芯（1）

1—动模镶块；2—定模镶块；3—主型芯；4—成孔型芯；5—侧滑芯；6—定模型芯；7—异形成孔芯

压铸生产的效率，并浪费人力。按照图 5-16（b）所示的分型面，将分型面倾斜一个角度，使立壁与脱模方向垂直。开模时，即可将压铸件推出。

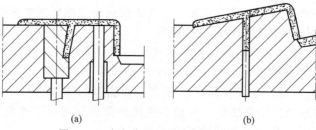

图 5-16　改变分型面可避免侧抽芯（2）

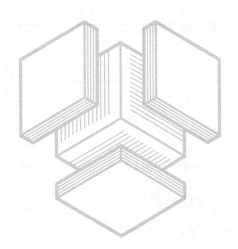

第6章
压铸模浇注和排溢系统设计

6.1 浇注系统基本结构、分类和设计

金属压铸模浇注系统是压铸机压室内熔融的金属液在高温高压高速状态下充填压铸模型腔的通道。它包括直浇道、横浇道、内浇口以及溢流排气系统等。这些通道在引导金属液充填型腔过程中，对金属液的流动状态、速度和压力的传递、排气效果以及压铸模的热平衡状态等各方面都起着重要的控制和调节作用，因此，浇注系统是决定压铸件表面质量以及内部显微组织状态的重要因素。同时，浇注系统对压铸生产的效率和模具的寿命也有直接影响。

浇注系统的设计是压铸模设计的重要环节。既要从理论上对压铸件的结构特点进行压铸工艺的分析，又要有实践经验的应用。因此，浇注系统的设计必须采取理论与实践相结合的方法。

6.1.1 浇注系统结构

根据压铸机的形式和引入金属液的方式不同，压铸模浇注系统的组成形式也有所不同，大体分热压室、立式冷压室、全立式冷压室和卧式冷压室四种。各种压铸机上所用的压铸模浇注系统的结构见表 6-1。

表 6-1 各种类型压铸机浇注系统的结构

压铸机类型	立式冷压室	卧式冷压室
浇注系统		

续表

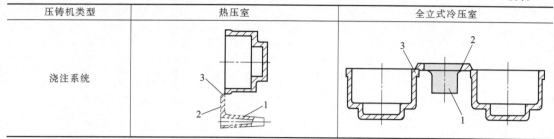

压铸机类型	热压室	全立式冷压室
浇注系统		

注：1—直浇道；2—横浇道；3—内浇口；4—余料。

6.1.2 浇注系统分类

浇注系统的分类见表6-2。

表6-2 浇注系统的分类

类型		结构简图	说 明
按金属液导入方向分类	切向方向	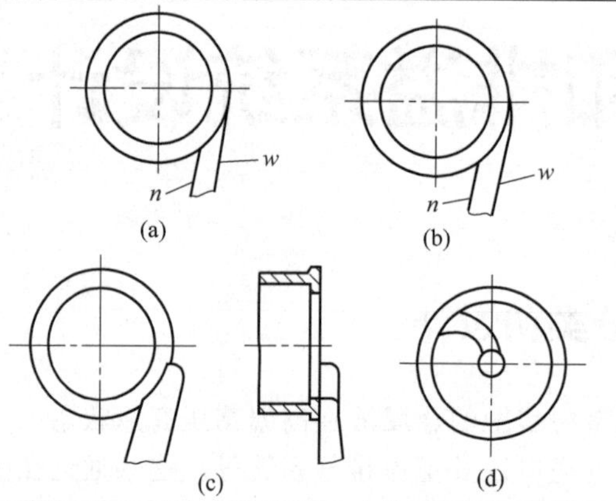	①适用于中小型环形铸件，内边 n 线与型芯相切会导致金属液冲击型芯 ②可按图（b）的方式，内边 n 线离内圈（型芯）一定距离，外边 w 线离铸件外圈（型腔）一定距离，并在端部用圆弧与铸件外圆相连，使金属流沿型腔充填，减轻对型腔的冲刷 ③当环形铸件高度较大时，将内浇口搭在铸件端面，如图（c）所示 ④如果环形铸件的直径较大，内浇口开设在铸件内部，并采用切线形式，成为内切线浇口，如图（d）所示
	径向方向	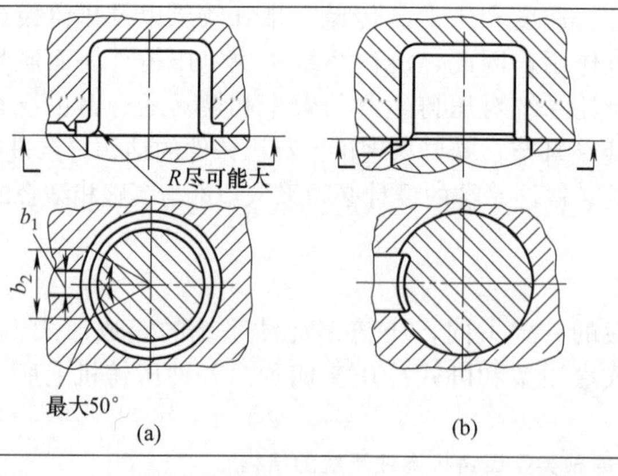	①适用于不宜开设顶浇口或点浇口的杯形铸件 ②图（a）为带法兰边铸件浇注系统的开设方法，杯边的半径 R 只应尽可能大一些，以减轻金属液对型芯的冲击，内浇口的宽度不宜过大，否则杯形底部的气体不易排出 ③图（b）为不带法兰边压铸件浇注系统的布置方式
按浇口位置分类	中心浇口	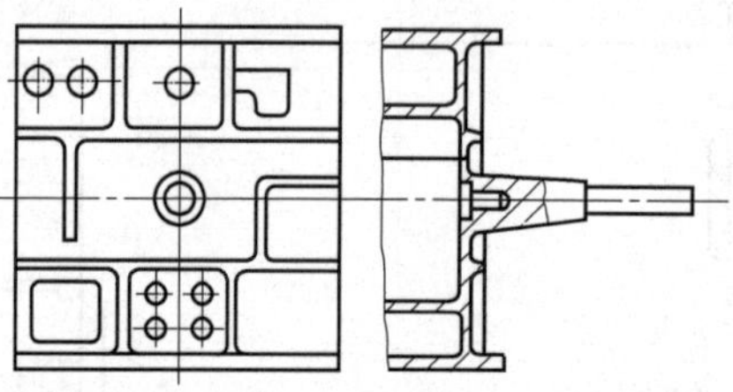	①铸件平面上带有孔时，浇口开在孔上，同时在孔处设置分流锥 ②金属液从型腔中心部位导入，流程短 ③模具结构紧凑 ④铸件和浇注系统、溢流系统在模具分型面上的投影面积小，可改善压铸机的受力状况 ⑤用于卧式压铸机时，压铸模要增加辅助分型面 ⑥浇注系统金属消耗量较少

类型		结 构 简 图	说 明
	顶浇口	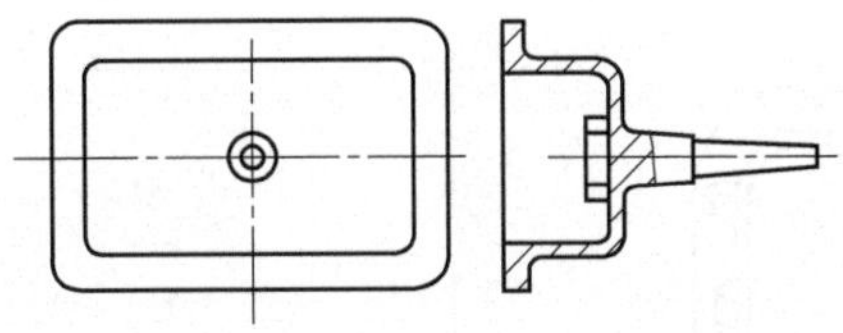	①是中心浇口的特殊形式 ②铸件顶部没有孔,不能设置分流锥,内浇口截面积较大 ③压铸件与直浇道连接处形成热节,易产生缩孔 ④浇口需要切除
按浇口位置分类	侧浇口	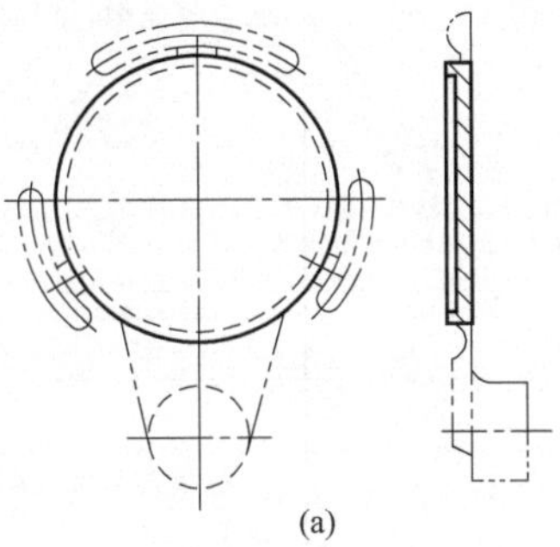 (a) 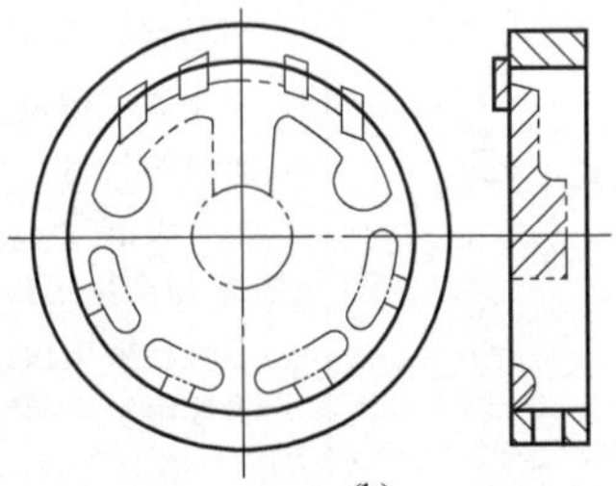 (b)	①适应性强,可按铸件结构特点,布置在铸件外侧面[图(a)] ②铸件内孔有足够位置时,可布置在内侧面,使模具结构紧凑,又可保持模具热平衡 ③去除浇口较方便
按浇口形状分类	环形浇口	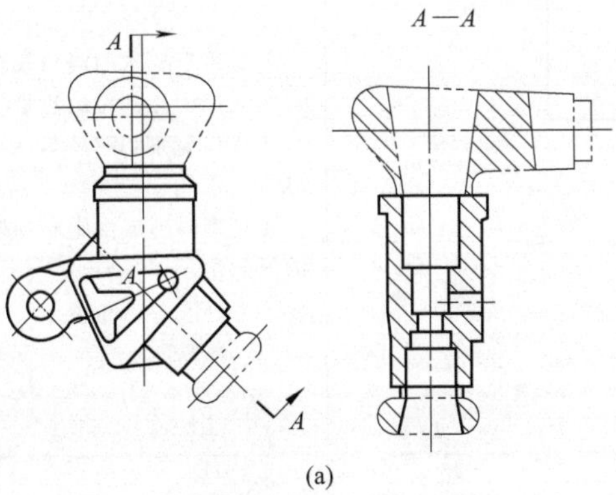 (a) 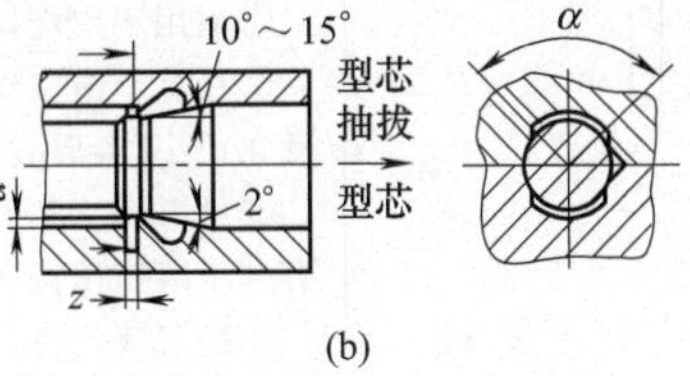 (b)	①金属液沿型壁充填型腔,避免正面冲击型芯,排气条件良好 ②在环形浇口和溢流槽处可设推杆,使压铸件上不留推杆痕迹 ③增加浇注系统金属消耗量 ④浇口需要切除 ⑤锥角 $\alpha \leqslant 90°$,环形浇口靠近分型面部位不开通,可以防止金属液过早封闭分型面[图(b)]

类型	结构简图	说 明
按浇口形状分类 — 缝隙浇口		内浇口设置在型腔深处,成长条缝隙顺序充填,排气条件较好
按浇口形状分类 — 点浇口		①作为中心浇口和顶浇口的一种特殊形式 ②金属液由铸件顶部充填型腔,流程短 ③改善压铸机受力状况,提高压铸模有效面积的利用 ④金属液导入型腔处,受金属液直接冲击,容易产生飞溅和粘模现象 ⑤模具结构较复杂 ⑥常用于外形对称的薄壁压铸件
按横浇道过渡区形式分类 — 扇形浇道系统		①适用于要求内浇口较窄的压铸件 ②浇口中心部位的流量较大 ③浇口宽度(W)不宜大于扇形浇道长度(L) ④充型时形成由中心到外侧变化0°~45°的流向角
按横浇道过渡区形式分类 — 锥形切线浇道系统		①适用于内浇口较宽的压铸件 ②在整个内浇口宽度上金属液的流向角变化很小,金属液的流动方向可控 ③可以最大限度地减小金属液的流程,有利于薄壁压铸件的生产 ④加工较复杂

6.1.3　浇注系统设计主要内容

①　根据压铸件的外形尺寸、重量和在分型面上的正投影面积，并根据现场设备的实际情况，选定所采用的压铸机的种类、型号以及压室直径等。当选用立式冷压室压铸机或热压室压铸机时，还要选用适当的喷嘴，使喷嘴形状与浇注系统相适应。

②　对压铸件的尺寸精度、表面和内部质量的要求，承受负荷状况、耐压、密封要求等进行综合分析，确定金属液进入型腔的位置方向和流动状态。

③　对压铸件的复杂程度、结构特点以及加工基准面进行分析，结合分型面的选择，确定浇注系统的总体结构和各组成部分的主要尺寸。

④　分析金属液的流动状况，确定溢流槽和排气道的位置。

⑤　根据金属液的流动对模具温度的影响，确定合适的模温调节措施。

6.2　内浇口设计

内浇口是指横浇道末端到型腔的一段浇道，是引导熔融的金属液以一定的速度、压力和时间充填成型型腔的通道。内浇口的作用是根据压铸件的结构、形状、大小，以最佳流动状态把金属液引入型腔而获得优质的压铸件。因此，设计内浇口时，主要是确定内浇口的位置和方向以及内浇口的截面尺寸，预计金属液在充填过程中的流态，并分析可能出现的死角区或裹气部位，从而在适当部位设置有效的溢流槽和排气槽。由于影响内浇口的因素很多，它对压铸件质量影响也最大，所以设计方案也很多。

6.2.1　内浇口基本类型及作用

根据压铸件的外形和结构特点以及金属液充填的流向，可将内浇口的基本类型归纳为表6-3所列的几种。

表 6-3　内浇口的基本类型

基本类型	结 构 简 图	特点及应用
扁平侧浇口	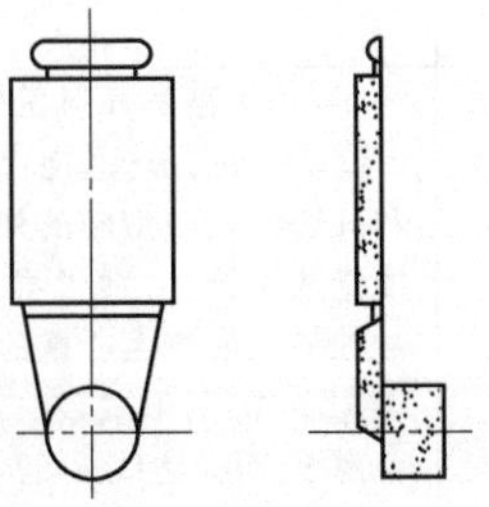 (a) 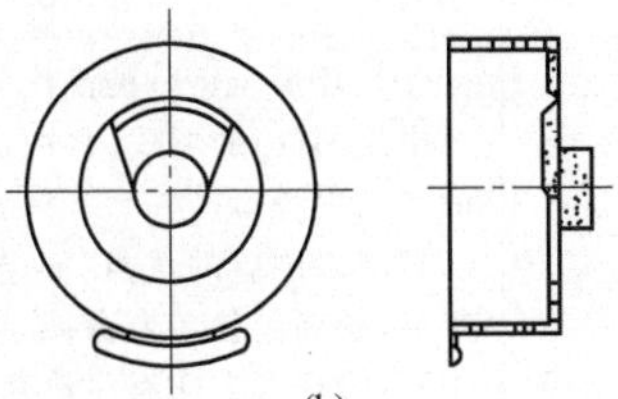 (b)	①最常见的内浇口形式 ②图(a)适用于多种压铸件,特别适用于平板形的压铸件 ③当环状或框状压铸件的内孔有足够的位置时,可采用图(b)的形式,将内浇口布置在压铸件的内部。这样,既可使模具结构紧凑,又可保证模具的热平衡

基本类型	结 构 简 图	特点及应用
端面侧浇口	(a) (b)	①图(a)所示的盒类压铸件,采用端面侧浇口,使金属流首先充填可能存留气体的型腔底侧,将底部的气体有序排出后,再逐步充满型腔,避免压铸件中气孔缺陷的产生 ②图(b)所示的环状压铸件,为了避免金属液正面冲击型腔,可采用从孔的中心处进料,使模具结构紧凑。在充填过程中,也可使型腔内的气体有序地排出 侧浇口的共同特点:a. 浇口的截面形状简单,易于加工,并可根据金属液的流动状况随时调整截面尺寸,以改善压射条件;b. 浇口的位置可根据压铸件的结构特点灵活选择;c. 浇口的厚度较小,当高压、高速的金属液通过时,因挤压和剪切作用,金属液再次加热升温,改善了流动状态,便于成型;d. 应用范围广;e. 容易去除注余料,不影响压铸件的外观
梳状内浇口	5 4 3 2 1 D 1—直浇道;2—主横浇道;3—过渡横浇道; 4—内浇口;5—溢流槽	①侧浇口的一种特殊形式,在框形、格形、多片形和多孔的压铸件中广泛应用 ②横浇道分主横浇道和过渡横浇道两部分,多个截面尺寸相同的扁平浇口组成梳状内浇口,金属液在整个内浇道宽度上可保持均匀的内浇道速度,避免涡流,并在型腔的整个宽度上保持比较均匀的流速,可同时填满型腔 ③各个梳状内浇口的宽度和深度可以相同,但也可以有所差别。比如,可根据实际状况适当调整两侧内浇口的截面积,以提高旁侧内浇口的金属液流量,使结构更趋于合理 ④在设置溢流槽时,也应开设多个梳状溢流口,并与各相对应的扁平浇口错开,以保证金属液在充满浇注终端的各个部位后,再流入溢流槽中
切向内浇口	S n h (a) n h (b) (c)	①中、小型的环形压铸件多采用的形式 ②图(a)的形式,浇口的内边线 n 与型芯的内径和外边线 h 与型腔的外径均呈切线走向。但对于薄壁的压铸件,常常导致金属流冲击型芯而产生冲蚀型芯或产生严重的黏附现象 ③图(b)的形式,浇口的内边线 n 向外偏离一个距离 S,而外边线 h 也外移一个距离,在端点用圆弧与型腔外壁相交,可避免冲蚀型芯或黏附现象,但应考虑浇口余料的清除问题 ④当环形压铸件的高度较大,为提高充填效果,可采用图(c)的形式,将内浇口搭在端面上形成端面切向内浇口 切向内浇口的优点:a. 金属液不直接冲击成型零件,提高了使用寿命;b. 金属液从切线方向进入型腔,沿环形方向有序地充填;c. 克服了由正面进料时两股金属流在温度下降的状况下相遇而产生冷隔的压铸缺陷

续表

基本类型	结 构 简 图	特 点 及 应 用
环形内浇口		①多在深腔的管状压铸件上应用 ②在圆筒形压铸件一端的整个圆周的端部开设环状内浇口，也可以将环形内浇口沿环形浇口分隔成若干段或只有一两段，在压铸件的另一端则开设与此相对应的溢流槽 ③金属液从型腔的一端沿型壁注入，可避免正面冲击型芯和型腔，将气体有序地排出，使充填条件良好。同时，在内浇口或溢流槽处可设置推杆，使压铸件上不留推杆痕迹 ④浇口余料的切除比较麻烦
中心内浇口		①适用于压铸件的几何中心带有通孔的情况 ②内浇口开在通孔上，成型孔的型芯上设置分流锥，金属液从型腔中心导入。清除浇口余料时，为保持压铸件内孔的完整，一般使分流锥的直面高出压铸件端面 $h=(0.5\sim1)\,\mathrm{mm}$ 中心内浇口的特点：a. 金属液流流程短，各部的流动距离也较为接近，可缩短金属液的充填时间和凝固时间；b. 减少模具分型面上的投影面积，并改善压铸机的受力状况；c. 模具结构紧凑
轮辐式内浇口		①是中心浇口的变通形式，具有中心浇口的优点，适用于压铸件的中心孔直径较大的情况 ②内浇口分成几个分浇口，可获得最佳的充填流束 ③由于多股进料，在各股金属液的相遇处易产生冷隔缺陷，因此必须在此处设置溢流槽
点浇口		①中心浇口的特殊形式 ②适用于结构对称、壁厚均匀的罩壳类压铸件 ③高速的金属流在冲击型芯后，立即弥散形成雾状，对充填不利，并使型芯局部温度升高，模具产生较大的温差，影响压铸件的表面质量，离浇口区域越远表面质量越差，会有表面疏松、冷纹和冷隔等压铸缺陷 ④由于点浇口的直径相对较小，使金属液流过内浇口的速度增大，它猛烈地冲击到型芯一个极小的区域，使该区域出现严重黏附或出现过早的冲蚀现象，所以这个局部区域应设计成可以更换的镶块结构 ⑤多用于热压室和立式冷压室的压铸模。当用于卧式冷压室压铸模时，必须增设一个辅助分型面，以便于取出余料

6.2.2　内浇口位置设计

设计内浇口时，最重要的是确定内浇口的位置、形式和导流方向。应根据压铸件的形状和结构特征、壁厚变化、收缩变形以及模具分型面等各种因素的影响，分析金属液在充填时的流态和充填速度的变化，以及预计充填过程中可能出现的死角区、裹气和产生冷隔的部位，并布置适当的溢流和排气系统。

内浇口的设计要点如下。

① 内浇口位置应使金属液的流程尽可能短，以减少充填过程中金属液能量的损耗和温度的降低。

② 浇口位置应使金属液流至型腔各部位的距离尽量相等，以达到各个分割的远离部位同时填满和同时凝固。

③ 尽量减少和避免金属流过多的曲折和迂回，从而达到包卷气体少、金属流汇集处少和涡流现象少的效果。

④ 除非大型或箱体框架类特殊形状的压铸件，一般应尽可能采用单个的内浇口，尽量少用分支浇口。当必须采用多个分支浇口时，应注意防止多路金属液流互相撞击，形成涡流，产生裹气或氧化物夹杂以及冷隔等压铸缺陷。

⑤ 金属液进入型腔后，不应过早地封闭分型面、溢流槽和排气道，以便于型腔内气体有序地顺利排出。

⑥ 从内浇口进入型腔的金属液流，不应正面冲击型芯、型壁或螺纹等，力求减少动能损耗。型芯或型壁被金属液流冲蚀后，会产生粘模现象，严重时会使该处形成凹陷，影响压铸件脱模，有时甚至产生局部的早期热裂倾向。同时易形成分散的滴液与空气相混，使压铸件压铸缺陷增多。

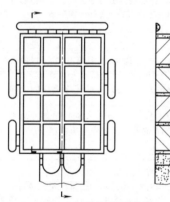

图 6-1 带格的压铸件

图 6-1 是一个带格的压铸件。为了使金属液不正面冲击多个型芯，采用多股的缝隙侧浇口进料。它是梳状内浇口的变异形式，只是为了满足高型腔大型压铸件的充填需要。采用多股窄缝充填，缩短了充填时间。这种形式对框形、多孔形、多片形或其他大型的压铸件都很实用。

⑦ 内浇口位置应尽可能设置在压铸件的厚壁处，使金属液由厚壁处向薄壁处有序充填，有利于最终补缩压力的传递。

⑧ 内浇口位置应使浇口余料易于切除和清理。内浇口与型腔连接处应以圆弧或小倒角过渡连接，以便在清除内浇口余料时不损坏压铸件的基体表面。

⑨ 从内浇口进入型腔的金属液流，应首先充填深腔处难以排气的部位，避免因围拢气体而产生压铸缺陷。

⑩ 根据压铸件的技术要求，凡尺寸精度或表面粗糙度要求较高或不再加工的部位均不宜设置内浇口。

⑪ 薄壁压铸件的内浇口的厚度要小一些，以保证必要的充填速度。

⑫ 内浇口位置应使压铸模型腔温度场的分布符合工艺要求，以便尽量满足金属液流至最远的型腔部位的充填条件。

⑬ 内浇口的位置应有利于金属液的流动。带有加强肋和散热片以及带有螺纹或齿轮的压铸件，内浇口的位置应使金属液流在进入型腔后顺着它们的方向流动，以防产生较大的流动阻力，如图 6-2 所示。

⑭ 近似长方形、扁平状的压铸件，应尽可能在窄边上开设内浇口，以便金属液在充填时形成尽可能长的自由流束，使料流通畅，排气良好，有利于获得良好的表面质量。如图 6-3（a）所示的形式；为协调模体的结构形状，也可采用图 6-3（b）的布局形式。如果从宽边进料，容易产生料流紊乱、熔接不良等压铸缺陷。

6.2.3 内浇口截面积的确定

内浇口的截面积直接决定着内浇口速度和充填时间。当内浇口速度选定后，内浇口的截

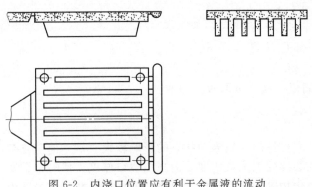

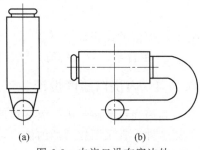

图 6-2　内浇口位置应有利于金属液的流动　　　　图 6-3　内浇口设在窄边处

面积过大，金属液充填型腔的时间过短，使型腔内的气体来不及排出而产生气孔等压铸缺陷。如果内浇口的截面积过小，则延长了充填时间，在充填过程中，部分金属液冷却过快，产生型腔充填不满的现象。

为了取得理想的充填时间，在内浇口截面积不变的情况下，调整作用在金属液上的压射压力和压射冲头的速度，也能改变金属液的充填时间，但是这个调整的范围很小，况且还要考虑压铸机的承载能力。因此，在设计过程中，预先确定内浇口的截面积是重要的设计内容。

目前，在压铸实践中，是以金属液在一定速度和预定的时间内充满型腔作为主要计算依据。

内浇口计算方法很多，在生产实践中，主要结合具体条件按经验选用，常用的经验公式为

$$A_g = \frac{G}{\rho v_g t} \tag{6-1}$$

式中　A_g——内浇口截面积，mm^2；

　　　G——通过内浇口的金属液质量，g；

　　　ρ——液态金属的密度，见表 6-4，g/cm^3；

　　　v_g——内浇口处金属液的流速（充填速度），见表 6-5，m/s；

　　　t——型腔的充填时间，见表 6-6，s。

表 6-4　液态金属的密度值

合金种类	铅合金	锡合金	锌合金	铝合金	镁合金	铜合金
$\rho/(g/cm^3)$	8～10	6.6～7.3	6.4	2.4	1.65	7.5

表 6-5　充填速度推荐值

合金种类	铝合金	锌合金	镁合金	黄铜
充填速度/(m/s)	20～60	30～50	40～90	20～50

注：当铸件的壁很薄，且表面质量要求较高时，选用较高的充填速度值；对力学性能，如抗拉强度和致密度要求较高时选用较低的值。

表 6-6　充填时间推荐值

铸件平均厚度 b/mm	型腔充填时间/s	铸件平均厚度 b/mm	型腔充填时间/s
1.5	0.01～0.03	3.0	0.05～0.10
1.8	0.02～0.04	3.8	0.05～0.12
2.0	0.02～0.06	5.0	0.06～0.20
2.3	0.03～0.07	6.4	0.08～0.30
2.5	0.04～0.09		

说明如下。

① 铸件平均壁厚 b，按下式计算。

$$b = \frac{b_1 S_1 + b_2 S_2 + b_3 S_3 + \cdots}{S_1 + S_2 + S_3 + \cdots} \tag{6-2}$$

式中，b_1、b_2、b_3、$\cdots$ 为铸件某个部位的厚度，mm；S_1、S_2、S_3、$\cdots$ 为 b_1、b_2、b_3、$\cdots$部位的面积，mm^2。

② 铝合金取较大的值，锌合金取中间值，镁合金取较小的值。

6.2.4 内浇口厚度设计

在内浇口截面积中，内浇口厚度对形成良好的充填流动状态的影响较大。对于薄壁复杂的压铸件，宜采用较薄的内浇口，以保证必要的内浇口速度。但当内浇口厚度太薄时，金属液流中的微小杂质，如偏析、夹杂物、氧化物等杂质都会导致内浇口的局部堵塞，缩小了内浇口的有效流动面积。同时，进入型腔的金属液很容易产生雾化现象，从而堵塞排气道，而裹卷型腔内的气体产生压铸缺陷。当内浇口厚度较厚时，则有利于降低充填速度。同时，内浇口凝固时间几乎以内浇口厚度的二次方增加，这样有利于补缩压力的传递。因此，在不影响压铸件表面和不增加去除内浇口成本的情况下，可尽量增加内浇口的厚度。

① 内浇口厚度的经验数据如表 6-7 所示。

表 6-7　内浇口厚度的经验数据

铸件厚度/mm	0.6~1.5		1.5~3		3~6		>6
合金种类	复杂件	简单件	复杂件	简单件	复杂件	简单件	与铸件厚度之比/%
	内浇口厚度						
锌合金	0.4~0.8	0.4~1.0	0.6~1.2	0.8~1.5	1.0~2.0	1.5~2.0	20~40
铝合金	0.6~1.0	0.6~1.2	0.8~1.5	1.0~1.8	1.5~2.5	1.8~3.0	40~60
镁合金	0.6~1.0	0.6~1.2	0.8~1.5	1.0~1.8	1.5~2.5	1.8~3.0	40~60
铜合金		0.8~1.2	1.0~1.8	1.0~2.0	1.8~3.0	2.0~4.0	40~60

内浇口宽度也应该适当选取，宽度太大或太小会使金属液直冲对面的型壁，产生涡流，将空气和杂质包住而产生废品。

内浇口的长短直接影响铸件质量，内浇口太长，影响压力传递，降温大，铸件表面易形成冷隔花纹等。内浇口太短，进口处温度容易升高，加快内浇口磨损，且易产生喷射现象。

内浇口宽度和长度的经验数据如表 6-8 所示。

表 6-8　内浇口宽度和长度的经验数据

内浇口进口部位压铸件形状	内浇口宽度	内浇口长度	说　明
矩形或长方形板件	压铸件边长的 0.6~0.8 倍	2~3mm	指从压铸件中轴线处侧向注入，如离轴线一侧的端浇道或点浇口则不受此限
圆形板件	压铸件外径的 0.4~0.6 倍	2~3mm	内浇口以割线注入
圆环形、圆筒形	压铸件外径和内径的 0.25~0.3 倍		内浇口以切线注入
方框形	压铸件边长的 0.6~0.8 倍		内浇口从侧壁注入

② 点浇口设计。结构对称、壁厚均匀的罩壳类压铸件，可采用点浇口。点浇口的结构形式见图 6-4 所示。

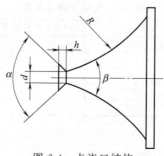

图 6-4　点浇口结构

点浇口直径和其他部分尺寸的推荐值见表 6-9 和表 6-10。

表 6-9　点浇口直径推荐值

铸件投影面积/mm²		≤80	80~150	150~300	300~500	500~750	750~1000
直径 d/mm	简单铸件	2.8	3.0	3.2	3.5	4.0	5.0
	中等复杂铸件	3.0	3.2	3.5	4.0	5.0	6.5
	复杂铸件	3.2	3.5	4.0	5.0	6.0	7.5

注：表中数值适用于铸件厚度在 2.0~3.5mm 范围内的铸件。

表 6-10　点浇口其他部分尺寸推荐值

直径 d/mm	<4	<6	<8	进口角度 β/(°)	45~60
厚度 h/mm	3	4	5	圆弧半径 R/mm	30
出口角度 α/(°)	60~90				

6.3　横浇道设计

横浇道是指从直浇道的末端到内浇口前端之间的通道。有时横浇道可划分为主横浇道和过渡横浇道，见图 6-5 所示。

横浇道应符合下列要求。

① 提供稳定的金属液流。

② 对金属液的流动有较小的阻力。

③ 金属液在流动时包卷的气体量少。

④ 对型腔的热平衡提供良好的条件。

⑤ 使金属液有适宜的凝固时间，既不妨碍补缩压力的传递，又不延长压铸的循环周期。

⑥ 金属液流过横浇道时热量损失应最少。

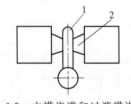

图 6-5　主横浇道和过渡横浇道
1—主横浇道；2—过渡横浇道

6.3.1　横浇道基本形式

横浇道的基本形式见表 6-11。

表 6-11　横浇道的基本形式

类型	图　例	说　明
扇形横浇道	(a)　　　　(b)	扇形浇道是较常用的浇道形式,浇口中心部位流量较大,浇道截面积保持不变或收敛式变化,以保持金属液在浇道内流速不变或均匀加速 图(a)为直线扇形浇道,图(b)为曲线扇形浇道,前者易加工,应用较多 扇形横浇道入口处的截面积为内浇口截面积的 1.5~3.0 倍,开口角 α≤90°

类型	图 例	说 明
等宽横浇道	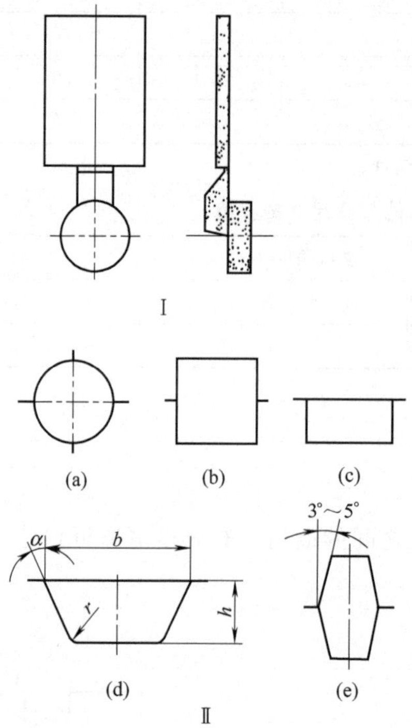 I （a） （b） （c） （d） （e） II	等宽浇道是扇形浇道的一种特殊形式,是最简单的横浇道,其截面形状如图II 图(a)是圆形截面的横浇道,散热面积小,金属液冷却速度较慢,但加工比较困难,故较少采用 图(b)和图(c)分别为正方形和矩形截面的横浇道,它们的散热速度较快,并可通过设计不同的长宽比例来调节,加工也比较方便 图(d)是梯形截面的横浇道,利于横浇道余料顺利脱出,实践中常采用 图(e)是窄梯形截面的横浇道,在特殊情况下采用 梯形截面横浇道的几何尺寸如下: 横浇道的截面积 A_h 为内浇口截面积 A_n 的 $2\sim4$ 倍,横浇道厚度 h 为铸件平均壁厚 t 的 $1.5\sim2$ 倍,此外 $$\alpha=10°\sim15°\quad r=2\sim3$$ $$b=(1.25\sim3)A_n/h$$
T形横浇道	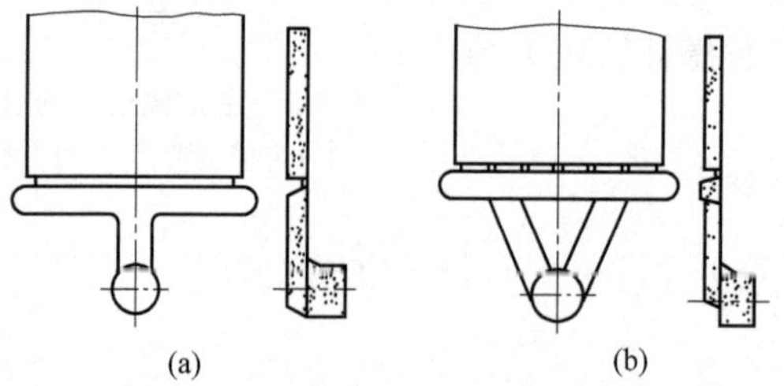 （a） （b）	金属液在浇道内流动稳定,均衡充填型腔,常用于梳状内浇口的场合 图(a)形式的T形横浇道,其内浇口正对着主横浇道的部位,金属液流量较大 图(b)形式的T形横浇道,因金属液流分成两股流入过渡横浇道,充填状态更加良好
锥形切向横浇道	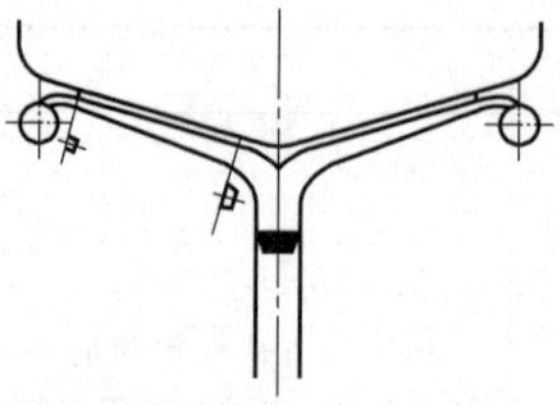	过渡横浇道截面积沿金属液流动方向逐渐减小,金属液的流态可控,由于最大限度地减少金属液的流程,有利于薄壁压铸件的生产
环形横浇道	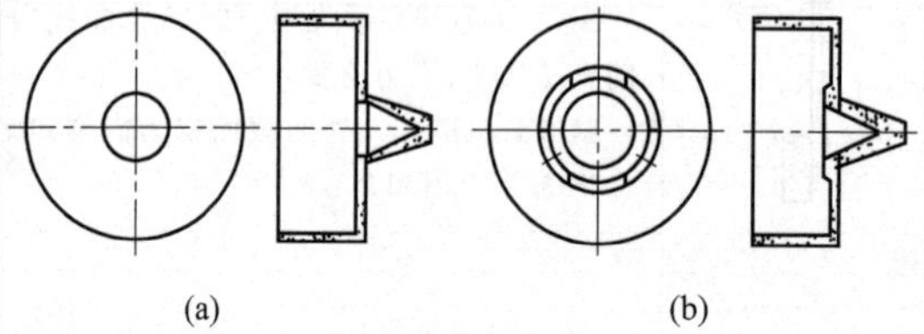 （a） （b）	底面有通孔的压铸件,采用中心浇口时,过渡横浇道便呈圆环形,从中心向周围内浇口过渡采用收敛形式 通孔较小时,采用图(a)的结构形式,直浇道的出口部位设置分流锥 通孔较大并有足够的空间时,采用图(b)的形式,在型芯的对应位置开设环形浇道,并设置分流锥

6.3.2 多型腔横浇道的布局

生产大而复杂的压铸件，大多采用单腔的压铸模。而形状较为简单的小型压铸件，当生产批量较大时，为了提高压铸生产的效率、降低综合制模成本，通常多采用多型腔压铸模。多型腔压铸模上的型腔可以设置相同的，也可以设置不同种类的。

一模多腔压铸模横浇道的布局形式应视各型腔的布局而定。多型腔位置的布局，应根据各压铸件的结构特点、金属液的流动状况以及模具温度的热平衡综合考虑，使各个型腔的压铸工艺条件尽可能地达到一致。

多型腔模横浇道的布局形式大体有如下几种。

（1）直线排列

图 6-6 是直线排列式横浇道。在一般情况下，压铸小型压铸件多采用图 6-6（a）的形式。采用图 6-6（a）的形式时，在金属液压入主横浇道的瞬间，金属液在 M 处开始分流，金属液的主流向前流动的同时，有小股金属液流在很小的过压作用下，从过渡横浇道流入就近的型腔，形成预填状态，并且这种情况重复出现。这样就使每个型腔都流入少量的金属液。当金属液的主流到达主横浇道的前端时，产生相应的冲击压力，自上而下地依次充填型腔。因为预充填的金属液是在很小压力作用下进入型腔的，而且在瞬间其温度会有明显降低，甚至接近冷却状态，这时它们与后来进入的主流金属液不容易熔合。这种充填时间差会使压铸成型效果下降，离直浇道近的压铸件通常容易产生压铸缺陷。采用图 6-6（b）和图 6-6（c）的直线排列形式，可以改善以上出现的问题。图 6-6（b）中过渡横浇道采用了反向倾斜的进料方式，减少了预充填状况，最多只是部分的金属液预先达到内浇口。图 6-6（c）中过渡横浇道采用不同的反向倾斜的进料方式，即过渡横浇道由远而近，反向倾斜角依次递增。这些反向倾斜的进料方式显著提高了压铸效果，压铸件的压铸缺陷明显降低。

图 6-7 是双直线排列形式。直线排列式横浇道由于大多采用反向进料的结构形式，不同程度地增大了涡流现象的产生。因此，应设置有效的溢流槽和排气道。但是，对致密性要求较高的压铸件，不推荐采用反方向设置横浇道的方式。

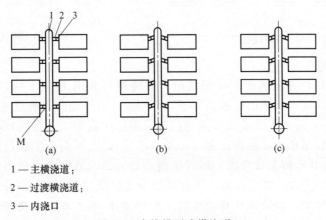

1—主横浇道；
2—过渡横浇道；
3—内浇口

图 6-6 直线排列式横浇道

（2）对称排列

较大型的压铸件可采用图 6-8 所示的对称排列横浇道。从直浇道压入的金属液，经过均匀分叉的横浇道进入型腔。这样可保证双模腔具有相同的压铸工艺条件，模体的受力也较平衡。

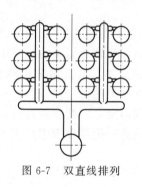
图 6-7 双直线排列

图 6-8 对称排列

长矩形压铸件在卧式冷压室压铸机上，可采用图 6-9 所示的双腔排列横浇道。图 6-9（a）采用金属液分别从窄边平行进料，形成稳定而均匀的金属流束，并以相同的速度充满型腔。在内浇口对面设置溢流槽，容纳混有气体和冷污的金属液。图 6-9（b）和图 6-9（c）都是采用从长边的一端进料，金属液进入型腔而冲击对面腔壁后，迂回转向型腔的另一端，并充满型腔。由于金属液的转向，容易产生液流紊乱或出现涡流的现象，所以必须在金属液充填的终端区域设置足够大的溢流槽和排气槽。

长矩形的压铸件采用双腔排列的横浇道，既能满足卧式冷压室压铸机的工艺需要，又能提高压铸效率。并且，模具结构紧凑，制模的综合成本明显降低，模体受力均匀，模具温度也容易达到热平衡。

（3）梳状排列

图 6-10 所示是梳状排列横浇道。这种形式具有梳状内浇口和 T 形横浇道的特点。

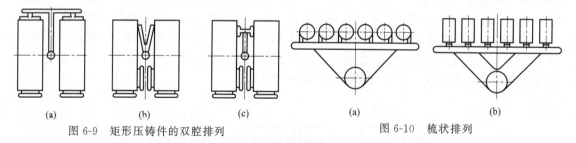

(a)　　(h)　　(c)
图 6-9　矩形压铸件的双腔排列

(a)　　(b)
图 6-10　梳状排列

（4）环绕排列

当各型腔的布局与直浇道的距离相同时，横浇道可采用图 6-11 所示的环绕排列形式。这种排列使金属液在基本相同的压铸条件下，分别流入各个型腔，满足同时填满、同时冷却的原则。图 6-11（a）是在立式冷压室压铸机上采用的排列形式。型腔环绕在直浇道的四周均匀排布，各个型腔可单独设置横浇道（如左半部分），也可两个型腔设置一个共同的横浇道（如右半部分）。从压铸条件考虑，后者比前者好，因为共用横浇道可伸展延长，延长段 L 起溢流槽的作用。同时，加工省力，用料也较节省。图 6-11（b）是卧式冷压室压铸机采用的形式。压铸过程中，金属液从直浇道经主横浇道 K 压入环形横浇道 R。这时，金属液在压射压力作用下产生离心作用，将被推向环形横浇道 R 的外壁，并依次流入各个型腔，直到完全充满。

（5）其他形式的排列

由于压铸件的结构不同，多型腔模型腔和横浇道的布局也各不相同。常用的横浇道的排列形式如图 6-12 所示。大体上有平直分支式、斜向分支式以及圆弧分支式等多种。在实践中，根据压铸件的结构特点而定。

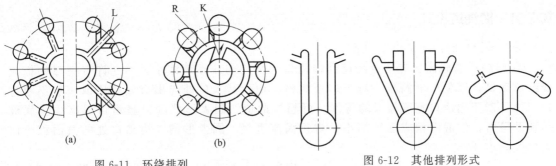

图 6-11　环绕排列　　　　　　　　　　图 6-12　其他排列形式

6.3.3　横浇道与内浇道的连接

根据压铸件的结构特性，金属液的进料方式大体有侧面进料、平接进料、端面进料和环形进料。横浇道与内浇口的连接形式决定了金属液的进料方式和进料方向。

横浇道与内浇口的连接形式见表 6-12。

表 6-12　横浇道与内浇口的连接形式

简　图	说　明	简　图	说　明
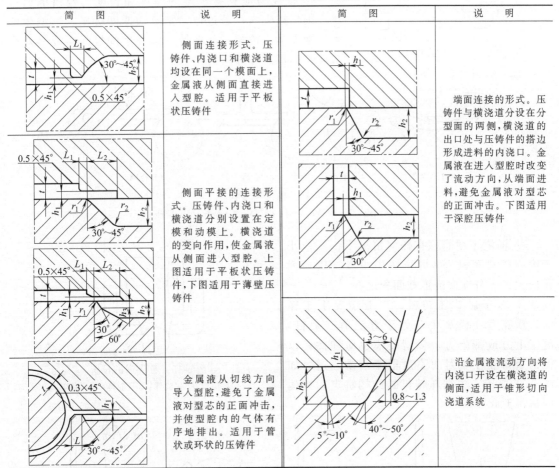	侧面连接形式。压铸件、内浇口和横浇道均设在同一个模面上，金属液从侧面直接进入型腔。适用于平板状压铸件		端面连接的形式。压铸件与横浇道分设在分型面的两侧，横浇道的出口处与压铸件的搭边形成进料的内浇口。金属液在进入型腔时改变了流动方向，从端面进料，避免金属液对型芯的正面冲击。下图适用于深腔压铸件
	侧面平接的连接形式。压铸件、内浇口和横浇道分别设置在定模和动模上。横浇道的变向作用，使金属液从侧面进入型腔。上图适用于平板状压铸件，下图适用于薄壁压铸件		
	金属液从切线方向导入型腔，避免了金属液对型芯的正面冲击，并使型腔内的气体有序地排出。适用于管状或环状的压铸件		沿金属液流动方向将内浇口开设在横浇道的侧面，适用于锥形切向浇道系统

注：1. 表内图中符号，L_1—内浇口长度，mm，一般取 $L_1=2\sim3$mm；L_2—内浇口延长段长度，mm；h_1—内浇口厚度，mm；h_2—横浇道厚度，mm；h_3—横浇道过渡段厚度，mm；r_1—横浇道出口处圆角半径，mm；r_2—横浇道底部圆角半径，mm。

2. 各数据之间的相互关系如下：

$$h_2>2h_1 \qquad r_1=h_1 \qquad r_2=\frac{1}{2}h_2 \qquad L_2=3L_1$$

6.3.4　横浇道设计

横浇道设计时需注意以下内容。

① 横浇道的截面积应从直浇道到内浇口保持均匀或逐渐缩小，不允许有突然的扩大或缩小现象，以免产生涡流。对于扩张式横浇道，其入口处与出口处的比值一般不超过 1∶1.5，对于内浇口宽度较大的铸件，可超过此值。圆弧形状的横浇道可以减少金属液的流动阻力，但截面积应逐渐缩小，防止涡流裹气。圆弧形横浇道出口处的截面积应比入口处减小 10%～30%。

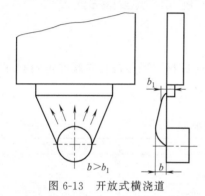

图 6-13　开放式横浇道

② 横浇道应平直或略有反向斜角，如图 6-13 所示。而不应该设计成曲线，如图 6-14（a）、（b）所示，以免产生包气或流态不稳。

③ 对于小而薄的铸件，可利用横浇道或扩展横浇道的方法来使模具达到热平衡，容纳冷污金属液、涂料残渣和气体，即开设盲浇道，如图 6-15 所示。

④ 横浇道应具有一定的厚度和长度，若横浇道过薄，则热损失大；若过厚，则冷却速度缓慢，影响生产率，增大金属消耗。其保持一定长度的目的主要是对金属液起到稳流和导向的作用。

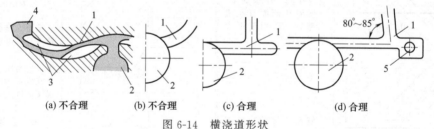

(a) 不合理　　(b) 不合理　　(c) 合理　　(d) 合理

图 6-14　横浇道形状

1—横浇道；2—余料；3—包住气体；4—型腔；5—推杆

⑤ 横浇道截面积在任何情况下都不应小于内浇口截面积。多腔压铸模主横浇道截面积应大于各分支横浇道截面积之和。

⑥ 对于卧式压铸机，一般情况下工作时，横浇道在模具中应处于直浇道（余料）的正上方或侧上方，多型腔模也应如此，以保证金属液在压射前不过早流入横浇道，如图 6-16 所示。根据压铸机的结构特点，其他压铸机无此要求。

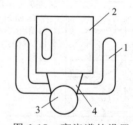

图 6-15　盲浇道的设置

1—盲浇道；2—铸件；3—余料；4—横浇道

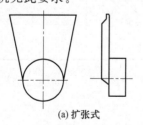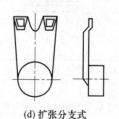

(a) 扩张式　　(b) 圆弧收缩式　　(c) 多通式　　(d) 扩张分支式

图 6-16　卧式冷室压铸机横浇道位置

⑦ 对于多型腔的情况，有时将横浇道末端延伸，布置溢流槽，以利于排除冷料和残渣，且有利于改善排气条件。

6.4 直浇道设计

直浇道是传递压力的首要部分，直浇道的结构形式因压铸机类型的不同，可分为热压室压铸模直浇道、卧式冷压室压铸模直浇道和立式冷压室压铸模直浇道。

6.4.1 热压室压铸模直浇道设计

（1）直浇道的组成形式和典型结构形式

热压室压铸模直浇道由压铸模喷嘴和模具上的浇口套及分流锥形成，见图 6-17。直浇道尺寸见表 6-13。

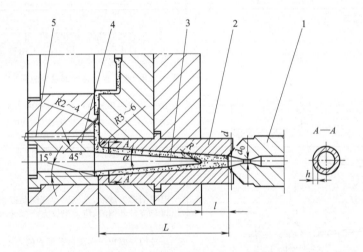

图 6-17 热压室压铸模直浇道的结构
1—喷嘴；2—浇口套；3—分流锥；4—浇道镶块；5—浇道推杆

表 6-13 热压室压铸模直浇道尺寸推荐值   mm

符合内容	推荐尺寸								
直浇道长度 L	40	45	50	55	60	65	70	75	80
喷嘴孔直径 d_0	8				10				
直浇道小端直径 d	12				14				
脱模斜度 α	6°				4°				
环形通道壁厚 h	2.5~3.0				3.0~3.5				
直浇道端面至分流锥顶端距离 l	10				12	17	22	27	32
分流锥端部圆角半径 R	5				10				

直浇道的典型结构形式见表 6-14。

（2）浇口套的结构形式

直浇道部分浇口套的结构形式分整体式和套接式两类，其结构形式见表 6-15。

表 6-14　直浇道典型结构形式

结构简图	说　　明
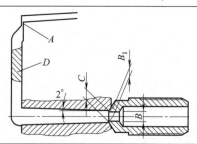	喷嘴与浇口套同轴,分流锥与浇口套斜度相同,直浇道截面积朝底部方向逐渐增大,易卷入气体,设计和制造简单 　　B 处的截面积为内浇口截面积的 $1.1\sim1.2$ 倍 　　$D\text{-}E$ 处的截面积约为内浇口截面积的 2 倍 　　$F\text{-}G$ 处的截面积为内浇口截面积的 $3\sim4$ 倍 $$C=B_1+1\text{mm}$$ $$\alpha=4°\sim6°$$
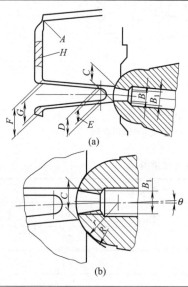	无分流锥式直浇道,结构简单,用于小型模具。为避免直浇道从定模中脱出发生困难,可采用喷嘴分离式压铸工艺,即每次压射后喷嘴与浇口套在开模时分离,使直浇道从喷嘴中脱出;或在直浇道底部设置较短的顶杆(低于分型面),帮助直浇道脱出 　　B 处的截面积为内浇口截面积的 $1.1\sim1.2$ 倍 $$C=B_1+0.7\text{mm}$$
(a) (b)	喷嘴端部为球形,直浇道与喷嘴呈 $3°\sim5°$ 交角,造成喷嘴出口与浇口套偏心,应适当放大浇口套入口直径 C,使金属液流动顺畅 　　B 处的截面积为内浇口截面积的 $1.1\sim1.2$ 倍 　　$D\text{-}E$ 处的截面积约为内浇口截面积的 2 倍 　　$F\text{-}G$ 处的截面积为内浇口截面积的 $3\sim4$ 倍 图(b)为喷嘴端部的局部放大图,浇口套入口直径 C 可用下式计算: $$C=B_1+(0.5\sim1)\text{mm}+\frac{2\pi R\theta}{180°}$$ 式中　R——喷嘴头部球面半径,mm 　　　　θ——喷嘴的倾斜角,(°) $$R=r+0.4\text{mm}$$ 式中　r——浇口套与喷嘴结合处球面半径,mm
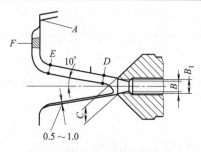	在分流锥上开出一个或数个金属液通道,形成通道式直浇道,在合模状态分流锥和直浇道之间留有 $0.5\sim1.0$mm 的间隙,以容纳从喷嘴上掉下的金属液及其他杂物。浇口套的长度较短,且出模斜度较大,一般为 $10°$ 以上。在分流锥上开出的通道截面积之和应小于喷嘴截面积。通道式直浇道金属液流动阻力小,不易卷入气体 　　B 处的截面积$>$内浇口截面积的 1.4 倍 　　E 处的截面积$<D$ 处的截面积$\leqslant B$ 处的截面积 $$C=B_1+1\text{mm}$$

表 6-15　浇口套的结构形式

结构简图	说明	结构简图	说明
(a) (b) (c)	整体式结构 图（a）采用模板及螺钉固定，稳固可靠，但需另设一块垫板，装拆不太方便 图（b）采用压板及螺钉固定，省去了一块垫板，装拆比较方便 图（c）采用过渡配合迫入，结构简单，易于加工，装拆也比较方便，但容易松动，多用于中、小型压铸模 整体式结构的特点是：直浇道没有接合面，金属液流动顺畅，直浇道的浇注余料也容易脱模	(a) (b)	套接式结构 图（a）浇口套分两段套接而成 图（b）分两段制成，并在浇口套的外部设置环形冷却槽，冷却面积大，效率高，但结构较为复杂。同时，应采取密封措施，防止冷却液的渗出 套接式结构形式的直浇道增加了一个对接面，容易产生横向飞边。因此，在对接面处应紧密靠合，不应有装配间隙。同时，在对接面的孔径应有 $\delta=(0.5\sim1)\text{mm}$ 的顺差，以防止直浇道出现倒拔角现象，影响直浇道余料的顺利脱出

（3）浇口套与喷嘴的对接形式

根据压铸机喷嘴端面形状的不同，浇口套与喷嘴的对接形式大体有两种，结构见图 6-18。图（a）为球面对接，其对接面容易密切对接，并有微量的调心对中作用，且便于加工，应用比较广泛。图（b）为圆锥面对接，但圆锥面调心对中的功能较差。当浇口套与喷嘴的轴线有偏差时，会出现对接密封不严，导致金属液喷溅的现象，多用于小型模具。

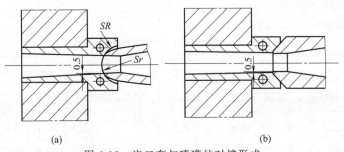

图 6-18　浇口套与喷嘴的对接形式

（4）设计要点

① 根据铸件的结构和重量等要求选择压铸件压室的尺寸。

② 浇口套与压铸机喷嘴的对接面必须接触良好。当采用球面对接时，为避免金属液从对接处泄漏并考虑加工、研合的方便，浇口套的凹形球面半径 SR 应略大于喷嘴端部球半径 Sr，即 $SR=Sr+0.4\text{mm}$，以利于球面中心部位的紧密对接。

③ 直浇道截面积应顺着金属液的流动方向逐渐扩大，不应有倒拔角现象，以保证直浇道余料顺利脱模。

④ 直浇道入口处的孔径 D 应大于喷嘴出口孔直径 d，即 $D=d+1\mathrm{mm}$，以保证金属液顺利压入型腔。

⑤ 浇口套、分流器、分流锥均采用耐热钢制造，如 3Cr2W8 等，热处理硬度为 44～48HRC。

⑥ 根据内浇口的截面积选择压铸机喷嘴孔的小端直径 d_0。一般喷嘴孔小端的截面积应为内浇口截面积的 1.1～1.2 倍。

⑦ 为适应热压室压铸机高效率生产的需要，在浇口套和分流锥处应分别设置冷却系统。

⑧ 直浇道的单边斜度一般取 2°～6°，浇口套内孔表面粗糙度 Ra 不大于 $0.2\mu\mathrm{m}$。

⑨ 直浇道中心应设置分流锥，以调整直浇道的截面积，改变金属液流向，便于从定模带出直浇道，同时还可减少金属液的消耗量。

⑩ 金属液通过直浇道的有效截面积应大于内浇口截面积。

6.4.2 卧式冷压室压铸模直浇道设计

（1）直浇道的组成形式

卧式冷压室压铸模直浇道主要由浇口套、浇道镶块和浇道推杆组成，其结构形式见图 6-19。

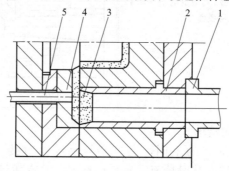

图 6-19 卧式冷压室压铸模直浇道的结构

1—压铸机压室；2—浇口套；3—余料；4—浇道镶块；5—浇道推杆

（2）浇口套的结构形式

直浇道部分浇口套的结构形式见表 6-16。

表 6-16 直浇道部分浇口套的结构形式

结 构 简 图	说 明	结 构 简 图	说 明
	制造和装卸比较方便，在中小型模具中应用比较广泛。压室与浇口套同轴度易出现较大误差		用于采用中心进料时点浇口的浇口套
	利用台肩将浇口套固定在两模板之间，装配牢固，但拆装均不方便。压室与浇口套同轴度易出现较大误差		用于采用中心进料时中心浇口的浇口套

结 构 简 图	说　明	结 构 简 图	说　明
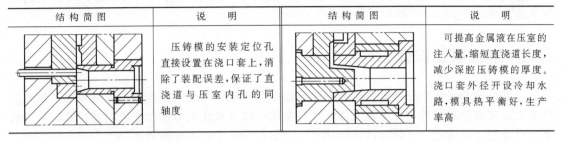	压铸模的安装定位孔直接设置在浇口套上，消除了装配误差，保证了直浇道与压室内孔的同轴度		可提高金属液在压室的注入量，缩短直浇道长度，减少深腔压铸模的厚度。浇口套外径开设冷却水路，模具热平衡好，生产率高

（3）浇口套与压室的连接方式

浇口套与压铸机压室的连接方式，见图 6-20。图（a）为平面对接形式，为了保证直浇道和压室压射内孔的同轴度，应提高加工精度和装配精度，同时，还可适当放大直浇道的加工间隙。图（b）为套接形式，压铸机压室的定位法兰装入浇口套的定位孔内，保证了它们的同轴度要求。图（c）为整体式形式，压室和浇口套制成整体，内孔精度容易保证，但伸入定模套板长度不能调节。

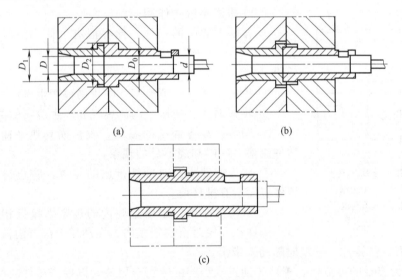

图 6-20　浇口套与压室的连接方式

（4）设计要点

① 根据所需压射比压和压室充满度选定压室和浇口套的内径 D。

② 浇口套的长度一般应小于压铸机压射冲头的跟踪距离，便于余料从压室中脱出。

③ 横浇道入口应开设在压室上部内径 2/3 以上部位，避免金属液在重力作用下进入横浇道，提前开始凝固。

④ 分流器上形成余料的凹腔其深度等于横浇道的深度，直径与浇口套相等，沿圆周的脱模斜度约 5°。

⑤ 有时将压室和浇口套制成一体，形成整体式压室。整体式压室内孔精度好，压射时阻力小，但加工较复杂，通用性差。

⑥ 采用深导入式直浇道见图 6-21，可以提高压室的充满度，减小深型腔压铸模的体积，当使用整体式压室时，有利于采用标准压室或现有的压室。

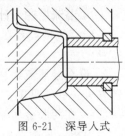

图 6-21　深导入式直浇道结构

⑦ 压室和浇口套的内孔，应在热处理和精磨后，再沿轴线方向进行研磨，其表面粗糙度不大于 $Ra0.2\mu m$。

6.5 排溢系统设计

排溢系统和浇注系统在整个型腔充填过程中是一个不可分割的整体。排溢系统是熔融的金属液在充填型腔过程中，排除气体、冷污金属液以及氧化夹杂物的通道和储存器，用以控制金属液的充填流态，消除某些压铸缺陷，是浇注系统中的重要组成部分。

6.5.1 排溢系统的组成及作用

（1）排溢系统的组成

排溢系统包括溢流槽和排气道两个部分，如图 6-22 所示，主要由溢流口 1、溢流槽 2 和排气道 4 组成。当溢流槽开设在动模一侧时，为使溢流余料与压铸件一起脱模，也可在溢流槽处设置推杆 3。

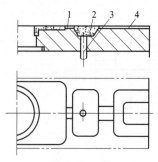

图 6-22 排溢系统的组成
1—溢流口；2—溢流槽；
3—推杆；4—排气道

（2）排溢系统的作用

① 排除型腔中的气体，储存混有气体和涂料残渣的冷污金属液，与排气槽配合，迅速引出型腔内的气体，增强排气效果。

② 控制金属液充填流态，防止局部产生涡流。

③ 转移缩孔、缩松、涡流裹气和产生冷隔的部位。

④ 调节模具各部位的温度，改善模具热平衡状态，减少铸件流痕、冷隔和浇不足的现象。

⑤ 作为铸件脱模时推杆推出的位置，防止铸件变形或在铸件表面留有推杆痕。

⑥ 当铸件在动、定模型腔内的包紧力接近相等时，为了防止铸件在开模时留在定模内，在动模上部置溢流槽，增大对动模的包紧力，使铸件在开模时随动模带出。

⑦ 采用大容量的溢流槽，置换先期进入型腔的冷污金属液，以提高铸件的内部质量。

⑧ 对于真空压铸和定向抽气压铸，溢流槽处常作为引出气体的起始点。

6.5.2 溢流槽设计

溢流槽除了可接纳型腔中的气体、气体夹杂物及冷污金属外，还可调节型腔局部温度、改善充填条件以及必要时辅助顶出铸件。

（1）溢流槽的设计要点

一般溢流槽设置在分型面上、型腔内、防止金属倒流的位置。溢流槽的设计要点如图 6-23 所示。

① 设在金属流最初冲击的地方，以排除端部进入型腔的冷凝金属流。容积比该冷凝金属流稍大一些，见图 6-23（a）。

② 设在两股金属流汇合的地方，以消除压铸件的冷隔。容积相当于出现冷隔范围部位的金属容积，见图 6-23（b）。

③ 布置在型腔周围，其容积应足够排除混有气体的金属液及型腔中的气体，见图6-23（c）。

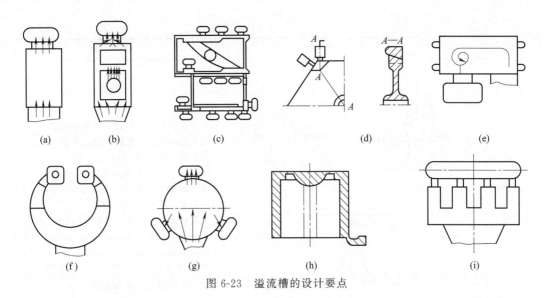

图 6-23　溢流槽的设计要点

④ 设在压铸件的厚实部位处，其容积相当于热节或出现缩孔缺陷部位的容积的 2～3 倍，见图 6-23（d）。

⑤ 设在容易出现涡流的地方，其容积相当于产生涡流部分的型腔容积，见图 6-23（e）。

⑥ 设在模具温度较低的部位，其容积大小以改善模具温度分布为宜，见图 6-23（f）。

⑦ 设在内浇口两侧的死角处，其容积相当于出现压铸件缺陷处的容积，见图 6-23（g）。

⑧ 设在排气不畅的部位，设置后兼设推杆，见图 6-23（h）。

⑨ 设置整体溢流槽，以防止压铸件变形，见图 6-23（i）。

（2）溢流槽的结构形式

典型溢流槽的结构形式见表 6-17。

表 6-17　典型溢流槽的结构形式

类型	结构简图	说明
设置在分型面上的溢流槽	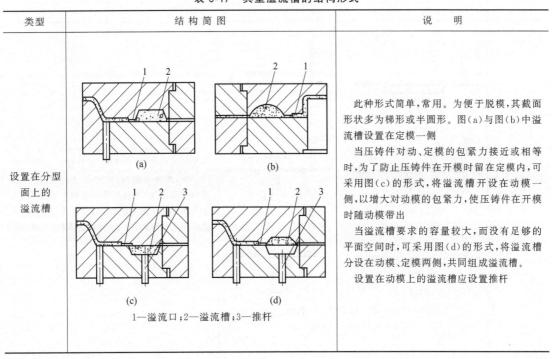 1—溢流口；2—溢流槽；3—推杆	此种形式简单，常用。为便于脱模，其截面形状多为梯形或半圆形。图（a）与图（b）中溢流槽设置在定模一侧 当压铸件对动、定模的包紧力接近或相等时，为了防止压铸件在开模时留在定模内，可采用图（c）的形式，将溢流槽开设在动模一侧，以增大动模的包紧力，使压铸件在开模时随动模带出 当溢流槽要求的容量较大，而没有足够的平面空间时，可采用图（d）的形式，将溢流槽分设在动模、定模两侧，共同组成溢流槽 设置在动模上的溢流槽应设置推杆

类型	结 构 简 图	说　明
设置在型腔内部的溢流槽	 (a)　　　　　　(b) (c)	在大平面压铸件的局部有小型芯时，可在小型芯的端部设置圆柱形溢流槽[图(a)]或圆锥形溢流槽[图(b)] 圆柱形溢流槽的溢流口可以是整个环形，也可局部引入，在溢流槽底部设置推杆，既有利于推出铸件，又利于排气 圆锥形溢流槽易于压铸件从定模脱出 当压铸管状压铸件时，可在管状的端部利用阶梯形型芯设置环形溢流槽[图(c)]，其特点是：在孔径不大的情况下，可以用增加其厚度，获得容量较大的溢流槽
设置带定位柱和支承柱组合的溢流槽	 (a)　　　　　　(b) 1—支承柱；2—定位柱；3—溢流槽	在溢流槽上压铸出定位柱作为冲飞边及其他加工时的定位基础，其定位柱的长度一般为 $L_1=2\sim3$mm[图(a)] 铸出的定位柱可兼作堆放铸件时的支承柱，总长度 L 取决于铸件的大小和高度[图(b)]
设置带凸台的溢流槽	 1—溢流口；2—溢流槽；3—凸台； 4—推杆；5—排气道	在推杆顶端设置带有凸台的溢流槽。此种设置的优点是：在开模时，溢流槽和压铸件连成一体，留在动模内；在推出过程中，凸台起导向作用，使溢流包在推出过程中不会弯折，与压铸件连体同时脱模；凸台在传递、摆放以及后序机加工时，又起装挂、支承和定位作用

续表

类型	结构简图	说明
防止金属液倒流的溢流槽	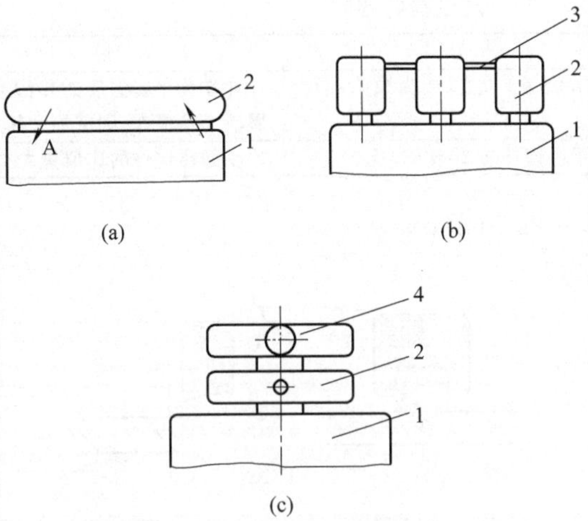 (a)　(b) (c) 1—压铸件;2—溢流槽;3—连接肋;4—冷却块	图(a)为连通的长溢流槽,其溢流口无论是整个连通还是分段,都难以避免金属液倒流,溢流口的A端还可能出现冷金属堵塞现象,起不到整个宽度的溢流作用 图(b)为多个单独并列溢流槽,将溢流槽分隔成几段,各自形成单独的溢流槽,可避免倒流和堵塞现象,在溢流槽的外端设置一条薄的连接肋,使溢流包在推出和搬运时不变形,也可用于机械冲边时定位 当溢流槽的容积要求较大时,可采用图(c)的双级溢流槽,并在溢流槽内设置冷却块,以防止金属液倒流
特殊形式的溢流槽	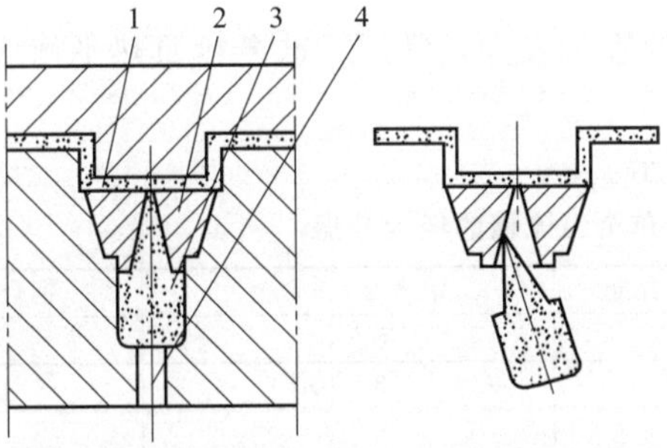 1—压铸件;2—活动型芯;3—溢流槽;4—推杆	对容易窝气、表面又不允许有显著痕迹的薄壁压铸件,可采用这种形式。合模前,将活动型芯装入型腔内,压铸时,冷污的金属液由活动型腔的扁平溢口流入溢流槽中。开模后,推杆将溢流包和活动型芯及压铸件同时脱离动模。用手工的方法将溢流包折断,并使活动型芯脱离压铸件。这种结构形式可以开设大容量的溢流槽,而且很容易清除,留在压铸件上的溢流痕迹也不明显
设置在抽芯机构上的溢流槽	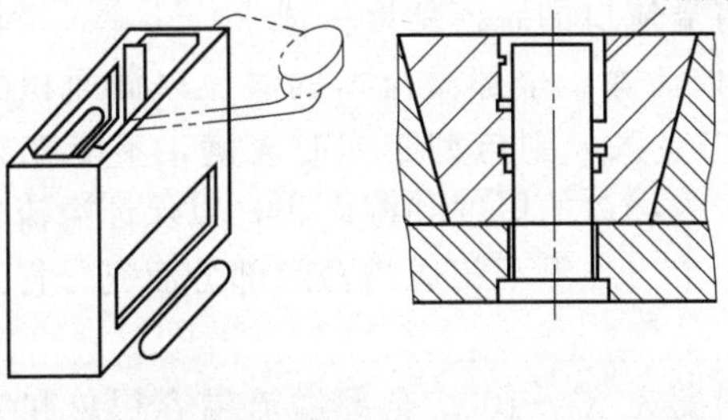	溢流槽设置在斜滑块上,用于斜滑块卸料的压铸模
楔形溢流槽	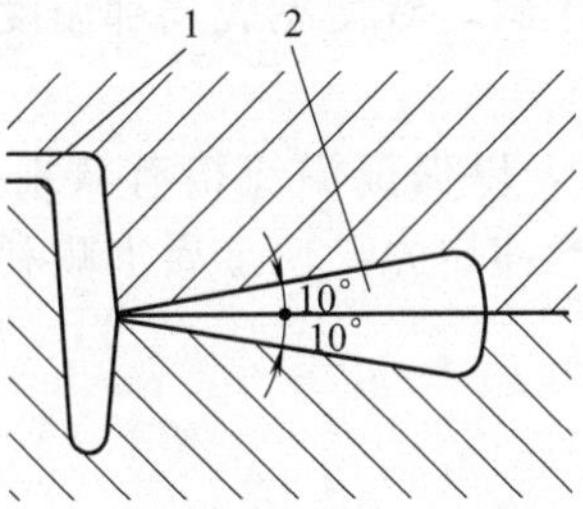 1—压铸件;2—溢流槽	在压铸件型腔侧面设置楔形溢流槽可避免在溢流槽和型腔的连接部位产生热节

（3）溢流槽尺寸的确定

溢流槽的容积如表 6-18 所示。

表 6-18　溢流槽的容积

使用条件	容积范围	说　明
消除压铸件局部热节处缩孔缺陷	为热节的 3～4 倍，或为缺陷部位体积的 2～2.5 倍	如作为平衡温度的热源或用于改善金属液填充流态，则应加大其容积
溢流槽的总容积	不少于压铸件的 20%	小型压铸件的比值更大

溢流槽的截面形状有 3 种，如图 6-24 所示。

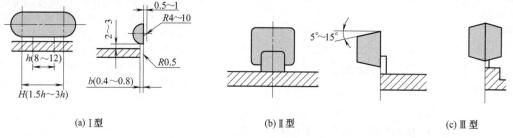

(a) Ⅰ型　　　　　　　　　　　(b) Ⅱ型　　　　　　　　　　　(c) Ⅲ型

图 6-24　溢流槽的截面形状和尺寸

一般情况下采用Ⅰ型。Ⅱ型和Ⅲ型的容积较大，常用于改善模具热平衡或其他需要采用大容积溢流槽的部位。

单个溢流槽的经验数据如表 6-19 所示。

表 6-19　单个溢流槽的经验数据　　　　　　　　　　　　　　　　mm

项　目	铅合金、锡合金、锌合金	铝合金、镁合金	铜合金、黑色金属
溢流口宽度 h	6～12	8～12	8～12
溢流槽半径 R	4～6	5～10	6～12
溢流口长度 l	2～3	2～3	2～3
溢流口厚度 b	0.4～0.5	0.5～0.8	0.6～1.2
溢流槽长度中心距 H	1.5h～2h	1.5h～2h	1.5h～2h

采用Ⅰ型溢流槽时，为便于脱模，将溢流口的脱模斜度做成 30°～45°。溢流口与铸件连接处应有 (0.3～1)mm×45°的倒角。以便清除。全部溢流槽的溢流口截面积的总和应等于内浇口截面积的 60%～75%。如果溢流口过大，则与型腔同时充满，不能充分发挥溢流排气作用，故溢流口的厚度和截面积应小于内浇口的厚度和截面积，以保证溢流口比内浇口早凝固，使型腔中正在凝固的金属液形成一个与外界不相通的密闭部分而充分得到最终压力的压实作用。

采用Ⅱ型、Ⅲ型溢流槽时，取脱模斜度为 5°～10°。全部溢流槽容积总和为铸件体积的 20% 以上，但也不宜太大，以免增加过多的回炉料，致使型腔局部温度过高和分型面上投影面积增加过多。

溢流口的截面积一般为排气槽面积的 50%，以保证溢流槽有效地排出气体。溢流槽的外面还应开排气槽，一方面可以消除溢流槽的气体压力，使金属液顺利溢出，另一方面还能起到排气作用。

6.5.3　排气道设计

排气道是在充型过程中，型腔和浇注系统内的气体及分型剂挥发的气体得以逸出的通道。型腔内的气体是影响金属液流有序流动和产生气孔、气泡和缩孔等压铸缺陷的主要原因。因此，有序而充分地排出这些气体，可以减少型腔内的气体及压力，避免涡流产生的紊流，有利于型腔的顺利充填。一般来说，模具结构总能自然而然地具有排气的功能。比如，在分型面上，在推杆以及镶拼的成型零件等结构的缝隙中，都有自然排气的作用。然而，我们需要全部或大部分地排出对压铸成型十分有害的气体，所以，必须人为地设置排气道，才能在瞬间充填过程中取得最佳的排气效果。

（1）排气道的设计要点

① 排气道的总截面积一般不小于内浇口总截面积的50%，但不得超过内浇口的总截面积。

② 当需要增大排气道截面积时，以增大排气道的宽度或增加排气道的数量为宜。不应过分增加排气道的厚度，以防止金属液溅出。

③ 应尽量避免金属液过早地封闭分型面和排气道，削弱排气功能。

④ 设计排气道应留有修正的余地，并在试模现场，结合实际，随时补充和调整。

⑤ 排气道应便于清理，保持排气道的有效功能。

⑥ 排气道可与溢流槽连接，但排气道应避免相互串通，以免排气干扰受阻。

⑦ 在直对操作区或人员流动的区域，不应设置平直引出的排气道，以免高温的金属液和气体向外喷溅伤人。

⑧ 在设计压铸模的浇注系统时，为保证金属液连续保持充满浇道，最大限度地减少涡流卷气的现象，在一般情况下，应从直浇道开始使各截面积成逐渐递减的变化趋势，如图6-25所示。

（2）排气道的位置和结构形式

排气道位置的选择和溢流槽的选择原则有相似之处。它的位置与内浇口的进料位置、金属液的流态以及流动方向有

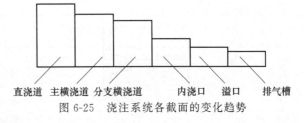

图 6-25 浇注系统各截面的变化趋势

关。为使型腔内的气体尽可能地被金属液有序有效地推出，应将排气道设置在金属液最后充填的部位，即气体最后容易汇集的部位。排气道的位置及结构见表6-20。

表 6-20 排气道的位置及结构

类型	结构简图	说明
在分型面上开设排气道	(a) (b) (c)	在分型面上开设排气道是最常用的形式。因为它易于加工，易于修正，其排气效果也很理想 图(a)为由分型面上直接从型腔中引出平直的排气道，用在不针对操作区的场合 图(b)是将排气道开设在溢流槽的外侧，起到既可溢流，又可将气体同时排出的作用。这是较为常用的布局形式。为了使排气顺畅，有时还在距型腔约20mm的排气槽出口处做出逐渐扩大的斜度或适当加大的深度 图(c)则采用曲折的排气槽，以防止灼热金属液或气体溅射喷出而伤人

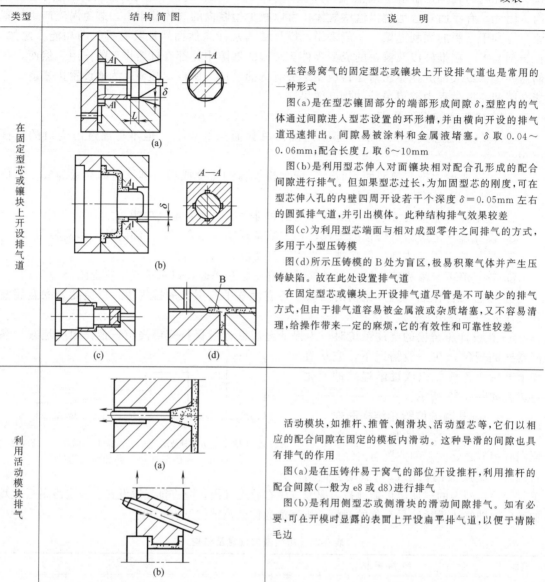

类型	结 构 简 图	说 明
在固定型芯或镶块上开设排气道		在容易窝气的固定型芯或镶块上开设排气道也是常用的一种形式 图(a)是在型芯镶固部分的端部形成间隙 δ，型腔内的气体通过间隙进入型芯设置的环形槽，并由横向开设的排气道迅速排出。间隙易被涂料和金属液堵塞。δ 取 $0.04\sim0.06\text{mm}$；配合长度 L 取 $6\sim10\text{mm}$ 图(b)是利用型芯伸入对面镶块相对配合孔形成的配合间隙进行排气。但如果型芯过长，为加固型芯的刚度，可在型芯伸入孔的内壁四周开设若干个深度 $\delta=0.05\text{mm}$ 左右的圆弧排气道，并引出模体。此种结构排气效果较差 图(c)为利用型芯端面与相对成型零件之间排气的方式，多用于小型压铸模 图(d)所示压铸模的 B 处为盲区，极易积聚气体并产生压铸缺陷。故在此处设置排气道 在固定型芯或镶块上开设排气道尽管是不可缺少的排气方式，但由于排气道容易被金属液或杂质堵塞，又不容易清理，给操作带来一定的麻烦，它的有效性和可靠性较差
利用活动模块排气		活动模块，如推杆、推管、侧滑块、活动型芯等，它们以相应的配合间隙在固定的模板内滑动。这种导滑的间隙也具有排气的作用 图(a)是在压铸件易于窝气的部位开设推杆，利用推杆的配合间隙（一般为 e8 或 d8）进行排气 图(b)是利用侧型芯或侧滑块的滑动间隙排气。如有必要，可在开模时显露的表面上开设扁平排气道，以便于清除毛边

（3）排气道的尺寸

在分型面上开设的排气道的截面形状是扁平状的。它的推荐尺寸见表 6-21。

表 6-21　排气道推荐尺寸

合金种类	排气槽深度/mm	排气槽宽度/mm	说　　明
铝合金	$0.10\sim0.15$		①排气槽在离开型腔 $20\sim30\text{mm}$ 后，可将其深度增大至 $0.3\sim0.4\text{mm}$，以提高排气效果
锌合金	$0.05\sim0.12$		②为了便于溢流的余料脱模，扁平槽的周边应有 $30°\sim50°$
镁合金	$0.10\sim0.15$	$8\sim25$	的斜角或过渡圆角，并应有较好的表面光洁度
铜合金	$0.15\sim0.20$		③在需要增加排气槽面积时，以增大排气槽的宽度和数
铅合金	$0.05\sim0.10$		量为宜，不宜过分增加其深度，以防金属液溅出
黑色金属	$0.20\sim0.30$		

6.6 典型压铸件浇注系统设计实例

（1）圆盘类压铸件

号盘座压铸件的结构特征如图 6-26 所示，浇注系统分析见表 6-22。号盘座压铸件为 $\phi 80mm$ 圆盘形，两面均有圆环形凸缘和厚薄不均匀的凸台，中心孔和 B 处镶有铜嵌件。压铸件总高度为 18mm，最薄处壁厚为 1.8mm，材料为 YL102 铝合金。压铸件上不允许有冷隔、夹渣等缺陷。

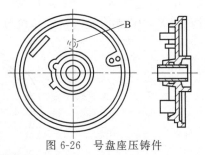

图 6-26　号盘座压铸件

表 6-22　号盘座压铸件浇注系统分析

简　图	分　析
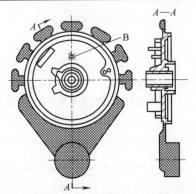	采用扩散式外侧浇道，内浇道宽度为压铸件直径的 70%，金属液进入型腔后立即封闭整个分型面，溢流槽和排气槽不起作用，压铸件中心部位会造成欠铸和夹渣等缺陷
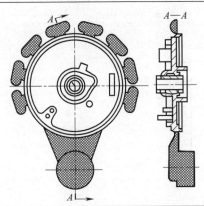	采用扩张后带收缩式的外侧浇道，内浇道宽度为压铸件直径的 90%，将金属液引向压铸件中心部位，对顺利地排渣、排气较为有利，但由于金属液向中心部位聚集时相互冲击，液流紊乱，故中心部位仍有少量欠铸和夹渣等缺陷
	采用夹角较小的扩散式外侧浇道，内浇道宽度为压铸件直径的 60% 左右，内浇道设置在靠近凸台处，将金属液首先充填凸台和中心部位，使气体、夹渣挤向内浇道两侧，从设置在两侧的溢流槽、排气槽中排除，改善了充填、排气和压力传递条件，效果较好

（2）圆盖类压铸件

① 表盖压铸件的结构特征。如图 6-27 所示，表盖压铸件平均壁厚为 4mm，局部壁厚达 11mm。盖上需钻 $\phi18.2mm$ 的两个孔和 M2mm 的螺孔八个，厚壁处不允许有缩孔和气孔。材料为 YL102 铝合金。浇注系统分析见表 6-23。

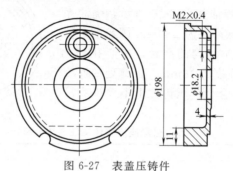

图 6-27　表盖压铸件

表 6-23　表盖压铸件浇注系统分析

简　图	分　析
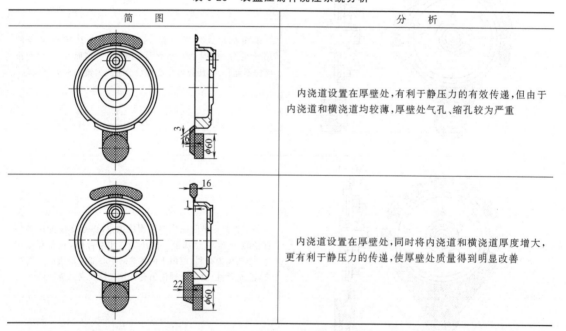	内浇道设置在厚壁处，有利于静压力的有效传递，但由于内浇道和横浇道均较薄，厚壁处气孔、缩孔较为严重
	内浇道设置在厚壁处，同时将内浇道和横浇道厚度增大，更有利于静压力的传递，使厚壁处质量得到明显改善

② 底盘压铸件的结构特征。如图 6-28 所示，底盘压铸件为圆盖形，顶部有孔但不在中心，外径 $\phi180mm$，高为 35mm，平均壁厚为 3mm，局部壁厚达 22mm，材料为 YL102 铝合金。底盘压铸件浇注系统分析见表 6-24。

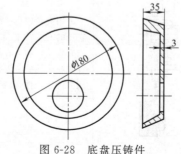

图 6-28　底盘压铸件

表 6-24　底盘压铸件浇注系统分析

简　图	分　析
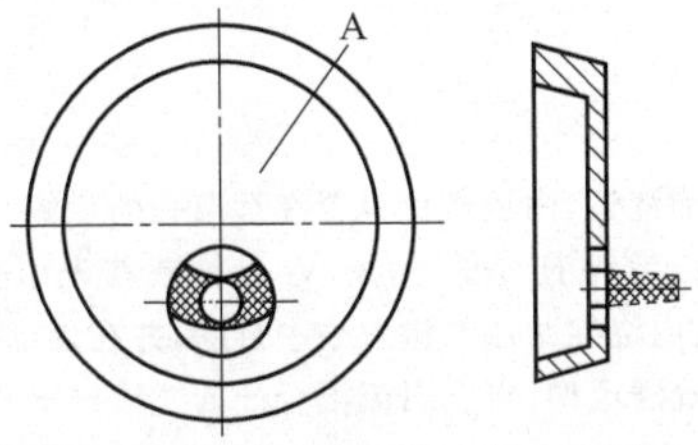	采用中心浇道,金属液分为两股注入,过早地封闭分型面,形成两个集中的涡流区域,型腔的中心部位 A 处有严重的花纹、夹渣
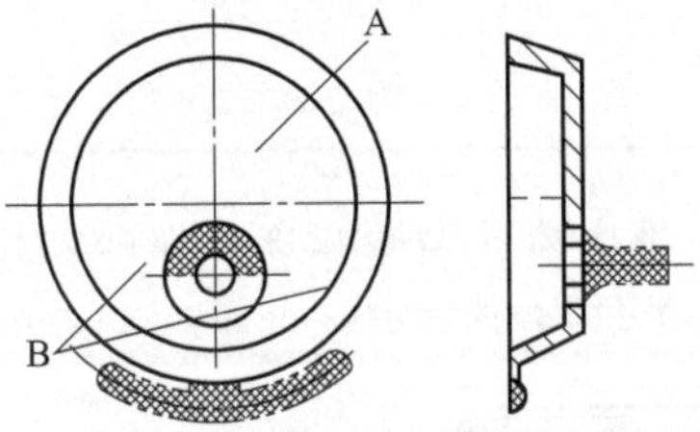	采用向上的扇形浇道,先充填顶部平面,然后从两侧折回 B 处,中心平面 A 处质量大有改善,但 B 处出现花纹、夹渣,虽在 B 处增设溢流槽,但仍未根本改善
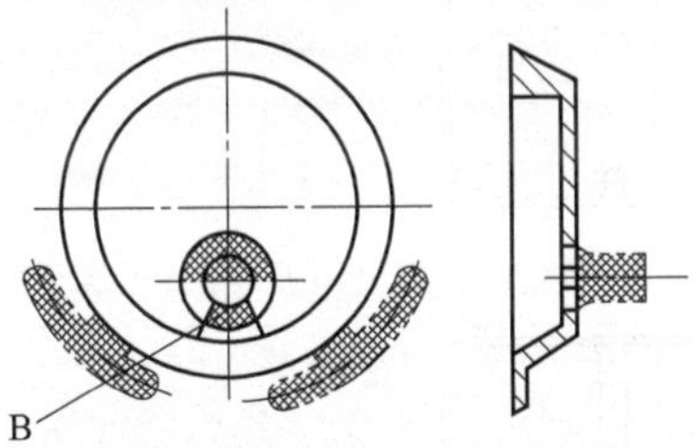	在扇形浇道的基础上,针对 B 处设置分支内浇道引入一股金属液,用以冲散 B 处的涡流,并在金属液汇合处设置两个溢流槽,质量取得较大的改善
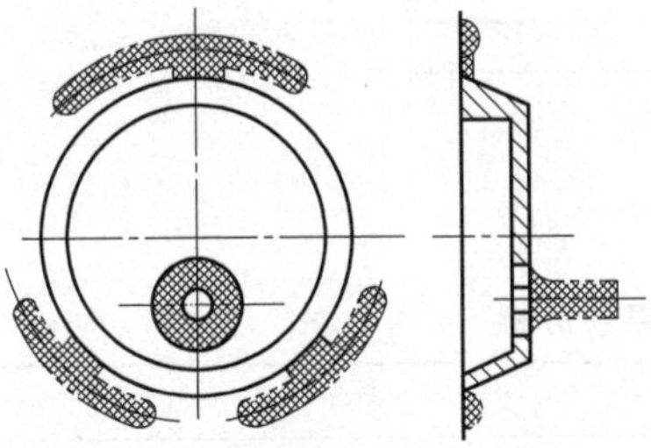	采用中心浇道整个环形进料,同时向四周充填,从浇道至压铸件四周的距离各不相同,金属液先与型腔边缘冲撞,再向两侧折回,应通过设置溢流槽使之平衡后可取得较好的效果
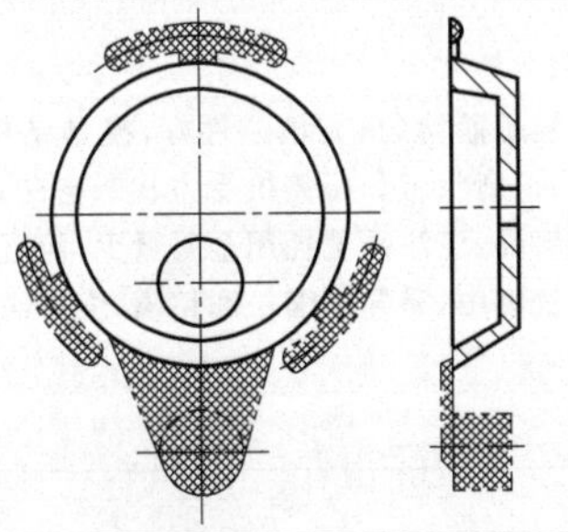	采用外侧浇道,内浇道设置在靠近孔的部位,金属液充填型腔时被型芯所阻,在型芯背后形成死角区,涡流裹气严重
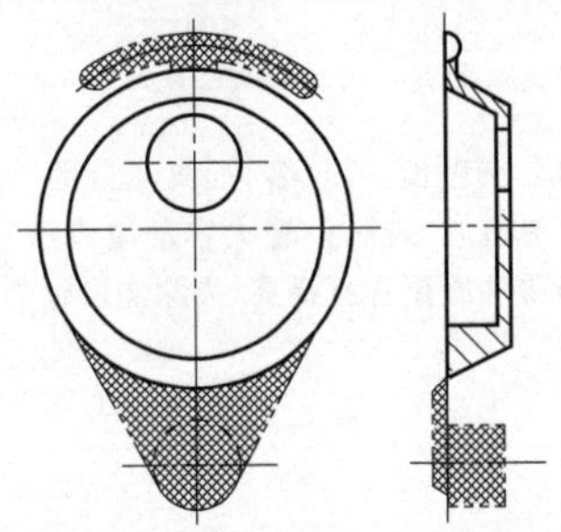	采用外侧浇道,内浇道设置在远离孔的一侧,但由于内浇道过宽,浇道两侧金属液进入型腔后,沿着型腔内缘充填,过早堵塞排气通道,在中心部位形成涡流裹气

续表

简　图	分　析
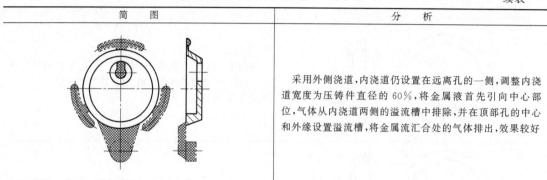	采用外侧浇道,内浇道仍设置在远离孔的一侧,调整内浇道宽度为压铸件直径的60％,将金属液首先引向中心部位,气体从内浇道两侧的溢流槽中排除,并在顶部孔的中心和外缘设置溢流槽,将金属流汇合处的气体排出,效果较好

③ 壳体类压铸件。如图 6-29 所示为罩壳压铸件,该压铸件型腔较深,顶部无孔,内腔有长凸台。壁厚较薄而均匀,一般为 2mm。材料采用 YZ102 铝合金。

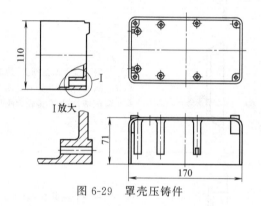

图 6-29　罩壳压铸件

罩壳压铸件浇注系统分析见表 6-25。

表 6-25　罩壳压铸件浇注系统分析

简　图	说　明
	顶浇口流程短而均匀,充填条件好,模具结构紧凑,外形较小,模具热平衡状态和压铸机受力状态均良好,压铸模有效面积利用率高,浇注系统耗用金属量少,但直浇道和压铸件连接处热量集中,易导致缩松和粘模,浇口需要切除
	端部侧浇口,流程长,转折多,远离浇口的一端充填条件不良,易产生流痕或冷隔,设置大容量溢流槽,改善模具热平衡状态,压铸件质量有所提高,去除浇口较为方便

简　图	说　明
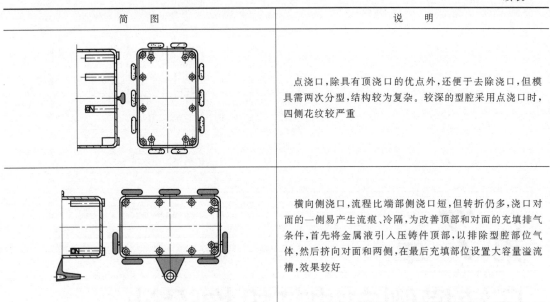	点浇口,除具有顶浇口的优点外,还便于去除浇口,但模具需两次分型,结构较为复杂。较深的型腔采用点浇口时,四侧花纹较严重
	横向侧浇口,流程比端部侧浇口短,但转折仍多,浇口对面的一侧易产生流痕、冷隔,为改善顶部和对面的充填排气条件,首先将金属液引入压铸件顶部,以排除型腔部位气体,然后挤向对面和两侧,在最后充填部位设置大容量溢流槽,效果较好

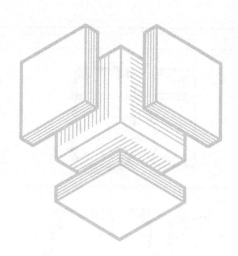

第 **7** 章
压铸模侧向抽芯机构设计

7.1 侧抽芯机构的组成及设计

7.1.1 侧抽芯机构的主要组成

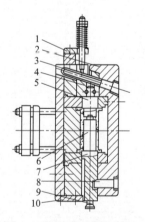

图 7-1 侧抽芯机构的组成
1,10—限位块；2,8—楔紧块；3—斜销；4—矩形滑块；5,6—型芯；
7—圆形滑块；9—接头

侧抽芯机构的组成见图 7-1。一般由下列几部分组成。

① 成型元件。形成压铸件的侧孔、凹凸表面或曲面。如型芯、型块等。

② 运动元件。连接并带动型芯或型块并在模套导滑槽内运动。如滑块、斜滑块等。

③ 传动元件。带动运动元件作抽芯和插芯动作。如斜销、齿条、液压抽芯器等。

④ 锁紧元件。合模后压紧运动元件，防止压铸时受到反压力而产生位移。如锁紧块、楔紧锥等。

⑤ 限位元件。使运动元件在开模后，停留在所要求的位置上，保证合模时传动元件工作顺利。如限位块、限位钉等。

7.1.2 常用抽芯机构的特点

常用抽芯机构的特点见表 7-1。

表 7-1　常用抽芯机构的特点

分类		常用抽芯机构简图	特点说明
机械抽芯机构	斜销抽芯机构	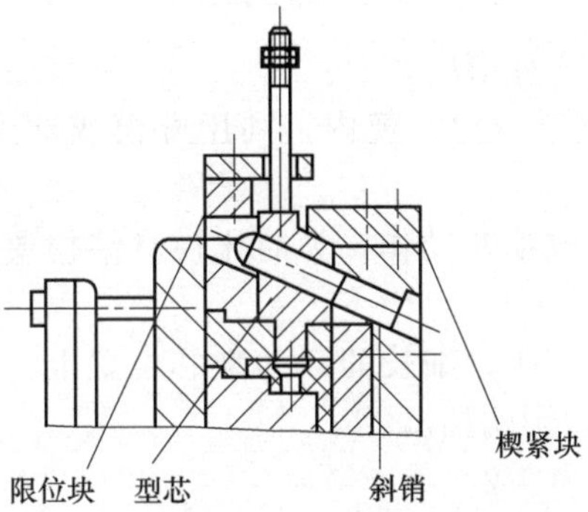 限位块　型芯　　斜销　　楔紧块	①以压铸机的开模力作为抽芯力 ②结构简单,对于中、小型的抽芯使用较为普遍 ③用于抽出接近分型面、抽芯力不太大的型芯 ④抽芯距离等于抽芯行程乘以 $\tan\alpha$（α 为斜导柱和水平方向夹角）,抽芯所需开模距离较大 ⑤抽出方向一般要求与分型面平行 ⑥延时抽芯,距离较短
	斜滑块抽芯机构	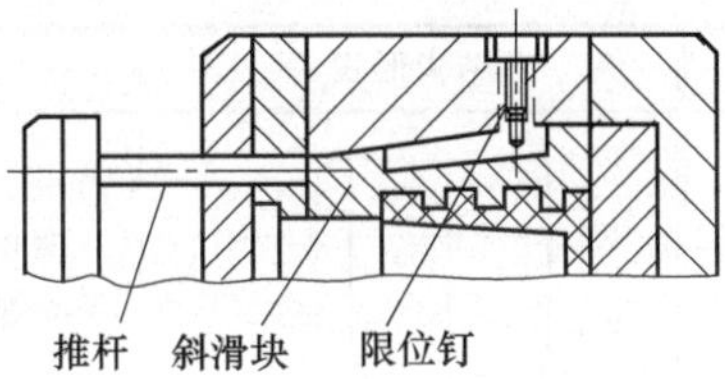 推杆　斜滑块　限位钉	①适应抽出侧面成型深度较浅、面积较大的凹凸表面 ②抽芯与推出的动作同时完成 ③斜滑块分型处有利于改善溢流、排气条件 ④斜滑块通过模套锁紧,锁紧力与锁模力有关
液压抽芯机构		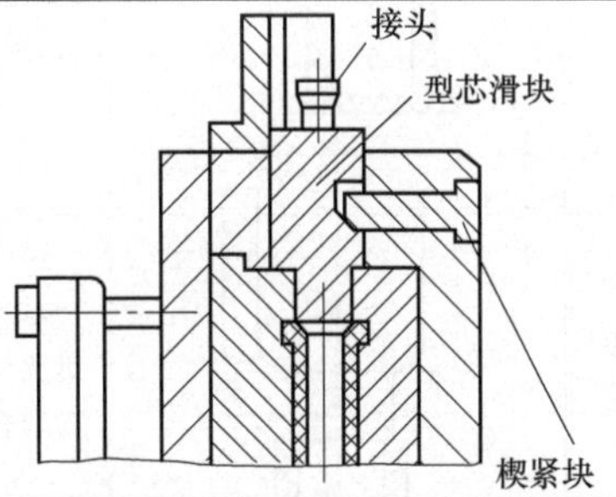 接头 型芯滑块 楔紧块	①可抽出与分型面成任何角度的型芯 ②抽芯力及抽芯距离都较大,普遍用于中、大型模具 ③液压抽芯器是通用件,简化模具设计 ④抽芯动作平稳,对压铸反力较小的活动型芯,可直接用抽芯力楔紧
其他抽芯机构	手动抽芯机构	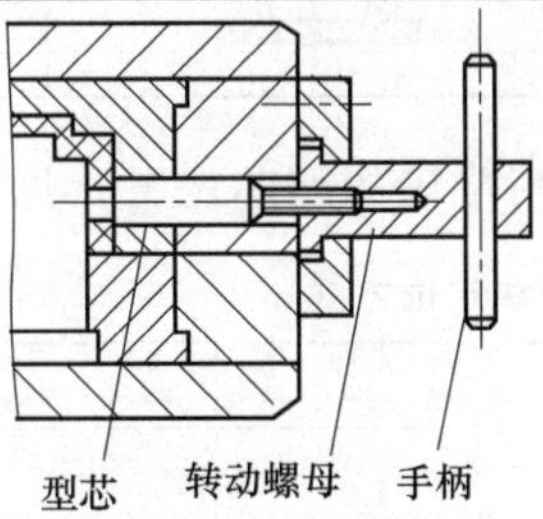 型芯　转动螺母　手柄	①模具结构较简单 ②用于抽出处于定模或离分型面垂直距离较远的小型芯 ③操作时劳动强度较高,生产率低,用于小批量生产
	活动镶块抽芯机构	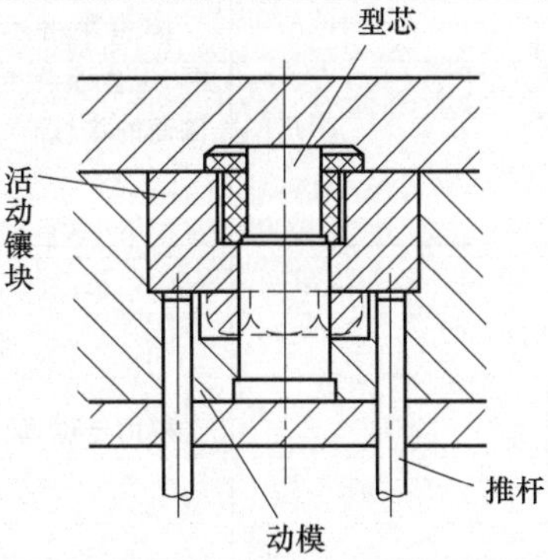 型芯 活动镶块 推杆 动模	①用于复杂成型部分,大大简化模具结构 ②为保证压铸生产连续性,具备一定数量的活动镶块,供轮换使用 ③抽芯在模外进行,劳动强度较高,常用于小批量生产或无法采用一般抽芯机构的场合

注：延时抽芯是指开模达一定距离后再抽芯。

压铸模具设计实用教程

7.1.3 抽芯机构的设计

设计抽芯机构应考虑以下几点。

① 选择合理的抽芯部位，需考虑下面几种情况。

a. 型芯尽量设置在与分型面相垂直的动（定）模内，利用开模或推出动作抽出型芯，尽可能避免采用庞大的抽芯机构。

b. 机械抽芯机构，借助于开模动力完成抽芯动作，为简化模具结构要求尽可能少用定模抽芯。

c. 在活动型芯上，一般不易喷刷涂料，在较细长的活动型芯位置上，尽量避免受到金属液的直接冲击，以免型芯产生弯曲变形，影响抽出。

② 活动型芯应有合理的结构形式，见表7-2。

表7-2　活动型芯结构形式的比较

结构形式	比较说明	结构形式	比较说明
	铸件端面由滑块端面形成，抽芯时，铸件无支承面易产生变形，而金属液易窜入滑块的配合面从而产生故障		增设了抽芯支承面A，但型芯配合处直径与成型直径一致，抽芯时成型表面易擦伤，造成滑动配合部分的磨损，影响成型尺寸精度
	加长活动型芯的配合段，解决金属液窜入滑块的缺点，但铸件端面由活动型芯端面形成		型芯后端，沿型芯内孔每边放大 $\delta = 0.2 \sim 0.5 \text{mm}$，结构较合理

③ 活动型芯插入型腔后应有定位面，以保持准确的型芯位置，见表7-3。

表7-3　几种滑块定位方式

图 例		说 明
细小型芯		固定于滑块上单件或多件细小型芯，定位面A为滑块端面与动模镶块侧面的接触面
较大型芯		模内定位，加大滑块端面进行定位

续表

图　例	说　明
较大型芯	模外定位，滑块尾端增设定位板，与模套外侧面接触而定位

④ 计算抽芯力是设计抽芯机构构件强度和传动可靠性的依据，由于影响抽芯力大小的因素较多，确定抽芯力时需作充分的估计。

⑤ 设计抽芯机构时，应考虑压铸机的性能和技术规范：

a. 利用开模力和开模行程作机械抽芯时，应考虑压铸机的开模力和开模行程的大小能否抽出活动型芯。

b. 利用液压抽芯器抽芯时，应考虑压铸机的技术规范、控制操作程序。

⑥ 利用开、合模运动作抽芯机构的传动时，应注意在合模时活动型芯的行程是否满足要求。

⑦ 型芯抽出到最终位置时，滑块留在导滑槽内的长度不得小于滑块长度的 2/3，以免合模插芯时滑块发生倾斜造成事故。

⑧ 活动型芯同镶块配合的密封部分的长度不能过短，配合间隙要恰当，以防金属液窜入滑块的导槽中，影响滑块的正常运动。

⑨ 在滑块平面上，一般不宜设置浇注系统，若在其上必须设置浇注系统时，应加大滑块平面，不使浇注系统布置在滑块与模体的导滑配合部分，并使配合部分有足够的热膨胀间隙。

⑩ 由于型芯和滑块所处的工作条件不同，所选用的材料和热处理工艺也不一样。型芯与滑块一般采用镶接的形式，镶接处要求牢固可靠。

⑪ 抽芯机构需设置限位装置，开模抽芯后使滑块停留在一定的位置上，不致因滑块自重或抽芯时的惯性而越位。

⑫ 活动型芯的成型投影面积较大时，滑块受到的反压力也较大，应注意滑块楔紧装置的可靠性及楔紧零件的刚性。

7.2　抽芯力和抽芯距离

7.2.1　抽芯力的计算

压铸时，金属液充填型腔，冷凝收缩后，对被金属包围的型芯产生包紧力，抽芯机构运动时有各种阻力即抽芯阻力，两者的和即为抽芯开始瞬时所需的抽芯力。

抽芯时型芯受力的状况（抽芯力分析）见图 7-2。

抽芯力按公式（7-1）计算：

$$F = F_{阻}\cos\alpha - F_{包}\sin\alpha$$
$$= Alp(\mu\cos\alpha - \sin\alpha) \qquad (7\text{-}1)$$

式中　F——抽芯力，N；

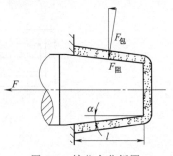

图 7-2　抽芯力分析图

$F_{阻}$——抽芯阻力，N；

$F_{包}$——铸件冷凝收缩后对型芯产生的包紧力，N；

   A——被铸件包紧的型芯成型部分断面周长，cm；

   l——被铸件包紧的型芯成型部分长度，cm；

   p——挤压应力（单位面积的包紧力），MPa；对锌合金，p 一般取 6～8MPa；对铝合金，p 一般取 10～12MPa；对铜合金，p 一般取 12～16MPa；

   μ——压铸合金对型芯的摩擦因数，一般取 0.2～0.25；

   α——型芯成型部分的出模斜度，(°)。

从式（7-1）可以看出，影响抽芯力的主要因素有如下几种。

① 型芯的大小和成型深度是决定抽芯力大小的主要因素。被金属包围的成型表面积愈大，所需抽芯力也愈大。

② 加大成型部分出模斜度，可避免成型表面的擦伤，有利于抽芯。

③ 成型部分的几何形状复杂，铸件对型芯的包紧力则大。

④ 铸件侧面孔穴多且布置在同一抽芯机构上，因铸件的线收缩大，增大对型芯包紧力。

⑤ 铸件成型部分壁较厚，金属液的凝固收缩率大，相应地增大包紧力。

⑥ 活动型芯表面光洁度高，加工纹路与抽拔方向一致，可减少抽芯力。

⑦ 压铸合金的化学成分不同，线收缩率也不同，线收缩率大包紧力也大。

⑧ 压铸铝合金中，过低的含铁量，对钢质活动型芯会产生化学黏附力，将增大抽芯力。

⑨ 压铸后，铸件在模具中停留时间长（但不是无限增大）。

⑩ 压铸时，模温高，铸件收缩小，包紧力也小。

⑪ 持压时间长，增加铸件的致密性，但铸件线收缩大，需增大抽芯力。

⑫ 在模具中喷刷涂料，可减少铸件与活动型芯的黏附，减少抽芯力。油质涂料对活动型芯降温较慢，水质降温较快；油质涂料对活动型芯包紧力影响较小，水质较大。

⑬ 采用较高的压射比压，增大铸件对型芯的包紧力。

⑭ 抽芯机构运动部分的间隙，对抽芯力的影响较大。间隙太小，需增大抽芯力；间隙太大，易使金属液窜入，也需增大抽芯力。

7.2.2　抽芯距离的确定

侧型芯从成型位置侧抽至压铸件的投影区域以外，即侧型芯不妨碍压铸件推出的位置时，侧型芯所移动的行程为抽芯距离。图 7-3 为计算抽芯距离的典型例子。

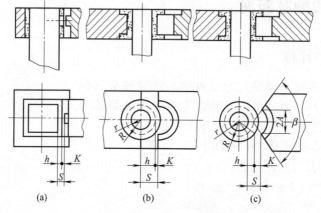

图 7-3　计算抽芯距离的典型例子

图 7-3（a）是单侧抽芯状况，它的抽芯距离为成型侧孔、侧凹或侧凸形状的深度或长度 h 加上安全值，即

$$S = h + K \qquad\qquad (7\text{-}2)$$

式中　S——抽芯距离，mm；

　　　h——侧孔、侧凹或侧凸形状的深度或长度，mm；

　　　K——安全值，见表 7-4。

压铸件外形为圆形，全部在侧滑块内成型时，抽芯距离的计算如下。

① 采用二等分滑块抽芯，如图 7-3（b）所示，它的抽芯距离为

$$S = \sqrt{R^2 - r^2} + K \qquad\qquad (7\text{-}3)$$

式中　S——抽芯距离，mm；

　　　R——压铸件最大外形半径，mm；

　　　r——阻碍推出压铸件外形的最小内圆半径，mm；

　　　K——安全值，见表 7-4。

② 采用多等分滑块抽芯，如图 7-3（c）所示，它的抽芯距离为

$$S = \sqrt{R^2 - A^2} - \sqrt{r^2 - A^2} + K \qquad\qquad (7\text{-}4)$$

$$A = r \sin \frac{\beta}{2}$$

式中　S——抽芯距离，mm；

　　　R——压铸件最大外形半径，mm；

　　　r——阻碍推出压铸件外形的最小内圆半径，mm；

　　　A——瓣合滑块前两尖角弦长的 1/2，mm；

　　　β——多等分侧滑块合模夹角，（°）；

　　　K——安全值，见表 7-4。

表 7-4　常用抽芯距离的安全值　　　　　　　　　　　mm

S	抽芯形式			
	斜销、弯销、手动	齿轴齿条	斜滑块	液压
<10	3～5	5～10(取整齿)	2～3	
10～30			3～5	
30～80	3～8			8～10
80～180				10～15
180～360	8～12			>15

通常情况下，在相同的侧抽芯条件下，选取较小的抽芯距离，对模具制造和压铸操作是十分有利的。

7.3　斜销抽芯机构

7.3.1　斜销抽芯机构的组合形式与动作过程

（1）斜销抽芯机构的组合形式

斜销抽芯机构的组合形式如图 7-4 所示，它主要由侧滑块（含侧型芯）、斜销、楔紧块和定位装置等零件组成。

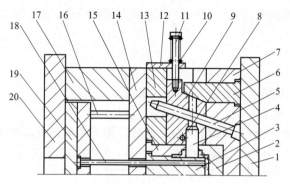

图 7-4　斜销抽芯机构的组合形式

1—定模座板；2—定模镶块；3—主型芯；4—侧型芯；5—斜销；6—楔紧块；7—定模板；
8—固定销；9—侧滑块；10—弹簧；11—限位杆；12—限位板；13—动模板；14—支承板；
15—动模镶块；16—复位杆；17—垫块；18—推杆；19—推板；20—动模座板

（2）斜销抽芯机构的动作过程

斜销抽芯机构的动作过程见图 7-5。

图 7-5（a）为合模状态。斜销与分型面成一倾斜角，固定于定模套板内，穿过设在动模导滑槽中的滑块孔内，滑块由楔紧块锁紧。

图 7-5（b）开模后，动模与定模分开，滑块随动模运动，由于定模上的斜销在滑块孔中，使滑块随动模运动的同时，沿斜销方向强制滑块运动，抽出型芯。

图 7-5（c）抽芯结束。开模到一定距离后，斜销与滑块斜孔脱离，抽芯停止运动，滑块由限位块限位，以便再次合模时斜销准确地插入滑块斜孔，迫使滑块复位。

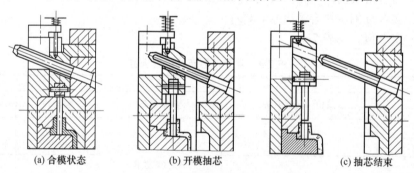

(a) 合模状态　　　　(b) 开模抽芯　　　　(c) 抽芯结束

图 7-5　斜销抽芯机构的动作过程

7.3.2　斜销设计

（1）斜销斜角的选择

斜销斜角即斜销的抽芯角，是斜销的安装轴心与开模方向的倾斜角。

斜销斜角 α 是决定斜销抽芯机构工作效果的重要参数，它直接影响着斜销所承受的弯曲应力、有效工作直径和长度以及完成侧抽芯动作所需要的有效开模距离。

从图 7-6 的斜销工作状态得出，斜销斜角 α 与其他参数的关系为

$$F_W = \frac{F}{\cos\alpha} \tag{7-5}$$

$$L = \frac{S}{\sin\alpha} \tag{7-6}$$

$$H = \frac{S}{\tan\alpha} \qquad (7\text{-}7)$$

式中 α——斜销斜角，(°)；

  F_W——斜销在侧抽芯时所承受的弯曲力，N；

  F——抽芯力，N；

  L——斜销的工作长度，cm；

  S——抽芯距离，cm；

  H——斜销完成侧抽芯的有效开模行程，cm。

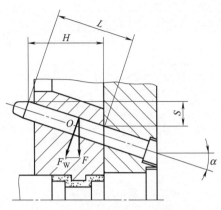

图 7-6 斜销斜角与其他参数关系

在实践中，如果从斜销的受力状况和侧滑块的平稳性考虑，希望斜销斜角 α 选得小一些，而从侧抽芯结构的紧凑程度考虑，希望 α 值选得稍大一些。因此，在选用斜销斜角 α 时，应兼顾斜销的受力状况和其他相关因素，综合考虑，统筹处理。

一般情况下，斜销斜角 α 应在 $10° \sim 25°$ 之间选取。

（2）斜销工作直径的确定

斜销所受的力，主要取决于抽芯时作用于斜销上的弯曲力（图 7-6）。斜销直径 d 的计算公式如下：

$$d = \sqrt[3]{\frac{10 F_W H}{[\sigma]_W \cos\alpha}}$$

$$\text{或} \quad d = \sqrt[3]{\frac{10 F H}{[\sigma]_W \cos^2\alpha}} \qquad (7\text{-}8)$$

式中 d——斜销工作直径，cm；

  F_W——斜销在侧抽芯时所承受的弯曲力，N，$F_W = \dfrac{F}{\cos\alpha}$；

  F——抽芯力，N；

  H——斜销完成侧抽芯的有效开模行程，cm

  $[\sigma]_W$——抗弯强度，MPa，一般取 $[\sigma]_W = 300\text{MPa}$；

  α——斜销斜角，(°)。

（3）斜销长度的确定

对于斜销抽芯机构按所选定的抽芯力、抽芯行程、斜销位置、斜销斜角、斜销直径以及滑块的大致尺寸，在总图上按比例作图进行大致布局后，即可按作图法、计算法或查表法来确定斜销的长度。

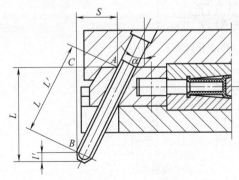

图 7-7 用作图法确定斜销有效工作段长度

1）作图法（图 7-7）

① 取滑块端面斜孔与斜销外侧斜面接触处为 A 点。

② 自 A 点作与分型面相平行的直线 AC，使 $AC = S$（抽芯距离）。

③ 自 C 点作垂直于 AC 线的 BC 线，交斜销处侧斜面于 B 点。

④ AB 线段的长度 l'，为斜销有效工作段长度 $L' = \dfrac{S}{\sin\alpha}$。

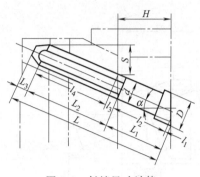

图 7-8　斜销尺寸计算

⑤ BC 线段长度加上斜销导引头部高度 l'，为斜销抽芯结束时所需的最小开模距离 $L=\dfrac{S}{\tan\alpha}+l'$。

2）计算法

斜销长度的计算是根据抽芯距离 S、固定段套板厚度 H、斜销直径 d 以及所采用的斜角 α 的大小而定的（图 7-8）。斜销总长度 L 的计算公式如下（滑块斜孔导引口端圆角 R 对斜销长度尺寸的影响省略不计）：

$$L=L_1+L_2+L_3=\frac{D-d}{2}\tan\alpha+\frac{H}{\cos\alpha}+$$

$$d\tan\alpha+\frac{S}{\sin\alpha}+(5\sim10) \qquad (7\text{-}9)$$

式中　L_1——斜销固定段尺寸，mm；

　　　L_2——斜销工作段尺寸，mm；

　　　L_3——斜销工作导引段尺寸，一般取 $5\sim10$mm；

　　　S——抽芯距离，mm；

　　　H——斜销固定段套板的厚度，mm；

　　　α——斜销斜角，（°）；

　　　d——斜销工作段直径，mm；

　　　D——斜销固定段台阶直径，mm。

7.3.3　斜销的延时抽芯设计

斜销延时抽芯是依靠滑块斜孔在抽出方向上有一小段增长量来实现的，由于受到滑块长度的限制，这一段增长量不可能很大，所以延时抽芯行程较短，一般仅用于铸件对定模型芯的包紧力较大，或铸件分别对动、定模型芯的包紧力相等的场合，以保证在开模时铸件留在动模上。

（1）斜销延时抽芯动作过程

斜销延时抽芯是依靠侧滑块斜孔在抽出方向上设置一个后空当 δ 来实现的。斜销延时抽芯的动作过程见图 7-9，延时抽芯有关参数见图 7-10。图 7-9（a）为压铸完成后的合模状

$S_{延}$（$S_{延}$为延时抽芯开模行程,mm）

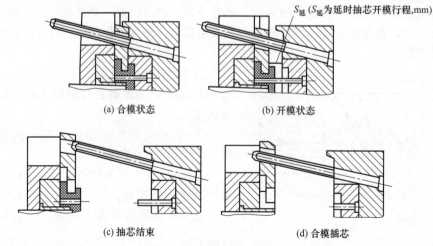

(a) 合模状态　　　　　(b) 开模状态

(c) 抽芯结束　　　　　(d) 合模插芯

图 7-9　斜销延时抽芯的动作过程

态。在斜销与侧滑块斜孔的驱动面上设置后空当 δ（参见图7-10）。在开模的瞬间，分型面相对移动一小段行程 M 前，只消除了后空当占的间隙，并没有进行侧抽芯动作，如图7-9（b）所示。当继续开模时，才开始进行侧抽芯动作。斜销在开模距离为 H 时，使侧型芯向后移动抽芯距离 S，完成侧抽芯动作，然后推出压铸件。图7-9（d）为合模时的插芯状态，合模时斜销插入侧滑块的斜孔。但由于斜孔有延时抽芯的后空当 δ，在合模达到一定距离后，斜销才能带动侧滑块复位。

（2）设置延时抽芯的作用

① 防止在开模瞬间楔紧块对侧型芯的移动产生阻碍干涉现象。

② 当压铸件对定模的包紧力大于或等于动模时，可借助侧型芯的阻力作用，使压铸件首先从定模成型零件中脱出，并留在动模一侧。

③ 在多方位侧抽芯时，在各个侧型芯设置不同的后空当量 δ，以按序分时抽芯，分散抽芯力。

（3）延时抽芯有关参数的计算

延时抽芯有关参数的计算参考图7-10。

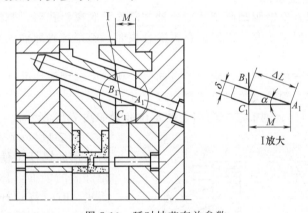

图7-10 延时抽芯有关参数

① 延时抽芯行程 M，按设计需要确定。

② 延时抽芯斜销直径 d 按公式（7-8）计算。

③ 侧滑块斜孔的后空当量 δ 按下式计算。

$$\delta = M \sin\alpha \qquad (7\text{-}10)$$

式中　δ——侧滑块斜孔的后空当量，mm；

　　　M——延时抽芯行程，mm；

　　　α——斜销斜角，（°）。

常用侧滑块斜孔后空当量见表7-5。

表7-5 常用侧滑块斜孔后空当量　　　　　　　　　　　　　　　　mm

斜销斜角 $\alpha/(°)$	延时抽芯开模行程 M					
	5	10	15	20	25	30
	滑块斜孔后空当量 δ					
10	0.87	1.74	2.61	3.46	4.33	5.21
15	1.29	2.59	3.88	5.18	6.47	7.76
18	1.54	3.09	4.63	6.18	7.72	9.27
20	1.71	3.42	5.13	6.84	8.55	10.26
22	1.87	4.75	5.62	7.49	9.36	8.24
25	2.11	4.23	6.34	8.45	10.56	12.68

④ 延时抽芯时斜销总长度 L 按式（7-9）直接求出。

延时抽芯时斜销长度的增长量见表 7-6。

表 7-6　斜销长度的增长量　　　　　　　　　　　　　　　　　mm

斜销斜角 $\alpha/(°)$	延时抽芯开模行程 M					
	5	10	15	20	25	30
	斜销长度增长量 ΔL					
10	5.08	10.15	15.23	20.31	25.39	30.46
15	5.18	10.35	15.53	20.70	25.88	31.05
18	5.27	10.52	15.78	21.10	26.30	31.60
20	5.32	10.64	15.97	21.28	26.60	31.92
22	5.39	10.78	16.17	21.56	26.95	32.24
25	5.52	8.03	16.65	22.07	27.59	32.10

7.3.4　侧滑块定位和楔紧装置的设计

（1）侧滑块的定位装置

定位装置的作用是斜销驱动侧型芯完成抽芯动作并脱离斜孔后，侧滑块可靠地停留在脱离斜销的最终位置上保持不变，以保证在再次合模时，斜销准确地插入侧滑块的斜孔中，顺利地驱动侧滑块完成复位动作。

根据压铸模安装方位的不同，侧抽芯方向的变化，引起侧滑块受重力作用的状况发生变化。根据侧抽芯方向，侧滑块的定位装置有以下几类。

① 侧抽芯方向向上。侧抽芯方向向上的定位装置如图 7-11 所示。

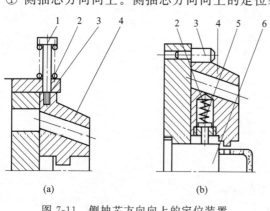

图 7-11　侧抽芯方向向上的定位装置
1—拉杆；2—弹簧；3—限位件；
4—侧滑块；5—顶销；6—主型芯

图 7-11（a）是利用弹簧 2 的弹力，借助拉杆 1 使侧滑块 4 定位在限位件 3 的端面，称为弹簧拉杆式定位装置。有时将拉杆 1 做成对头螺杆的形式，以便于随时调整弹簧 2 的压缩长度和弹力。它结构简单，制作方便，定位可靠，是一种常用的定位装置。但定位装置装在模体外，占用空间较大，给模具安装带来困难。有时则必须采取先安装模具，后安装定位装置的方法。

图 7-11（b）是弹簧 2 和顶销 5 安装在侧滑块 4（或主型芯 6）的可用空间上。在侧滑块最终的停留位置上设置限位件 3，侧分型后，顶销 5 在弹簧 2 的弹力作用下，使侧滑块紧靠在限位件 3 上定位。这种定位形式结构紧凑，定位也比较可靠，多用于侧滑块较轻的场合。

在设计侧抽芯方向向上的定位装置时，必须使弹簧的弹力大于侧滑块的总重力。一般情况下，弹簧的弹力应为侧滑块总重的 1.5～2 倍，弹簧的压缩长度应为抽芯距离 S 的 1.3 倍，这样，才能使侧滑块在较长的使用周期内，准确可靠地定位在设定的位置上。

② 侧抽芯方向向下。侧抽芯方向向下的定位装置，侧抽芯方向与重力方向一致，只需设置限位挡销或挡块即可，如图 7-12 所示。

③ 侧抽芯沿水平方向。沿水平方向侧抽芯的侧滑块几乎不受重力作用的影响。但是由

于机床和压铸操作引起的振动以及其他人为因素的影响，也会使侧滑块在最终位置上产生位移，所以也必须设置定位装置。常用的定位装置如图 7-13 所示。

图 7-13（a）为弹簧顶销式定位装置。在侧滑座的底面或侧面，设置由弹簧推动的顶销，在侧滑座成型位置和终点位置上分别设置距离为 S 的两个锥坑。侧抽芯动作完成后，顶销在弹簧的作用下，对准锥坑，将侧滑块定位在侧抽芯的最终位置上。

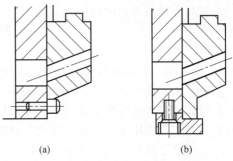

(a)   (b)

图 7-12　侧抽芯方向向下的定位装置

当底板较薄时，可采用加设套筒的方法，加大弹簧的安装和伸缩空间。如图 7-13（b）所示，它多用于小型模具中。

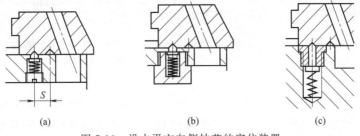

(a)   (b)   (c)

图 7-13　沿水平方向侧抽芯的定位装置

当底板较厚时，可采用图 7-13（c）所示的结构形式，将弹簧和顶销装入模板的盲孔中，用螺塞固定。

在一般情况下，侧滑块在导滑槽内完成的导向动作，均能满足压铸件的技术要求。但是，当压铸件尺寸或形位的精度要求较高时，则需要采用精确的导向和复位装置。

① 对合侧型腔的精确导向和复位的装置。图 7-14 是一组对合侧型腔的侧分型模。压铸件要求外形光洁，无显著的合模线，并要求外螺纹不经过后续的机械加工即可直接使用。显然，单靠侧滑块和导滑槽之间的移动间隙，很难满足这些要求。因此，在对合侧型腔的分型

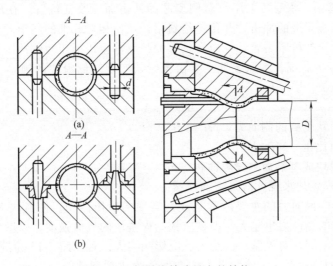

(a)

(b)

图 7-14　侧滑块精确导向的结构

面上设置对称精确导向的圆柱销，如图 7-14（a）中 A—A 所示。圆柱销与孔采用 H7/f7 的间隙配合精度。

设圆柱销直径 $d = 8$mm，采用 H7/f7 的间隙配合，则它们的配合间隙在 $0.015 \sim 0.043$mm 之间，平均间隙为 0.029mm，基本上可满足压铸件的技术要求。

为进一步提高导向精度，实际上采用了以圆锥销代替圆柱销的形式，如图 7-14（b）中 A—A 所示。圆锥销与圆锥套研合后装入作合模的精确导向元件中，消除了圆柱销间隙配合的误差。在实际应用中，取得了非常好的效果，在压铸件上用肉眼很难看出合模线，外螺纹的精度也满足了使用要求，受到用户的好评。

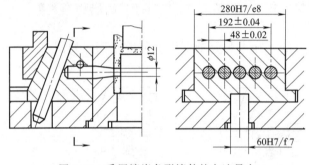

图 7-15　采用镶嵌条形镶件的方法导向

② 采用条形镶件导向。当侧滑块的宽度较大时，可采用镶嵌条形镶件的方法导向，如图 7-15 所示。由于侧滑块较宽，按标准公差选取的间隙配合的公差很大。如图 7-15 的侧滑块宽度为 280mm，按规定选取 H7/e8 的间隙配合精度，则导滑槽宽度公差为 $280^{-0.110}_{-0.191}$，而侧滑块的宽度公差为 $280^{+0.052}_{0}$，它们相互配合的最小间隙为 0.11mm，最大间隙为 0.243mm，所以当配合间隙在上限时，很难保证它们相对移动精度的要求。现采用宽为 60mm 的条形镶件，选取 H7/f7 的间隙配合，它们的配合间隙在 $0.06 \sim 0.136$mm 之间。这是较为理想的移动配合间隙。这种结构形式既易于保证加工精度，又有利于侧滑块的精确而平稳的移动。

（2）侧滑块的楔紧装置

侧滑块楔紧装置的主要功能如下。

a. 在合模时，使侧型芯准确回复到成型位置。因斜销与侧滑块斜孔的配合是动配合，况且一般还有一个后空当间隙 δ，所以斜销只能起驱动作用，侧滑块的准确复位要靠楔紧装置。

b. 在压铸过程中，承受压射压力对侧型芯的冲击而不改变位置。在压铸成型时，侧滑块受到成型区域的金属液的冲击，并传递给斜销，致使相对纤细的斜销产生变形或断裂。因此，必须设置侧滑块的楔紧装置，并应有足够的强度承受压射压力的冲击。

① 楔紧块的受力状况。楔紧装置主要由楔紧块实现对侧滑块的锁紧。楔紧块受到的侧向力，即侧胀型力 F_z 为

$$F_z = pA \tag{7-11}$$

式中　F_z——楔紧块受到的侧向力，N；

　　　　p——压射比压，MPa；

　　　　A——侧滑块成型端面的投影面积，m^2。

侧向力 F_z 对楔紧块来说，就是它的楔紧力。

由此看出，影响侧向力的主要因素是成型端面的投影面积。侧滑块端面的投影面积越大，楔紧块所受到的侧向力也越大，即越应提高楔紧块的机械强度，以增大锁紧能力。由于侧抽芯设计的结构不同，对楔紧块的受力状况影响很大。现以图 7-16 为例加以比较。

图 7-16（a）的结构形式，将侧滑块的端面作为成型型腔的一部分。从 K 向视图看出，在侧型芯端面很大的阴影部分的成型区域内，均受到金属液的直接冲击，即 A 增大，F_z 也

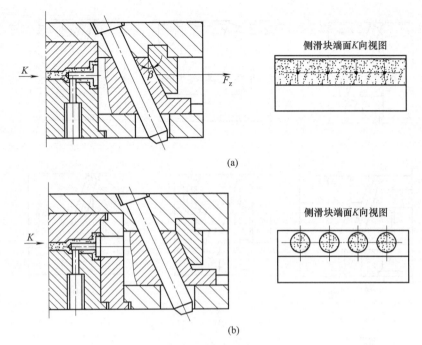

(a)

(b)

图 7-16　楔紧块受力分析与比较

随之增大，在设计时，就必须增大楔紧块的强度和刚度，以提高楔紧力。

图 7-16（b）将侧型芯的成孔的部位伸入成型区域内，金属液的冲击力大部分由型腔承载，那么，侧滑块只受到四处成孔部位的冲击，从而使楔紧块承受较小的侧向力。因此，在特殊场合，从设计结构上设法降低楔紧块所承受的侧向力，是十分必要的。

② 楔紧块的结构和装固形式。楔紧块的结构和装固形式应满足以下几点要求。

a. 在较长的运作周期内，保证楔紧功能的可靠性；

b. 便于制造和研合；

c. 便于维修和更换。

根据楔紧力的大小和制造工艺的简繁程度，应选取不同的结构形式。常用楔紧块的结构和装固形式如图 7-17 所示。

图 7-17（a）为外装式结构形式。在研合后，用螺钉和圆柱销将楔紧块固定在模板的侧端。它结构简单，易于加工和研合，调整也比较方便。但楔紧力较小，强度和刚性较差。只适用于侧型芯受力较小的小型模具。

图 7-17（b）和图 7-17（c）在图 7-17（a）的基础上分别设置了辅助楔销或楔块，提高了楔紧能力。图 7-17（b）中的楔紧销圆锥体应取与楔紧块一致的斜度。如图 7-17（c）的形式是在侧滑座的尾部设置辅助楔块，起加固楔紧块，间接增大楔紧力作用。也可以将辅助楔块设置在动模板上。但应注意不能妨碍侧滑座的有效抽芯行程。

图 7-17（d）是嵌入式结构形式，将楔紧块镶嵌在模板的贯通孔中。它楔紧的强度较好，加工装配也比较简单，特别有利于组装时研合操作。研合前，楔紧块的长度方向上预留出研合余量。研合后再将背面高于模板的部分去掉取齐。这是实践中经常采用的一种形式。

应该注意，楔紧块与模板端的距离 S 不能太薄，贯通孔的四角应做成圆角，以提高装固的强度和加工工艺性。

图 7-17（e）是将楔紧块嵌入模板的盲孔中，背面用螺栓紧固。在楔紧块受力较大的外

压铸模具设计实用教程

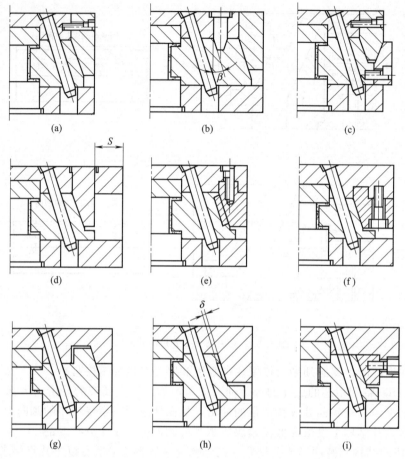

图 7-17　楔紧块的结构和装固形式

侧增加了一个支承面，加强了楔紧块的楔紧作用，楔紧效果非常好。

　　但是，这种结构形式与侧滑座尾部斜面的研合比较麻烦，需要较高的钳工研合技术。为便于研合，可在侧滑座的斜面嵌入镶块，通过调整镶块的厚度来调节研合面。同时，在研合后，可对镶件进行淬硬处理，以提高使用寿命。

　　当模板较厚和侧胀型力较大时，可采用图 7-17（f）的结构形式。

　　图 7-17（g）是将侧滑座尾部突出一个斜面起楔紧作用的整体结构，并在模板上加工出斜面坑，相互研合后，将侧滑座楔紧。

　　图 7-17（h）是整体式结构形式。它的结构特点是楔紧力大，弹性变形量小，安装可靠，但给加工、研合带来困难，特别是磨损时不易修复。多用于侧胀型力很大的大型模具。

　　为减少研合的工作量，可在侧滑座斜面的中心部位开设深度为 $1\sim2mm$ 的空当 δ。

　　为便于研合和提高使用寿命以及便于维修或更换，可在整体式结构的基础上设置经淬硬处理的镶块，既便于加工，也便于修复，如图 7-17（i）所示。

　　③ 楔紧块的楔紧角。楔紧角是楔紧块的重要参数。为了不妨碍斜销驱动侧滑座的后移动作，楔紧块应在开模瞬间迅速离开侧滑座的压紧面，打开侧抽芯的移动空间，避免楔紧块与侧滑块间产生干涉或摩擦。合模时，在接近合模终点时，楔紧块才接触，并最后压紧侧滑块，使斜销与斜孔脱离接触，以免在合模过程中，斜销处于长期受力状态。在一般情况下，楔紧角为

156

$$\beta = \alpha + (3° \sim 5°) \tag{7-12}$$

式中 β——楔紧块的楔紧角，(°)；

α——斜销斜角，(°)。

与主分型面不垂直的侧抽芯机构，楔紧角 α' 的选择如下。

a. 当侧抽芯方向向动模倾斜 β 角时

$$\alpha' = \alpha_1 - \beta_0 + (3° \sim 5°) = \alpha + (3° \sim 5°) \tag{7-13}$$

b. 当侧抽芯方向向定模倾斜 β 角时

$$\alpha' = \alpha_1 + \beta_0 + (3° \sim 5°) = \alpha + (3° \sim 5°) \tag{7-14}$$

式中 α'——楔紧角；

α_1——实际影响侧抽芯效果的抽芯角，(°)；

β_0——侧抽芯方向与主分型面的交角，(°)；

α——斜销轴线与主分型面垂直的角度，(°)。

7.3.5 斜销侧抽芯机构应用实例

【例 7-1】 斜销多方位侧分型压铸模

图 7-18 的隔膜泵壳体压铸模是斜销多方位侧分型压铸模。壳体的结构特点是，外形比

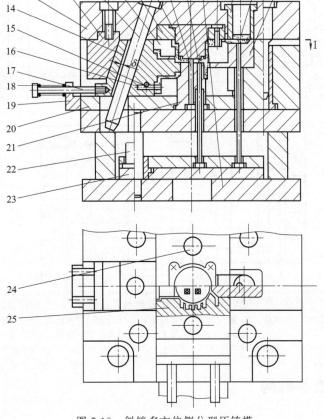

图 7-18 斜销多方位侧分型压铸模

1—浇道镶块；2—浇道推杆；3—浇口套；4,7—型芯；5—动模座板；6—推杆；8—定模主型芯；9—定模镶块；
10,25—侧对合型腔；11,24—斜销；12—楔紧块；13—定模板；14—侧滑块；15—固定销；16—侧型芯；
17—拉杆；18—弹簧；19—限位块；20—动模板；21—动模主型芯；22—复位杆；23—推板

较复杂，在侧面设有较深的通孔和组装真空气室的法兰连接盘。因此，除采用对合型腔成型壳体外形外，还设置了侧孔法兰部位的侧分型的多方位抽芯形式。多方位侧分型压铸模均采用斜销驱动，使侧滑块完成侧分型。

开模时，从分型面Ⅰ处分型，在压铸件脱离定模主型芯 8 和型芯 4 的同时，斜销 11、24 借助开模力，驱动侧对合型腔 10、25 以及侧滑块 14 完成多方位侧分型动作。浇注余料也同步从浇口套 3 中脱出，并留在分型面上。

在清除脱模障碍后，推杆 6 和浇道推杆 2 分别将压铸件推出模体。

为分散侧抽芯力，在侧滑块 14 的斜孔中开设了后空当 δ。在开模瞬间，斜销 24 在驱动侧对合型腔 10 和 25 一段距离后，斜销 11 才开始驱动侧滑块 14 作抽芯动作。

实践证明，该压铸模动作协调，运行稳定可靠，仍在正常使用。

【例 7-2】 抽芯分型面成夹角的压铸模

图 7-19 是摆钩式定模侧抽芯压铸模。

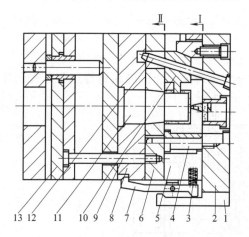
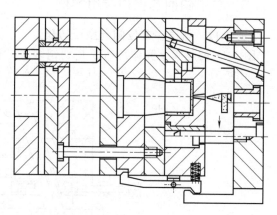
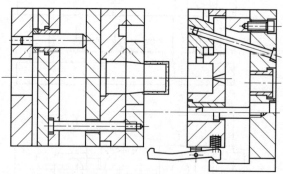

图 7-19　摆钩式定模侧抽芯压铸模

1—压钩；2—定模座板；3—弹簧；4—限位杆；5—定模板；6—卸料板；7—摆钩；8—动模板；9—卸料推杆；
10—侧滑块；11—主型芯；12—斜销；13—推板

7.4　弯销侧抽芯机构

7.4.1　弯销侧抽芯机构的组成

弯销侧抽芯机构的工作原理和结构形式与斜销侧抽芯机构大体相同，其组成如图 7-20

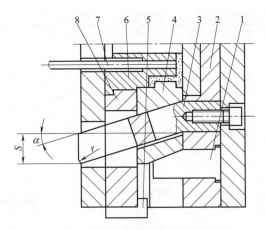

图 7-20　弯销侧抽芯机构的组成

1—楔紧块；2—定模板；3—弯销；4—侧滑块；5—定位装置；6—主型芯；7—推杆；8—动模板

所示。除了驱动元件由圆柱形斜销驱动改为矩形弯销驱动外，该机构也设有结构相同或不同形式的楔紧块 1 和定位装置 5。

7.4.2　弯销侧抽芯动作过程

弯销侧抽芯过程见图 7-21。图 7-21（a）为合模状态。图 7-21（b）为开模过程，卸除对定模型芯的包紧力，楔紧块脱离滑块；图 7-21（c）为开模终止，型芯抽出，滑块由限位钉定位，以便再次合模。

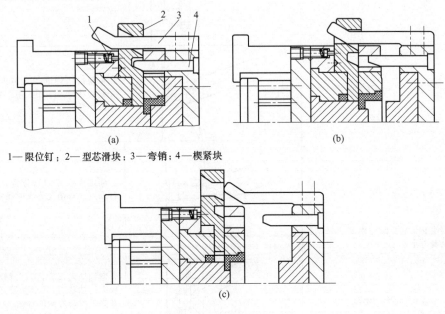

1—限位钉；2—型芯滑块；3—弯销；4—楔紧块

图 7-21　弯销侧抽芯过程

7.4.3　弯销侧抽芯机构的设计

（1）弯销的结构和固定形式

弯销的结构形式和固定形式如表 7-7 和表 7-8 所示。

压铸模具设计实用教程

表 7-7　常用弯销的结构形式

简图	说明	简图	说明
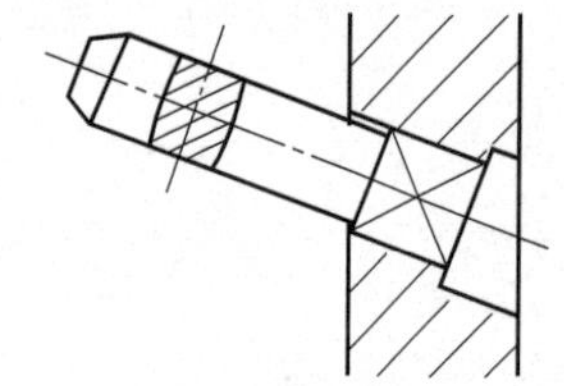	刚性和受力情况比斜销好,但制造费用较大	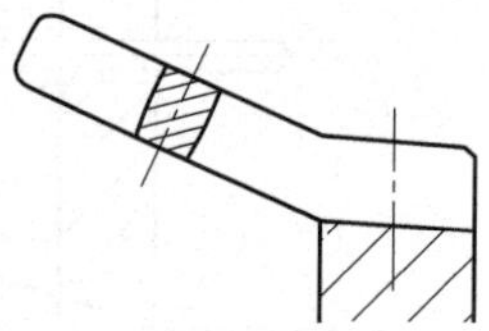	无延时抽芯要求,抽拔离分型面垂直距离较近的型芯。弯销头部倒角便于合模时导入滑块孔内
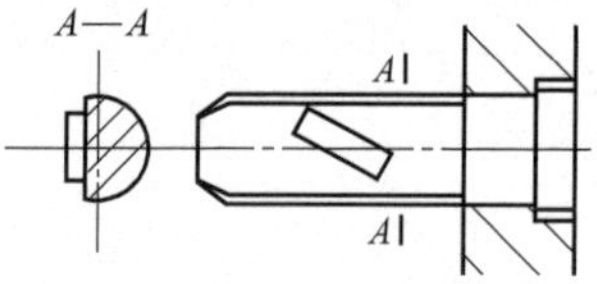 *A—A*	用于抽芯距离较小的场合,同时起导柱作用,模具结构紧凑	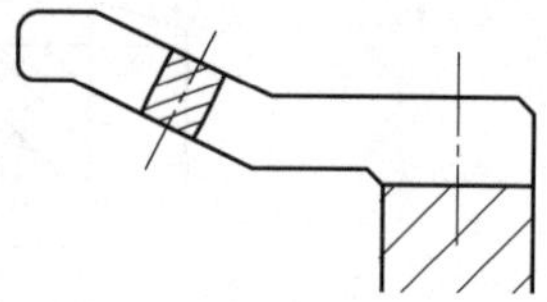	用于抽拔离分型面垂直距离较远和有延时抽芯要求的型芯

表 7-8　常用弯销的固定形式

固定部位	简图	说明
固定于定模套外侧,模套强度高,结构紧凑,但滑块较长	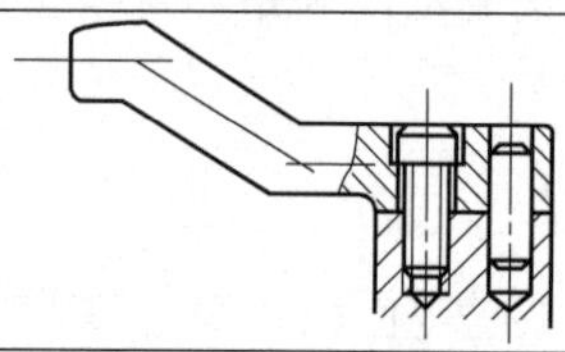	用于抽芯距离较小的场合,装配方便,但螺钉易松动
	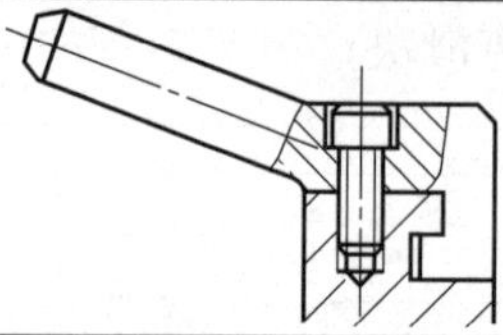	能承受较大的抽芯力,但加工装配较复杂
固定于模套内,为了保持模套的强度,适当加大模套外形尺寸	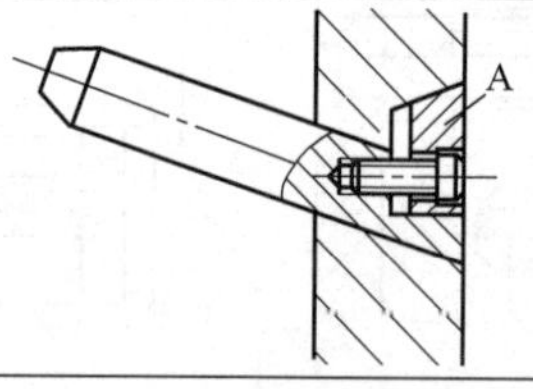	弯销插入模套后旋紧螺钉,通过 A 斜面将弯销固定,用于抽芯力不大的场合
	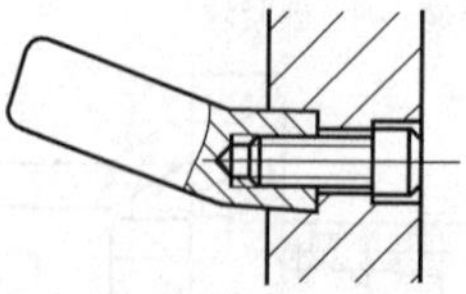	确定弯销方向和位置,一端用螺钉固定。弯销受力大时稳定性差
	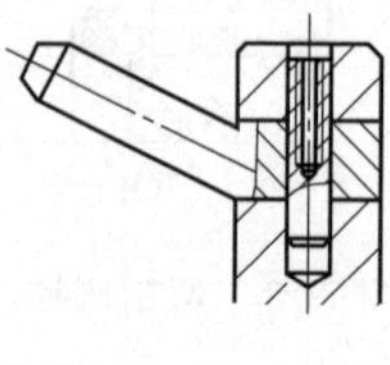	弯销插入模套,销钉封锁,能承受较大的抽芯力,稳定性较好,用于装在接近模套外侧的弯销
	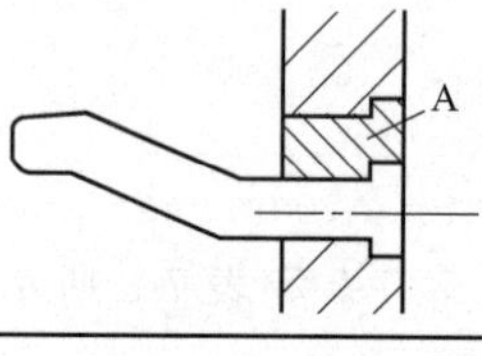	与弯销辅助块 A 同时压入模套,可承受较大的抽芯力,稳定性较好。用于模套内部的弯销

续表

固定部位	简图	说明
固定于模套内,为了保持模套的强度,适当加大模套外形尺寸	模套　座板	固定形式较简单,能承受较大的抽芯力,装配时将弯销敲入模套内,敲入定位销,然后装入座板
固定于动模支承板或推板上		用于抽芯距离较短、抽芯力不大的场合

（2）侧滑块的楔紧方法

弯销侧滑块的楔紧形式如图 7-22 所示。在一般场合,均可采用斜销抽芯时侧滑块的楔紧方式,将楔紧块设置在侧滑块的尾部,如图 7-22（a）所示。

根据弯销安装位置的变化,也可将楔紧块设置在如图 7-22（b）的位置上。

根据弯销的结构特点,矩形断面比圆形斜销能承受较大的弯矩。当侧滑块的反压力不大时,可直接用弯销楔紧侧滑块,如图 7-22（c）所示,楔紧面为 C。当侧滑块反压力较大时,可采用图 7-22（d）所示的形式,在弯销末端加装支承块的方法,以增加弯销的抗弯能力。

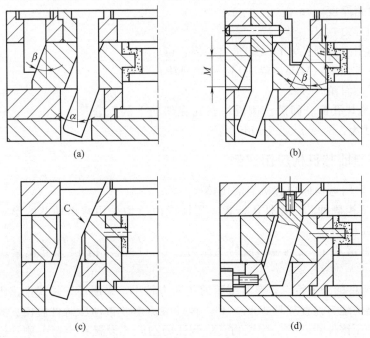

图 7-22　弯销侧滑块的楔紧形式

采用弯销作为楔紧形式时,弯销分别受到两个相反力的作用,一个是承受金属液在充填过程中对弯销的冲击压力,另一个是在侧抽芯过程中,克服包紧力而承受的抽芯力;因此,在设计时,应同时考虑满足这两种不同方向力的要求,并选取较大的安全系数,防止因频繁的疲劳形变而失效。

压铸模具设计实用教程

（3）弯销抽芯的相关尺寸

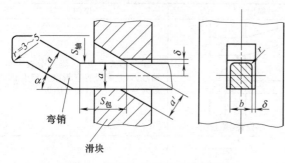

图 7-23　弯销与侧滑块孔配合情况

弯销与侧滑块孔配合情况见图 7-23 所示。

① 确定弯销斜角。弯销斜角 α 越大，抽芯距离则越大，但增加了弯销所承受的弯曲力。抽芯距离短，抽芯力大时，斜角 α 取小值；抽芯距离长，抽芯力小时，斜角 α 取大值。抽芯距离按设计需要确定。

常用 α 值为 $10°$、$15°$、$18°$、$20°$、$22°$、$25°$、$30°$。

② 确定弯销宽度。为保持弯销工作的稳定性，应有适当的宽度，可按下式计算：

$$b = \frac{2}{3}a \tag{7-15}$$

式中　b——弯销宽度，mm；

　　　a——弯销厚度，mm。

③ 确定弯销厚度。由于断面是矩形结构，弯销承受的弯曲应力比斜销大，所以弯销厚度 a 按下式计算：

$$a = \sqrt{\frac{9FH}{[\sigma]_\mathrm{w}\cos^2\alpha}} \tag{7-16}$$

式中　a——弯销厚度，cm；

　　　F——抽芯力，N；

　　　H——作用点与斜孔入口处的垂直距离，m；

　　　$[\sigma]_\mathrm{w}$——抗弯强度，MPa，取 $[\sigma]_\mathrm{w}=300\mathrm{MPa}$；

　　　α——弯销斜角，（°）。

④ 弯销与滑块孔配合间隙。侧滑块斜孔在斜向上的配合尺寸：$a_1 = a + 1\mathrm{mm}$。在垂直方向的配合尺寸为：$\delta_1 = 0.5 \sim 1\mathrm{mm}$。

7.4.4　弯销侧抽芯机构应用实例

【例 7-3】　采用弯销侧抽芯机构的压铸模

图 7-24 是弯销侧抽芯三通件压铸模。压铸模两端均采用弯销抽芯的形式，这种套压铸模的结构特点如下。

① 由于左侧滑块 11 受到金属液的反压力较小，所以弯销 10 兼起楔紧块的作用，简化了模具结构。

② 根据压铸件的外形特点，它对型腔的包紧力较小，采用了护耳式推出形式，即在主分型面设置溢流槽的地方设置护耳式推杆 16，推动溢流槽并带动压铸件脱模。脱模后再切除溢流槽。为了减少压铸件对动模的包紧力，将侧孔的型芯 6 设置在定模一侧。这样设置的好处是：在压铸件的外表面不留推出痕迹；避免推杆与侧型芯产生干涉现象，不必设置推出机构的预复位。

③ 在右侧滑块 2 和左侧滑块 11 的斜孔内设置后空当 δ，可实现延时抽芯。开模时，在后空当的作用下，定模镶块 5 和型芯 6 在脱离压铸件后，才开始抽芯动作，使压铸件稳妥地留在动模一侧。

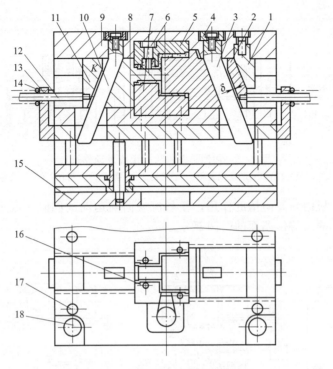

图 7-24　弯销侧抽芯三通件压铸模

1—楔紧块；2—右侧滑块；3—右弯销；4—锁紧垫；5—定模镶块；6—型芯；
7—动模镶块；8—动模板；9—定模板；10—左弯销；11—左侧滑块；12—拉杆；
13—挡块；14—弹簧；15—动模座板；16—推杆；17—复位杆；18—导柱

④ 在侧滑块斜孔中，除设置后空当 δ 外，还在弯销的入口处设置一个直面，并与斜孔相交于 K 点，它改变了侧滑块受力段的位置，使它的受力点更接近于集中载荷的中心，消除了受力点偏移带来的不利影响。

7.5　斜滑块侧抽芯机构

斜滑块侧抽芯机构是与其他侧抽芯机构完全不同的一种侧分型和侧抽芯形式。由于它结构紧凑，动作可靠，是常用的侧抽芯形式。

7.5.1　斜滑块侧抽芯机构的组成与动作过程

（1）内凹抽芯机构

图 7-25（a）所示为合模状态。合模时，内斜滑块的复位不能直接依靠内斜滑块的端面及定模分型面来完成，需在推板上设置固定的滑轮座，与内斜滑块尾端的滚轮连接，使内斜滑块与推板同步联动，借助推出机构上的复位杆，使内斜滑块合模时正确复位。

图 7-25（b）所示为开模抽芯终止状态。开模动作过程基本与外侧抽芯机构相同。

（2）外侧抽芯机构

图 7-26（a）所示为合模状态。合模时，斜滑块端面与定模分型面接触，使斜滑块进入动模套板内复位，直至动、定模分型面闭合，斜滑块间各密封面 C 由压铸机锁模力锁紧。

图 7-26（b）所示为开模抽芯终止状态。开模时，通过推出机构推出斜滑块，在推出过

压铸模具设计实用教程

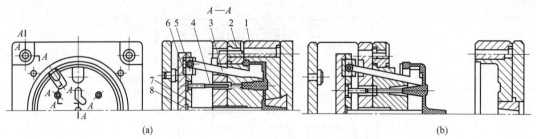

图 7-25　内凹抽芯机构的组成及动作过程

1—定模套板；2—动定模套板；3—弯销；4—推杆；5—滑块；6—滑轮座

程中，由于动模套板内斜导向槽的作用，使斜滑块向前运动的同时，做 K 向分型位移，在推出铸件的同时，抽出铸件侧面的凸凹部分。

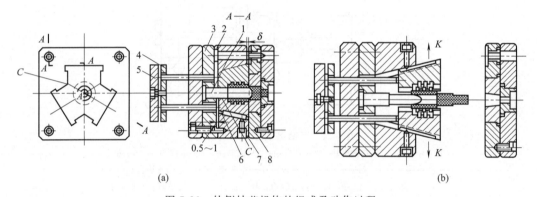

图 7-26　外侧抽芯机构的组成及动作过程

1—型芯；2—动模套板；3—型芯固定板；4—推杆固定板；5—推杆；6—斜滑块；7—限位螺杆；8—定模套板

7.5.2　斜滑块侧抽芯机构的设计

（1）斜滑块的装配要求

为了保证斜滑块侧向分型面之间能够紧密锁紧，一般要求斜滑块底面留有 0.5～1mm 的空隙，而斜滑块的上端面应高出动模套板 0.5～1mm。

（2）避免压铸件推出时留在某一斜滑块内

主型芯的位置选择恰当与否，直接关系到从铸件能否顺利脱模。图 7-27（a）中，主型

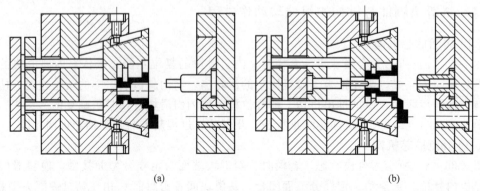

图 7-27　避免压铸件留在斜滑块中的措施

芯设在定模一侧，开模后即使压铸件留在动模中，推出机构推动斜滑块侧向分型与抽芯时，压铸件很容易黏附于某一斜滑块上，影响它从斜滑块上脱出；如果主型芯设在动模一侧，分型时斜滑块随动模后移，在脱模过程中，压铸件虽与主型芯松动，但在侧向分型与抽芯过程中主型芯对压铸件仍有限制侧向移动的作用，所以压铸件不可能黏附在某一斜滑块内，压铸件容易取出。如果型芯一定要设置在定模一侧，则可采用动模导向型芯作支柱，这样也可以避免压铸件留在斜滑块一侧，如图 7-27（b）所示。

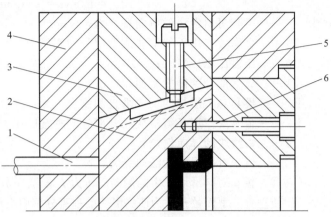

图 7-28　止动销强制斜滑块留在动模套板中的结构
1—推杆；2—斜滑块；3—动模套板；
4—支承板；5—限位螺钉；6—止动销

（3）斜滑块止动装置的设置

如果压铸件对动、定模的型芯的包络面积大小差不多，或者对定模型芯的包络面积甚至比对动模型芯大，为了防止斜滑块在开模时从导滑槽中被拉出，可设置斜滑块的止动装置。图 7-28 所示为定模部分设置止动销的结构，开模时，在止动销的作用下，斜滑块不能作侧向运动，可保证斜滑块不从导滑槽中被拉出。

（4）斜滑块的推出行程

斜滑块的推出行程是由推杆的推出距离确定的，但斜滑块在动模套板导滑槽内的推出距离是有一定要求的。一般情况下，推出行程不大于斜滑块高度的 1/3，并且推出后要有限位装置，如图 7-28 所示，限位螺钉 5 的设置就是起这一作用的。

（5）推杆位置的选择

在侧向抽芯距较大的情况下，应注意在侧抽芯过程中防止斜滑块移出推杆顶端的位置，所以为了完成预期的侧向分型或抽芯的工作，应重视推杆位置的选择。

（6）推杆长度应一致

推动斜滑块的推杆长度应一致，否则在推出过程中斜滑块的动作不一致，压铸件会产生变形。

（7）排屑槽的设置

在斜滑块的底部，可能的情况下，应在动模内开设排屑槽，使残余金属渣及涂料能由此通道从底部排出模外，以免影响斜滑块在合模时的完全复位。

7.5.3　斜滑块的设计

（1）斜滑块工作时的受力分析

从图 7-29 所示斜滑块工作时的受力情况可知：

$$F = F_c = pA \tag{7-17}$$

$$F_w = F'_w = \frac{F}{\cos\alpha} = \frac{pA}{\cos\alpha} \tag{7-18}$$

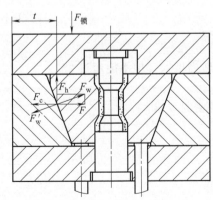

图 7-29　斜滑块受力分析

$$F_h = F \tan\alpha = pA \tan\alpha$$

式中　F——模套对斜滑块的侧向反压力，N；

　　　F_c——金属液作用于斜滑块成型部分的侧压力，N；

　　　p——压射比压，MPa；

　　　A——成型部分的侧投影面积，mm^2；

　　　F_w——模套对斜滑块的反向垂直侧压力，N；

　　　F_w'——金属液作用于斜滑块成型部分的垂直侧压力，N；

　　　α——斜滑块的导向斜角，(°)；

　　　F_h——模套对斜滑块的法向分力，N。

压铸时，模套对斜滑块产生的侧向反压力 F 及法向分力 F_h，使斜滑块向模具分型面方向移动，促使垂直分型面敞开。为使斜滑块的垂直分型面上严密封锁，需在模具分型面上给予斜滑块以大于 F_h 的锁模力 $F_{锁}$。同时，模套应有足够强度和刚度，以承受斜滑块对模套的侧向压力 F。

（2）斜滑块基本参数的确定

斜滑块基本参数的确定见图 7-30。

① 抽芯距离 S 的确定

$$S = S' + K \tag{7-19}$$

式中　S'——外形内凹成形深度，mm；

　　　K——安全值。

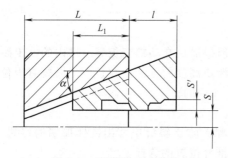

图 7-30　斜滑块基本参数

② 推出高度 l 的确定。推出高度是斜滑块在推出时轴向运动的全行程，即抽芯行程或推出行程。

确定推出高度 l 的原则如下。

a. 当斜滑块处在推出的终止位置上后，应以充分卸除铸件对型芯的包紧力为原则，同时必须完成所需的抽芯距离，以便顺利取下铸件。

b. 斜滑块推出高度与斜滑块的导向斜角有关。导向斜角越小，留在套板内的导滑长度可减少，而推出高度可增加。

③ 导向斜角 α 的确定。导向斜角需在确定推出高度 l 及抽芯距离 S 后按下式求出：

$$\alpha = \arctan\frac{S}{l} \tag{7-20}$$

具体要求如下。

a. 斜滑块的导向角可在 5°～25°之间选取，必要时可适当增大，但不能超过 25°。

b. 求出斜滑块的导向角 α 后，应进位取整数值。

c. 导向角的配合面应研合良好，以保证各侧分型面的密封要求。

d. 导滑槽的受力面应满足侧抽芯力的强度要求。

7.6　齿轮、齿条侧抽芯机构

齿轮齿条侧抽芯机构是机动侧向抽芯机构中最为复杂的侧抽芯机构，从知识的涵盖面看，它不仅包括一般侧抽芯机构中滑块的导滑、楔紧和限位这 3 大要素的设计，同时还涉及齿轮齿条之间、齿轮齿条之间的传动设计。

常用的齿轮齿条侧抽芯机构的基本形式如图 7-31 所示，主要由侧型芯 1、传动齿条 5、齿条滑块 7、齿轴 8 和楔紧块 9 组成。合模时，安装在定模板 3 上的楔紧块 9 将齿条滑块 7 锁紧，并使侧型芯 1 定位在成型位置上。

开模时，楔紧块 9 开始脱离齿条滑块 7、传动齿条 5 与动模板 10 做相对移动。但由于传动齿条 5 有一段迟时抽芯距离 M，故它不能使齿轴 8 起

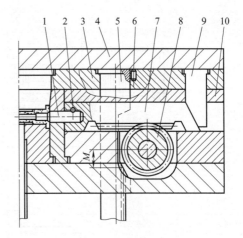

图 7-31　齿轮齿条侧抽芯机构

1—侧型芯；2—固定销；3—定模板；4—定模座板；5—传动齿条；
6—止转销；7—齿条滑块；8—齿轴；9—楔紧块；10—动模板

抽芯作用。当开模距离为 M 时，压铸件脱离了定模板 3 以后，传动齿条 5 才与齿轴 8 啮合，从而带动齿条滑块 7 和侧型芯 1 从压铸件中抽出。最后在推出机构的作用下，将压铸件完全推出。

7.7　液压抽芯机构

液压抽芯机构是指固定在定模或动模部分的液压缸（抽芯器）在压铸成型后，通过油路和液压阀控制，使与液压缸活塞杆连接的侧型芯进行抽芯的一种机构，常常用于抽芯距比较大的场合。由于液压缸是标准件，一般的压铸机均带有 3 套这样的抽芯器，所以应用相当广泛。

7.7.1　液压抽芯机构的组成与动作过程

① 液压抽芯机构的组成。见图 7-32。

② 液压抽芯动作过程。液压抽芯机构的动作过程如图 7-33 所示。液压抽芯器 1 借助抽芯器座 2 装在动模板 7 上，联轴器 3 和拉杆 4 将侧滑块 5 和液压抽芯器 1 连为一体。合模时，高压液从液压抽芯器 1 的 A 处进入后腔推动活塞，将侧型芯 6 插入成型区域，并由定模板 8 的楔紧装置锁紧在成型位置上，如图 7-33（a）所示。

压铸成型后，模体从主分型面分型，压铸件脱离定模，楔紧装置也脱离侧滑块 5，这时没有侧抽芯动作，侧型芯 6 停留在原来的位置上，如图 7-33（b）所示。

在开模过程中，高压液从 B 处进入抽芯器的前腔，推动活塞，开始侧抽芯动作，将侧型芯 6 和侧型芯 10 同时从压铸件中抽出，如图 7-33（c）所示。

液压抽芯器 1 的动作在试模时可用于手动操作，调试正常后，即可按行程开关的信号进行程序控制。

液压抽芯机构的特点如下。

a. 抽芯力大，抽芯距离较长。

b. 可以对任何方向进行抽芯。

c. 可以单独使用，随时开动。

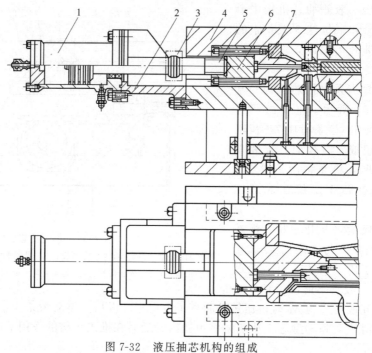

图 7-32　液压抽芯机构的组成

1—抽芯器；2—抽芯器座；3—联轴器；4—定模套板；5—拉杆；6—滑块；7—活动型芯

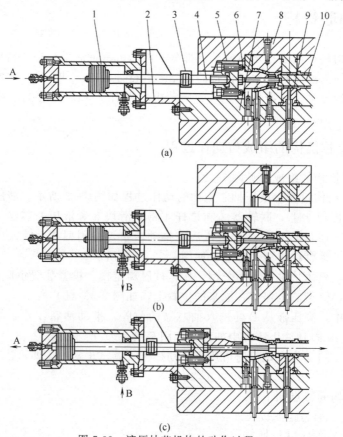

图 7-33　液压抽芯机构的动作过程

1—液压抽芯器；2—抽芯器座；3—联轴器；4—拉杆；5—侧滑块；6,10—侧型芯；7—动模板；8—定模板；9—推杆

d. 模具结构简单，便于制造。

e. 当抽芯器压力大于侧型芯所受反压力的 3 倍时，可不设置楔紧装置。这时侧型芯在合模复位时，不必考虑与推杆的干涉。

f. 抽芯器为通用件，容易购得。其规格有 10kN、20kN、30kN、40kN、50kN、100kN。

7.7.2 液压抽芯机构的设计

① 侧抽芯方向不应设置在操作人员一侧，以免发生人身安全事故。

② 应避免抽芯作用力与压铸件包紧侧型芯的作用力的合力中心产生力矩，以确保侧型芯的平稳滑动。

③ 液压抽芯器不得超负载使用。按计算抽芯力的 1.3 倍作为安全值，并根据抽芯距离选取液压抽芯器。

④ 在一般情况下，不宜将液压抽芯器的锁紧力作为锁模力，所以应设有楔紧装置。但当金属液的压射反压小于液压抽芯器锁紧力的 1/3 时，可酌情不设置楔紧装置。

⑤ 当设置楔紧装置时，应在合模前，先使侧型芯复位，以防止楔紧块与侧滑块相碰被毁。在侧型芯复位过程中，还应注意避免与推杆产生干涉现象。在液压抽芯器上应设置控制装置，使液压抽芯器严格按压铸程序安全运行，防止结构件相互干涉。不设置楔紧装置的情况除外。

7.8 滑块及滑块限位楔紧的设计

滑块是连接活动型芯或型块做抽芯运动的元件。

7.8.1 滑块基本形式和主要尺寸

（1）滑块的基本形式

在各种抽芯机构中，除斜滑块的形式较特殊外，其他各类抽芯机构的滑块形式基本相同，见表 7-9。

表 7-9 滑块截面的基本形式

简　图	说　明
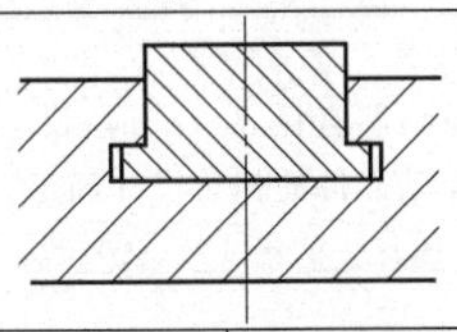	T 形槽面在滑块底部，用于较薄的滑块，型芯中心与 T 形倒滑面较靠近，抽芯时滑块稳定性较好
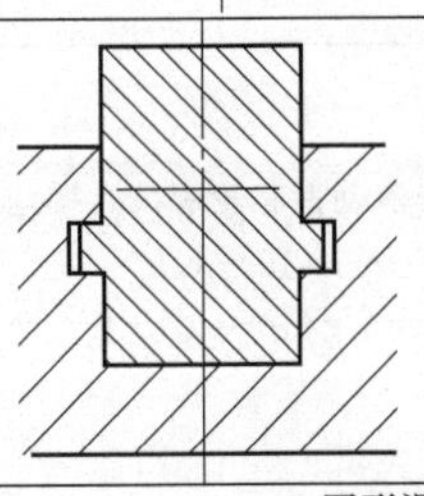	滑块较厚时，T 形倒滑面设在滑块中间，使型芯中心尽量靠近 T 形倒滑面，提高抽芯时滑块稳定性
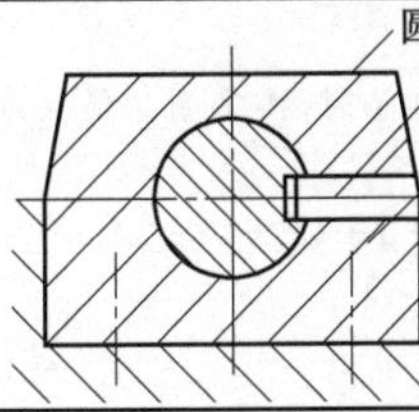	在分型面上设置抽拔圆柱型芯时，滑块截面用圆形倒滑块，设在固定于动模面上的矩形导套内，运动平稳，制造简便

（2）滑块主要尺寸的设计

① 滑块宽度 C 与高度 B 的确定（图 7-34）。尺寸 C、B 是按活动型芯外径最大尺寸或抽芯动作元件的相关尺寸（如斜销孔径）以及滑块受力情况等由设计需要来确定的（见表 7-10）。

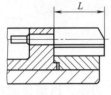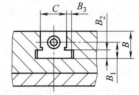

图 7-34　滑块主要尺寸

② 滑块尺寸 B_1、B_3 的确定（图 7-34）

a. 尺寸 B_1 是活动型芯中心到滑块底面的距离，抽单型芯时，使型芯中心在滑块尺寸 C、B 中心。抽多型芯时，活动型芯的中心应是各型芯抽芯力中心，此中心应在滑块尺寸 C、B 的中心。

b. 尺寸 B_2 是 T 形滑块导滑部分的厚度，为使滑块运动平稳，一般需要取尺寸 B_2 厚一些，但要考虑套板强度。常用尺寸 B_2 为 15～25mm。

c. 尺寸 B_3 是 T 形滑块导滑部分宽度，在机械抽芯机构中，主要承受抽芯中的开模阻力，因此需要有一定的强度。常用尺寸 B_3 为 6～10mm。

③ 滑块长度 L 的确定。滑块长度 L 与滑块的高度 B 及宽度 C 有关，为使滑块工作时运动平稳，应满足下式要求：

$$L \geqslant 0.8C$$
$$L \geqslant B \tag{7-21}$$

式中　　L——滑块长度，mm；

　　　　C——滑块宽度，mm；

　　　　B——滑块高度，mm。

又因各种抽芯机构的工作情况不同，在常用机械抽芯机构中，滑块长度的确定见表 7-11。

表 7-10　确定滑块 C、B 尺寸　　　　　　　　　　　　　　　　　　mm

简　　图	计算公式
	抽单型芯时： $C = B = d + (10～30)$
	单型芯直径 $d < D$ 时，尺寸 C、B 应按传动元件的相关尺寸确定： $C = B = D + (10～30)$
	按活动型芯轮廓尺寸确定： $C = a + (10～30)$ $B = b + (10～30)$
	抽多型芯时，按多型芯最大外形尺寸确定： $C = a + d + (10～30)$ $B = b + (10～30)$

表 7-11　常用抽芯机构中滑块长度 L 的确定

形　式	简　图	公　式
斜弯销抽芯滑块		$L = l_1 + l_2 + l_3 + l_4$ 式中　l_1—安装活动型芯部分 l_2—取 $5\sim 10$ l_3—斜销孔投影尺寸 l_4—取 $10\sim 20$
齿轴齿条抽芯滑块		$L = l_1 + l_2 + l_3$ 式中　l_1—安装活动型芯部分 l_2—抽芯距离 l_3—取 $20\sim 30$

（3）滑块在导滑槽内的导滑长度和导滑槽接长块的设置

如图 7-35 所示，滑块在模套内的导滑长度，应满足以下要求：

$$L \geqslant L' + S \qquad (7\text{-}22)$$

式中　L——导滑槽最小配合长度，mm；

　　　S——抽芯距离，mm；

　　　L'——滑块实际长度，mm。

抽拔较长的型芯时，由于 S 值较大，所计算的 L 值大大超过套板边框的正常值，如加大边框则增加模具外形尺寸，增加了模具的重量。在一般情况下，可在套板外侧安装导滑槽接长块，以减少模具重量，如图 7-36 所示。

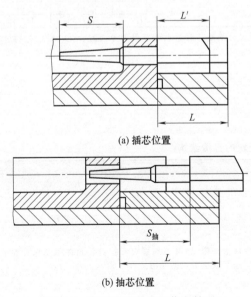

图 7-35　滑块在导滑槽工作段情况

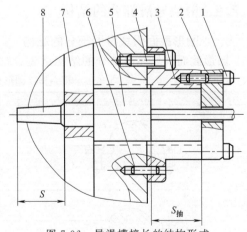

图 7-36　导滑槽接长的结构形式

1,4—螺钉；2—定位板；3—导滑接长块；5—滑块；
6—定位销；7—动模镶块；8—活动型芯

（4）滑块的配合间隙和活动型芯的封闭段长度的确定

滑块的合理配合间隙和型芯的封闭段长度是防止金属液窜入的重要条件，具体数据见表7-12。

表 7-12　滑块间隙及型芯与孔常用的封闭段长度

简图		封闭段长度	
		型芯直径 d	封闭段 L
型芯与型芯导孔	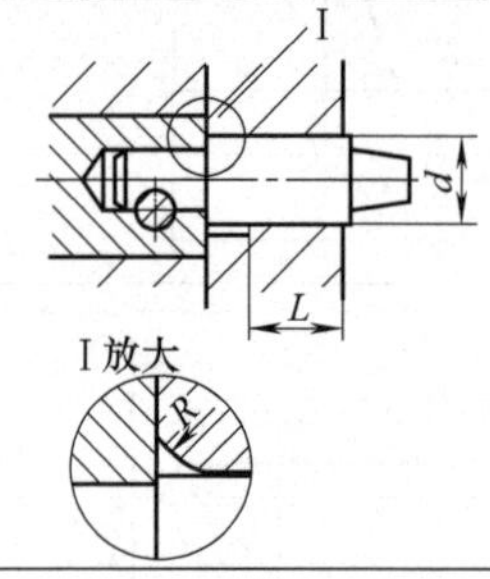 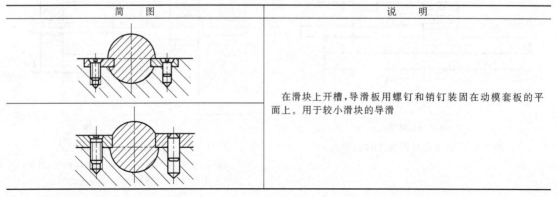	<10	≮15
		10～30	15～25
		30～50	25～30
		50～100	30～50
		100～150	50～70
滑块间	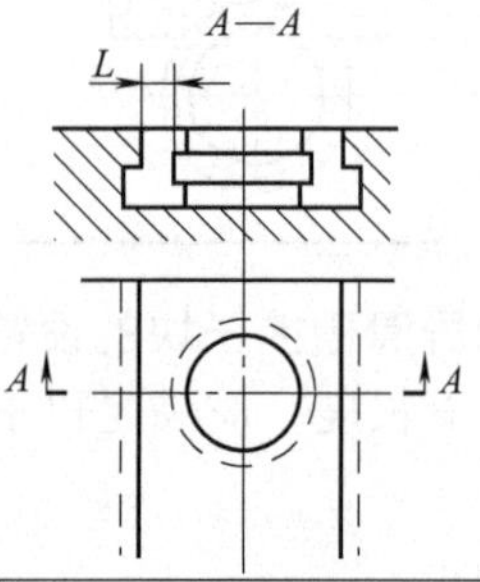	$L \geqslant 10 \sim 15$	
滑块型芯	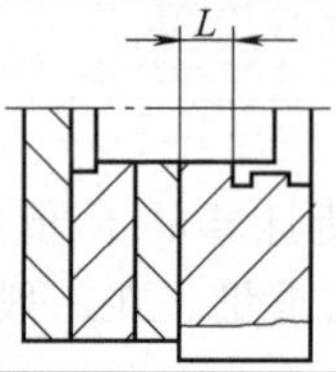	$L \not< 15$	
型芯与导向孔的配合精度		用于压铸合金	
		锌　H7/f7　　铝　H7/e8　　铜　H7/f7	

注：抽芯距离 $S > L$ 时，抽芯后，活动型芯可能脱出配合段，为使抽芯时活动型芯易于导入配合孔，要求孔的进入处设计成表中局部放大图 I 所示结构。

7.8.2　滑块导滑部分的结构

（1）圆形截面滑块导滑部分的结构

圆形截面滑块导滑部分的结构见表7-13。

表 7-13　圆形截面滑块的导滑结构

简　图	说　明
	在滑块上开槽，导滑板用螺钉和销钉装固在动模套板的平面上。用于较小滑块的导滑

简 图	说 明
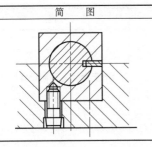	在动模套板的分型面处,布置单块导滑板,适用于远离分型面的小型芯的导滑

（2）矩形截面滑块导滑部分的结构

矩形截面滑块导滑部分的结构见表 7-14。

表 7-14　矩形截面滑块的导滑结构

结 构 形 式		说 明
整体式		强度高,稳定性好,单导滑部分磨损后修正困难,用于较小的滑块
滑块与导滑件相连接		导滑部分磨损后可修正,加工方便,用于中型滑块
		导滑部分磨损后可修正,加工方便,用于中型滑块
槽板导滑件镶块		滑块的导滑部分,采用单独的导滑板或槽板,通过热处理来提高耐磨性,加工方便,也易更换。最后两个示例图的结构用于宽大的滑块上

续表

结 构 形 式	说　明
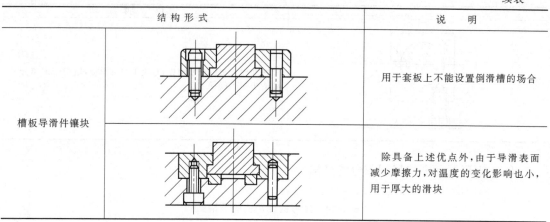 槽板导滑件镶块	用于套板上不能设置倒滑槽的场合
	除具备上述优点外,由于导滑表面减少摩擦力,对温度的变化影响也小,用于厚大的滑块

7.8.3　滑块限位与楔紧装置的设计

（1）滑块限位装置的设计

滑块在抽出后,要求稳固地保持在一定位置上,便于再次合模时,由传动元件带动滑块准确复位,为此需设计限位装置。根据滑块的运动方向和限位的可靠性,可设计不同结构的限位装置。

① 滑块沿上、下运动的限位装置。滑块沿上、下运动的限位装置见表 7-15。

表 7-15　滑块沿上、下运动的限位装置

装置简图	说明
滑块向上运动	滑块向上抽出后,依靠弹簧的张力,使滑块紧贴于限位块下方。弹簧的张力要求超过滑块的重量,限位距离 $S_限$ 等于抽芯距离再加上 1~1.5mm 安全值。此结构简单可靠,广泛用于抽芯距离较短的场合
	滑块较宽时,采用两个弹簧,以保持滑块抽出时运动平稳
	弹簧处于滑块内侧,当滑块向上抽出后,在弹簧的张力作用下,对限位滑块限位。模具外形整洁,用于抽芯距离短的场合

续表

装置简图	说明
滑块向上运动	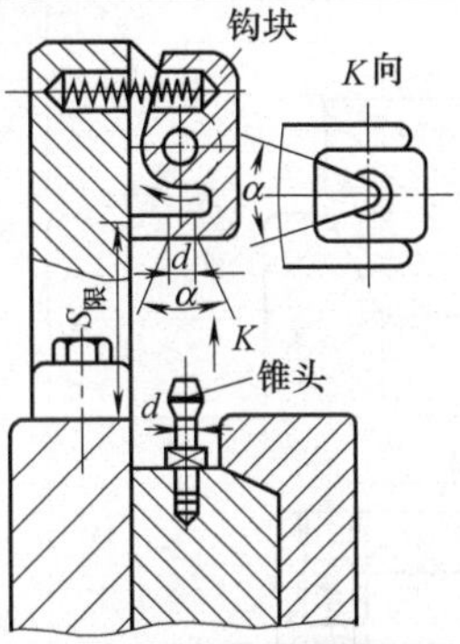 滑块向上抽出时，由于惯性力，使滑块尾部的锥头进入到钩块内，通过弹簧的弹力，钩住滑块，合模时，由传动件强制锥头脱离钩块，进行复位。此结构可用于抽芯距离较长的场合
滑块向下运动	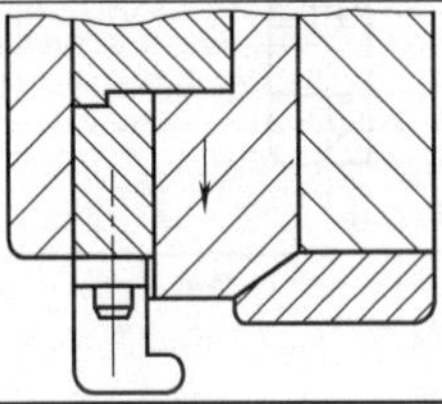 向下运动的滑块，抽芯后因滑块自重下落，坐在限位块上，省略了螺钉、弹簧等装置，简化了结构

② 滑块沿水平方向运动的限位装置。滑块沿水平方向运动的限位装置见表 7-16。

表 7-16　滑块沿水平方向运动的限位装置

结构简图	说明
基本形式	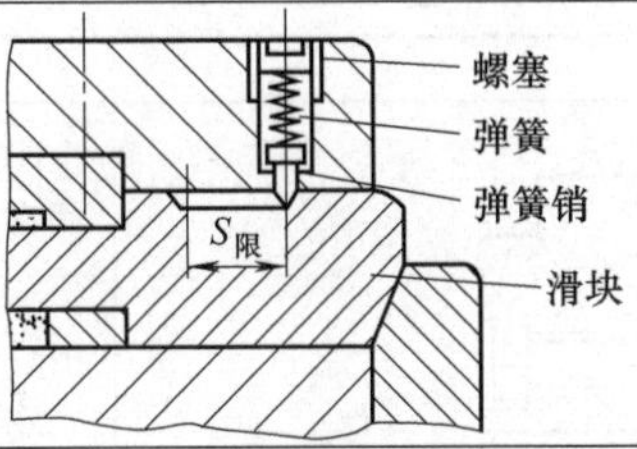 在滑块的底面或侧面，沿倒滑方向加工两个锥坑，通过相对应位置上的弹簧销或钢珠限位。结构简单，拆装方便，弹簧的压紧力取 3kgf（1kgf＝9.80665N）以上，限位距离等于抽芯距离
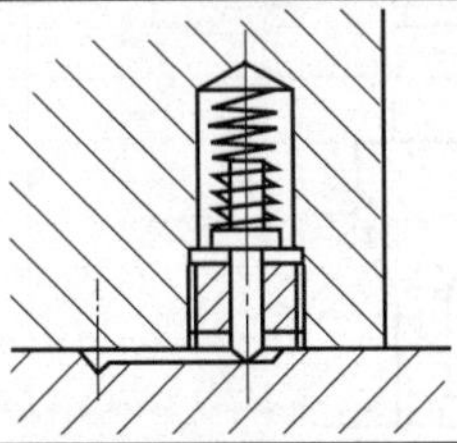 其他结构形式	在模板上加工限位锥坑，弹簧销装入滑块内，用于特厚滑块的场合
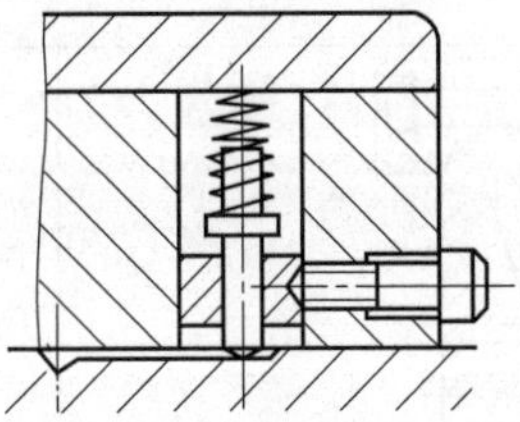	模板上加工通孔，装入弹簧销后，用螺钉压紧限位圈，用于模板较薄的场合
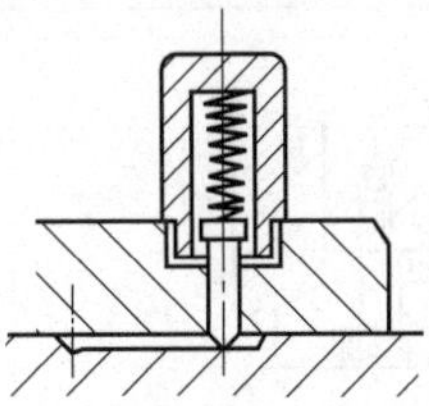	模板后部另设弹簧销座套，用于模板特薄的场合

结 构 简 图	说 明
其他结构形式	滑块较厚时,可将弹簧销全部装入滑块内,在模板上加工限位坑
特殊形式	滑块尾部装上限位接头,弹簧销布置在挡板内,抽芯距离等于限位距离。此结构用于抽芯距离较长而滑块较短的场合

（2）滑块楔紧装置的设计

① 楔紧块的布置

a. 楔紧块布置在模外的结构见表 7-17。

b. 楔紧块布置在模内的结构见表 7-18。

表 7-17　楔紧块布置在模外的结构

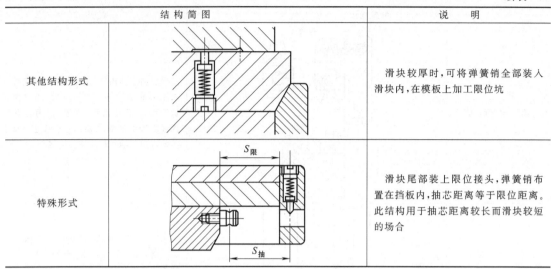

结 构 简 图	说 明
基本结构	①当反压力较小时,可将楔紧块装固在模体外,以减小模具外形尺寸 ②紧固螺钉尽量靠近受力点,并用销钉定位 ③制造简便,便于调整楔紧力,但楔紧块刚性较差,使用日久螺钉易松动
（楔紧锥）	滑块上除有楔紧块外,应加楔紧锥,以增加楔紧力,如紧固螺钉松动也不致使滑块在压射过程中后退
增加楔紧力结构（辅助楔紧块）	延长楔紧块端部,在动模体外侧镶接辅助楔紧块,以增加原有楔紧块刚性
	楔紧块用燕尾槽紧配入模套外侧,防止滑块由于螺钉松动,在压射过程中后退,但这种结构加工复杂

表 7-18 楔紧块布置在模内的结构

简 图		说 明
基本结构	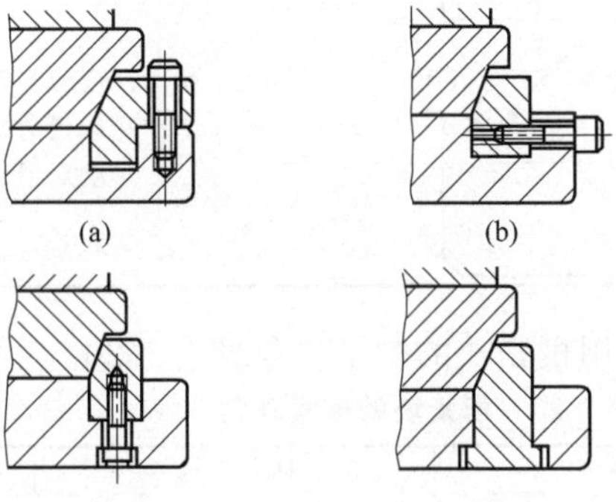 (a) (b) (c) (d)	楔紧块装固于模套内,以提高强度和刚性,用于楔紧受反压力较大的滑块
其他结构	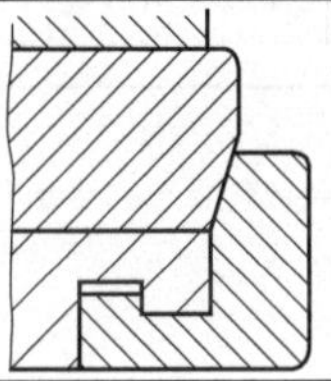	提高楔紧块强度,用于模具外形尺寸较小的场合
	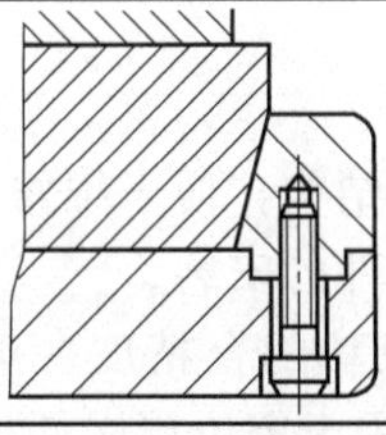	四周皆有滑块、需同时楔紧时,可用楔紧圈形式

c. 整体式楔紧块结构见表 7-19。

表 7-19 整体式楔紧块结构

简 图		说 明
基本结构	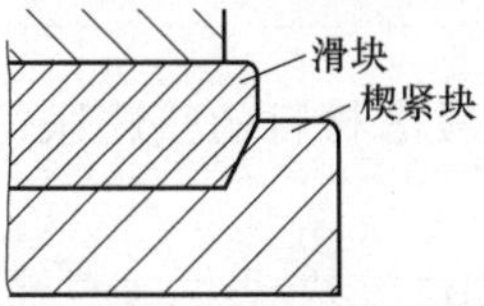 滑块 楔紧块	滑块受到强大的楔紧力不易移动,但材料耗费较大,并因套板不经热处理,表面硬度低,使用寿命短,难以调整楔紧力
	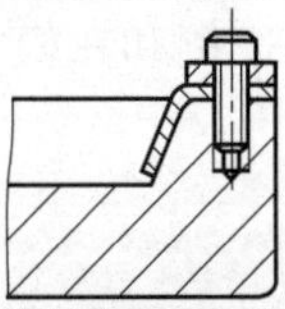	在楔紧块表面,复以冷轧薄钢板,使用寿命长,维修简便,通过更换钢板的厚度可调整楔紧力的大小
	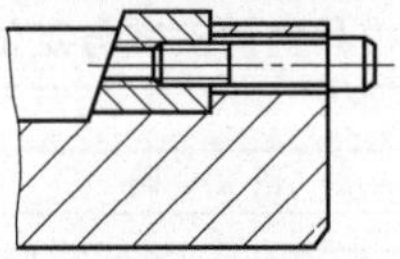	楔紧块采用经热处理的镶块,耐磨性好,便于调整楔紧力,维修方便
其他结构	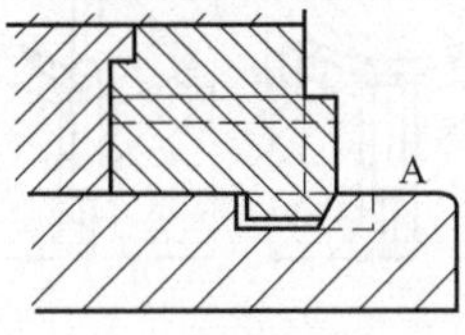 A	楔紧块斜面突出于滑块上,套板上仅加工斜面坑与滑块楔紧,节省模套材料,调整楔紧力可通过加工 A 平面达到

续表

简图		说明
其他结构	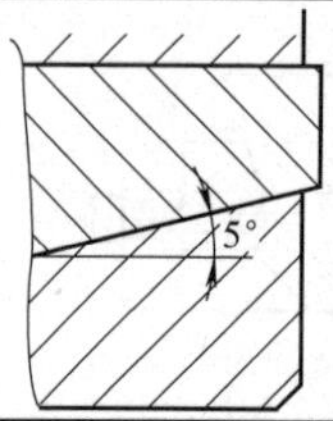	套板与滑块接触平面有5°斜度，利用锁模力楔紧。若分型面上有秽物则影响对滑块的楔紧

② 常用楔紧块的楔紧斜角。常用楔紧块的楔紧斜角见表7-20。

表7-20 楔紧块的楔紧斜角

抽芯机构	楔紧斜角	抽芯机构	楔紧斜角
斜销抽芯	大于斜销斜角2°～3°	液压或手动抽芯	5°～10°
弯销抽芯(无延时抽芯)	大于弯销斜角2°～3°	齿轮齿条抽芯	10°～15°
(有延时抽芯)	10°～15°		

7.9 嵌件的进给和定位

7.9.1 嵌件进给和定位设计

① 安装嵌件的部位宜采用镶拼式的模具结构，便于维修和装拆。

② 嵌件周围不宜布置推杆，否则影响嵌件的安装。

③ 嵌件与模具相配合的部分，采用三级动配合精度。对轴类嵌件选用基孔制，对套、管类嵌件的内孔选用基轴制。平板形嵌件和用于定位用嵌件长度尺寸选用三级精度双向负偏差。板料的周围应考虑倒角。

④ 嵌件定位要求准确，牢固可靠，不至于在模具运动过程中产生位移和脱落。合模后的嵌件，不会因受到金属液的冲击而产生歪斜。一般要求嵌件设置在定模部分，避免合模时嵌件抖动而影响定位精度。

⑤ 安装较大嵌件用的型芯式孔座，需考虑材料的热膨胀，防止模温升高后装入嵌件发生困难，同时应注意模具的预热和冷却。

⑥ 为减轻劳动强度，采用机动嵌件进给时，要求安全可靠，动作灵活，定位准确。

⑦ 安放嵌件的部位，尽可能靠近操作人员一侧和在模具分型面上。

7.9.2 嵌件在模具内的安装与定位

嵌件在模具内的安装与定位见表7-21。

表7-21 嵌件在模具内的安装与定位

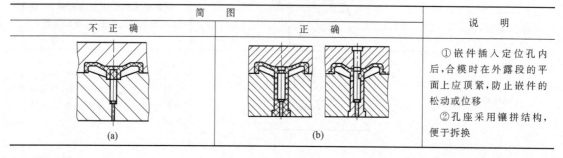

简图		说明
不正确	正确	
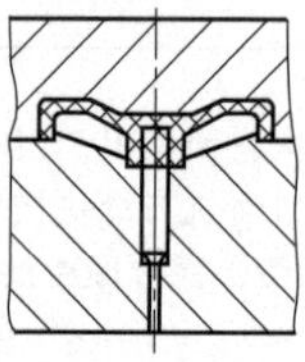 (a)	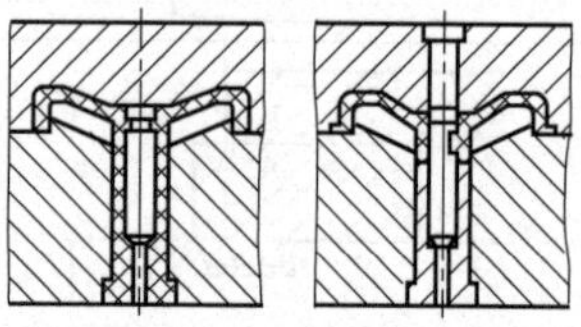 (b)	①嵌件插入定位孔内后，合模时在外露段的平面上应顶紧，防止嵌件的松动或位移 ②孔座采用镶拼结构，便于拆换

续表

简　图		说　明
不　正　确	正　确	
(a)	(b)	薄壁扁嵌件的定位孔，应采用镶拼结构，定位准确，加工方便
(a)	(b)	薄壁扁嵌件的定位孔，应采用镶拼结构，定位准确，加工方便

7.10　典型压铸件侧向抽芯机构设计实例

（1）斜销延时抽芯结构

如图 7-37 所示，铸件要用滑块 3（两件）、8 与型芯 2（两件）、9 组成的滑块型芯抽芯

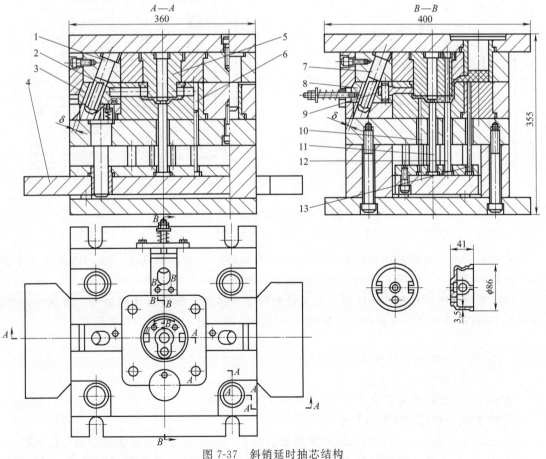

图 7-37　斜销延时抽芯结构

1,7—斜销；2,5,9—型芯；3,8—滑块；4—推板；6—复位杆；10～13—推杆

抽出三面侧孔。型芯5的包紧力较大，开模时要迫使铸件脱离定模。为确保这一效果不致影响铸件变形或拉坯，采用斜销延时抽芯结构。将斜销1（两支）、7与滑块3、8配合的外侧给出一定的间隙δ使抽拔动作在开模后尚有一段延时过程，当间隙δ消除后再进行抽拔。

开模时，型芯5开始脱离铸件，继续开模，斜销1、7开始将滑块3、8抽拔，开模后，推板4带动推杆10～13将铸件推出，然后取出铸件。

合模时，复位杆6带动推板4和推杆10～13复位。

（2）斜销切断余料结构

如图7-38所示为斜销切断余料结构。卧式机采用中心浇口时，以斜销带动切刀切断余料。

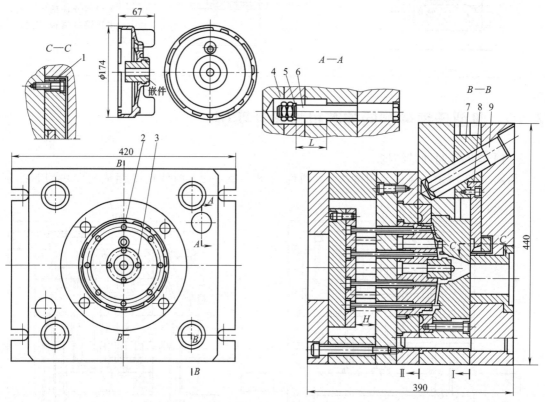

图7-38　斜销切断余料结构

1—导向杆；2,3—推杆；4—螺母；5—垫圈；6—拉杆；7—滑块；8—切刀；9—斜销

开模时，由于铸件对动模型芯产生包紧力和压射头推出余料动作，分型面Ⅰ应首先敞开。在敞开过程中，斜销9带动滑块7和切刀8切断余料。

继续开模，由于拉杆6的作用，第Ⅰ分型面停止移动，分型面Ⅱ即敞开，再继续开模，推杆2、3将铸件推出。压铸时应控制倒入金属液的量，使余料厚度H满足下式：

$$H < L/\tan\alpha$$

式中　L——切刀至余料的距离，mm；

　　　α——倾斜角度，(°)

分型面Ⅰ分型的敞开距离L应大于H。

（3）利用开模过程拉断余料结构

图7-39（a）所示为利用较大的动模型芯包紧力，在开模过程中直接拉断余料的结构。

开模时，由于铸件对型腔和型芯的附着力和包紧力及压射头推出余料的推力，敞开附加

180

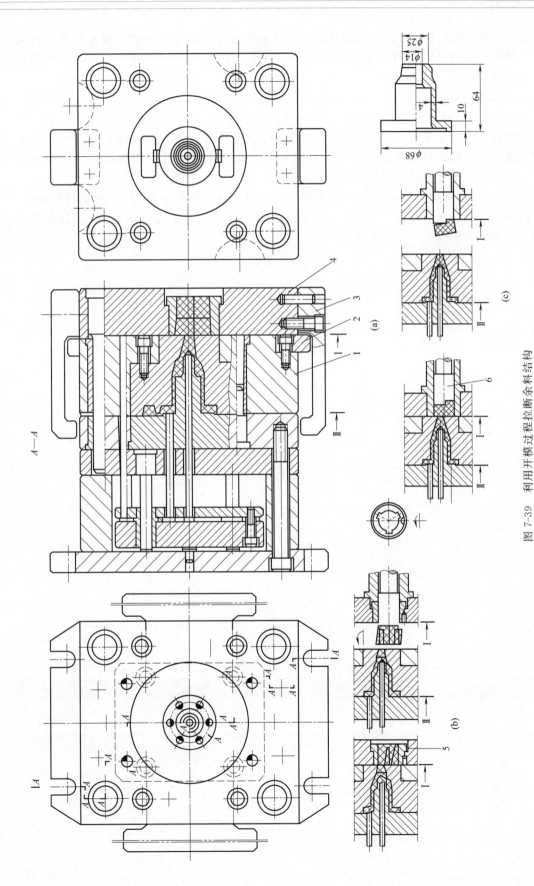

图 7-39 利用开模过程拉断余料结构

1—定模动套模；2—挡块；3—限位杆；4—定模座板；5—螺纹槽浇口；6—拉钩冲头

分型面Ⅰ，敞开距离达到可以取出余料后，定模动套板为限位杆 3 阻挡，停止运动。继续开模，敞开分型面Ⅱ，此时由于铸件对型芯的包紧力，将余料拉断并自行落下，然后推出机构将铸件推出。此模具结构较简单，但易使铸件产生变形，拉断浇口直径较小，一般在 10mm 以下。

图 7-39（b）所示为螺旋槽扭断余料结构。在图 7-39（a）所示的结构中，另加一特殊螺旋槽浇口套。开模时，由压射冲头推进，将余料按螺旋线方向从浇口套旋出，由于铸件和直浇道不转，所以在直浇道与余料接触处。其可扭断的直径与螺旋角（一般小于 20°）、推出力及直浇道偏心距 S 的大小（一般在 10～15mm 范围内）有关。

图 7-39（c）所示为拉钩压射冲头回程时拉断的结构。在图 7-39（a）所示的结构中，将压射冲头顶端偏心处设计成钩形。开模时，压射冲头推进，敞开分型面Ⅰ，压射冲头回程，利用拉钩的偏心力矩拉断直浇口。

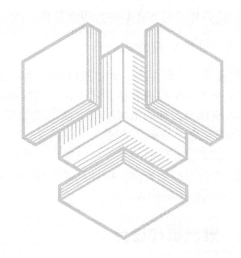

第 8 章
压铸模推出机构的设计

压铸模中使铸件从模具的成型零件中脱出的机构，称为推出机构。通常推出机构均设在动模一侧。

8.1 推出机构的组成与分类

8.1.1 推出机构组成

推出机构一般由推出元件（如推杆、推管、卸料板、成型推块、斜滑块等）、复位元件、限位元件、导向元件、结构元件组成，如图 8-1 所示。

① 推出元件直接推动压铸件脱落，如推杆、推管以及卸料板、成型推块等。

② 复位元件在合模过程中，驱动推出机构准确地回到原来的位置，如复位杆以及卸料板等。

③ 限位元件调整和控制复位装置的位置，起止退限位作用，并保证推出机构在压射过程中，受压射力作用时不改变位置，如限位钉以及挡圈等。

④ 导向元件引导推出机构往复运动的移动方向，并承受推出机构等构件的重量，防止移动时倾斜，如推板导柱和推板导套等。

⑤ 结构元件将推出机构各元件装配并固定成一体，如推杆固定板 6 和推

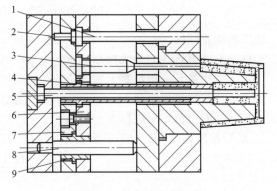

图 8-1　推出机构的组成

1—复位杆；2—限位钉；3—推杆；4—推管；5—型芯；
6—推杆固定板；7—推板；8—推板导柱；9—推板导套

板 7 以及其他辅助零件和螺栓等连接件。

8.1.2 推出机构分类

根据压铸件的外形、壁厚及结构特点，压铸件的推出机构有多种类型。

① 按推出机构的驱动方式分为机动推出、液压推出和手动推出。

② 按推出元件的结构特征，推出机构可分为推杆推出、推管推出、卸料板推出、推块推出和综合推出等推出形式。

③ 按推出元件的动作方向，推出机构可分为直线推出、摆动推出和旋转推出。

④ 按推出机构的动作特点，又可分为一次推出、二次推出机构，多次顺序分型脱模机构以及定模推出机构等。

8.2 推出机构设计

8.2.1 推出部位选择

在推出元件作用下，铸件与其相应成型零件表面的直线位移或角位移称为推出距离。按照推出机构的分类，不同运动路线的推出原件的推出距离计算如图 8-2 所示。

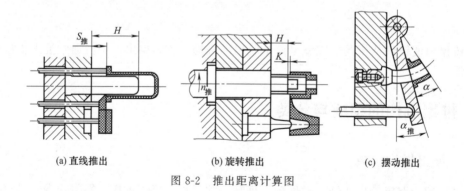

(a) 直线推出   (b) 旋转推出   (c) 摆动推出

图 8-2　推出距离计算图

① 直线推出如图 8-2（a）所示。

$$H \leqslant 20\text{mm 时}, S_{推} \geqslant H + K \tag{8-1}$$

$$H > 20\text{mm 时}, \frac{1}{3}H \leqslant S_{推} \leqslant H \tag{8-2}$$

使用斜钩推杆时，
$$S_{推} \geqslant H + 10 \tag{8-3}$$

式中　H——滞留铸件的最大成型长度，mm，当凸出成型部分为阶梯形时，H 值以各阶梯中最长一段计算；

　　$S_{推}$——直线推出距离，mm；当出模斜度小或成型长度较大时，$S_{推}$ 取偏大值；

　　K——安全值，一般取 3～5mm。

② 旋转推出如图 8-2（b）所示。

$$n_{推} \geqslant \frac{H + K}{T} \tag{8-4}$$

式中　$n_{推}$——旋转推出转数，r；

　　H——成型螺纹长度，mm；

　　K——安全值，一般取 3～5mm；

T——每转螺纹长度。

③ 摆动推出如图8-2 (c) 所示。

$$\alpha_{推} \geq \alpha + \alpha_k \tag{8-5}$$

式中 $\alpha_{推}$——摆动推出角度, (°);

α——铸件旋转面夹角, (°);

α_k——安全值, 一般取 3°~5°。

8.2.2 推出力和受推压力

推出过程中, 使铸件脱出成型零件时所需要的力, 称为推出力。推出力按公式 (8-6) 计算

$$F_{推} \geq KF \tag{8-6}$$

式中 $F_{推}$——压铸机顶出器的推出力, N;

F——压铸件所需要的推出力, N;

K——安全值, 一般 $K=1.2$。

在推出力的推动下, 铸件受推出零件所作用的面积, 称为受推面积 A。而单位面积上的压力称为受推力 p。表8-1为推荐的铸件许用受推力。

表8-1 推荐的铸件许用受推力

合金	许用受推力 $[p]$/MPa	合金	许用受推力 $[p]$/MPa
锌合金	40	镁合金	30
铝合金	50	铜合金	50

8.3 推杆推出机构

推杆推出由于制造方便, 便于安装、维修和更换, 是最常用的一种推出形式。

8.3.1 推杆推出机构的组成

推杆推出机构的结构形式见图8-3。推杆3即为推出元件。为使浇道余料随压铸件同步推出, 在一般情况下均设置浇道推杆6。

8.3.2 推杆推出机构各部位设置

① 推杆应合理分布, 使铸件各部位的受推压力均衡。

② 避免在铸件重要表面和基准表面设置推杆, 可以在增设的溢流槽上设置推杆。

③ 铸件有深腔和包紧力大的部位, 要选择推杆的直径和数量, 同时推杆兼排气、溢流作用。

④ 必要时, 在浇道上应合理布置推杆; 有分流锥时, 在分流锥部位应设置推杆。

⑤ 推杆应设置在脱模阻力较大的部位, 如成型件侧壁的边缘、型芯或深孔的周围以及各拐角部位, 如图8-4 (a) 所示。

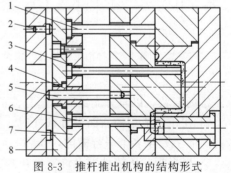

图8-3 推杆推出机构的结构形式
1—复位杆; 2—限位钉; 3—推杆;
4—推板导套; 5—推板导柱; 6—浇道推杆;
7—推杆固定板; 8—推板

当推杆设在压铸件侧壁边缘时, 推杆边缘应远离型芯侧边, 使 $S>3mm$。这样可不削弱型芯的强度, 避免因孔型过薄, 在热处理淬硬时产生变形或开裂; 同时, 给以后的修复留

有扩孔余地。

⑥ 推杆应设置在推力承受能力较大的部位，如在凸缘、加强肋以及直接设置在立壁或立肋的端部，设置扁平形推杆，可增大推出力度，防止压铸件断裂，如图 8-4（b）所示。

⑦ 推杆不宜过细。在直径 8mm 以下时，应采用阶梯形推杆，以提高推杆的强度和刚度。

⑧ 一般情况下，推杆推出端面的组装高度应高出成型零件 h，是为了保持压铸件成型的平整度，以免影响压铸件的装配，如图 8-4（c）左图所示。但是 h 不能过大，否则压铸件在脱模后，可能会黏附在推杆上，影响压铸件自由落下。一般取 $h=0.05\sim0.1\text{mm}$，最大高度不超过 0.4mm。

薄壁的压铸件，在不影响装配的前提下，可适当增加推出部位的厚度，或使推杆端面低于型芯 $h_1=0.1\sim0.5\text{mm}$，最大厚度不超过 0.2mm，以增加压铸件的承载强度，如图 8-4（c）右图所示。

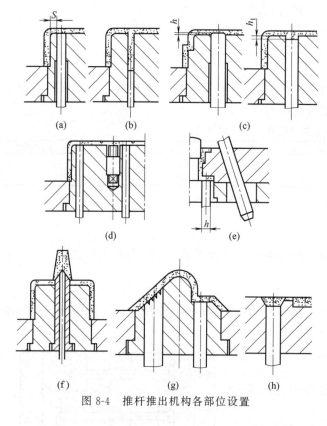

图 8-4　推杆推出机构各部位设置

⑨ 尽量不要在安放嵌件或活动型芯的部位设置推杆，否则必须设置推出机构的预复位机构，在模具完全合模前，使推杆先复位，以让出嵌件或活动型芯的安放空间。因此，一般将推杆设置在安放嵌件或活动型芯附近，避免复杂的模具结构，如图 8-4（d）所示。

⑩ 带有侧抽芯机构的模具，推杆推出的位置应尽量避免与侧型芯复位动作发生运动干涉。图 8-4（e）所示的状况，距离 h 即为可能发生干涉的区域。当完成一个成型周期，侧型芯在合模过程中逐渐复位。如果推杆仍停留在推出位置时，侧型芯与推杆可能发生碰撞，产生干涉现象。因此，应设置推出机构的预复位机构。所以一般情况下，应尽量避免将推杆位置设置在与侧型芯的正投影相重叠的区域 h 内。

⑪ 当需要在中心浇口的分流锥处设置推杆时，推杆端部应设计成分流锥的形状，以与分流锥同时起分流的作用，如图 8-4（f）所示。

⑫ 在压铸成型的斜面设置推杆时，为防止在推出过程中产生相对滑移，应在推杆推出端的斜面上开设多个平行横槽，如图 8-4（g）所示。

⑬ 当平板状压铸件不允许有推出痕迹且包紧力不大时，可采用耳形的推出形式。即在横浇道和溢流槽处设置推杆。图 8-4（h）是将推杆设在溢流槽处。开模后，推杆在推出溢流包的同时，将压铸件带出型腔，再将溢流包去掉。

⑭ 推杆位置应避开冷却水道。

8.3.3　推杆推出端的形状

根据压铸件被推出时所作用的部位不同，推杆推出端的端面形状也不相同。一般有图

8-5 所示的几种常用形状。图 8-5（a）的端面为平面形。推出段直径在 8mm 以下时，为提高推杆的强度，可将其尾部加粗，如图 8-5（b）所示，即为台阶形推杆。图 8-5（c）和图 8-5（d）的端面为圆锥形，在起推出作用的同时，在不便于压铸成型孔的位置上，提供钻孔的定位锥坑并兼起分流锥作用。图 8-5（e）是设置在加强肋一侧的推杆，它的一侧构成加强肋的一部分成型侧面，与加强肋有相同的脱模斜度，同时又兼起推出的作用。图 8-5（f）为斜钩形推杆，帮助压铸件脱离定模。

在卧式冷压室压铸机上，压射冲头在开模时，无推出浇道余料的外伸动作时，采用图 8-6 所示的钩料推杆 6，先将浇道余料从浇口套 2 中脱出，如图 8-6（a）所示，再与压铸件推杆 4 同步，将浇道余料和压铸件一起推出，如图 8-6（b）所示。

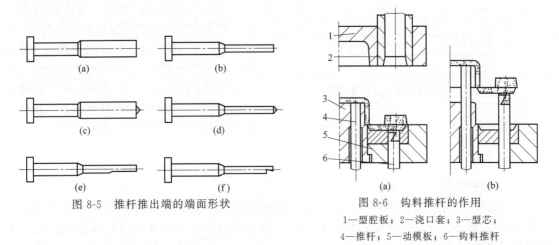

图 8-5 推杆推出端的端面形状

图 8-6 钩料推杆的作用
1—型腔板；2—浇口套；3—型芯；
4—推杆；5—动模板；6—钩料推杆

8.3.4 推杆固定方式与止转形式

（1）推杆的止转
推杆常见的止转方式如图 8-7 所示。

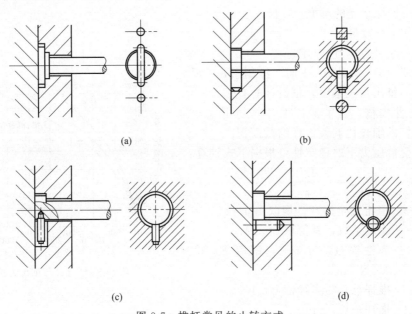

图 8-7 推杆常见的止转方式

如图 8-7（a）所示，推杆仅能顺着键、销轴线方向活动。止转键可为方形，也可用圆柱销。长槽开设在推杆尾部台阶的端面上，长槽可以过中心，也可以不过中心。

如图 8-7（b）所示，单面键止转，推杆在孔内活动度比第一种形式大。

如图 8-7（c）所示，止转销设置在推杆尾端，推杆固定板为不通孔槽。

如图 8-7（d）所示，一般有使推杆偏往骑缝销相对方向的趋势。

（2）推杆的固定方式

推杆的固定方式应保证推杆的固定位置准确；能使推板的推出力均衡、顺畅地由尾部传递到推出作用面，推出压铸件；复位时，尾部不会松动、脱落，与推板同步复位。常采用沉入式的固定形式，如图 8-8 所示。它的结构特点是：除推出孔的配合部分外，其余部分都有 0.5mm 的单边间隙，可防止在组装模具时产生的孔距误差，避免组装后产生整劲现象，给推杆尾部固定部分以

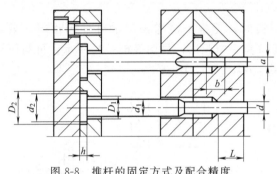

图 8-8　推杆的固定方式及配合精度

较大的组装自由度。在组装时，先将各推杆调整到定心自如的位置，再用螺栓紧固。

8.3.5　推杆尺寸与配合

（1）推杆的尺寸

① 推杆截面积计算。推杆直径是按推杆端面在铸件上允许承受的受推力 p 决定的，见公式（8-7）所示。推杆在推出铸件的过程中，受到轴向压力，因此必须计算推杆直径，同时校核推杆的稳定性。

推杆截面积计算见公式（8-7）：

$$A = \frac{F_{推}}{n[p]} \tag{8-7}$$

式中　A——推杆前端截面积，mm^2；

　　$F_{推}$——推杆承受的总推力，N；

　　n——推杆数量；

　　$[p]$——许用受推力，MPa。

根据公式（8-7），当 $n=1$ 时，绘制图 8-9 所示的推杆直径与推出力关系图，供设计时查用。

② 稳定性校核。为了保证推杆的稳定性，需根据单个推杆的细长比调整推杆的截面积。

推杆承受静压力下的稳定性可根据下式计算：

$$K_{稳} = \eta \frac{EJ}{F_{推}l^2} \tag{8-8}$$

式中　$K_{稳}$——稳定安全倍数，钢取 1.5～3；

　　η——稳定系数，其值取 20.19；

　　E——弹性模量，N/cm^2，钢取 $E=2×10^7 N/cm^2$；

　　$F_{推}$——推杆承受的实际推力，N；

　　l——推杆全长，mm；

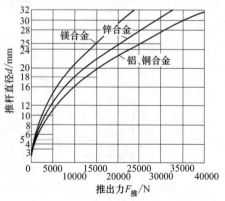

图 8-9　推杆直径与推出力关系图

J——推杆最小截面处的抗弯截面模量，cm^4。

J 的计算为：

圆截面 $\qquad\qquad\qquad J=\pi d^4/64$

式中　d——直径，mm。

方截面 $\qquad\qquad\qquad J=a^4/12$

式中　a——边长，cm。

矩形截面 $\qquad\qquad\qquad J=a^3b/12$

式中　a——短边长，cm；

$\qquad b$——长边长，cm。

③ 常用推杆的尺寸。常用的推杆形式有 Ⅰ 型、Ⅱ 型和Ⅲ型三种，见表 8-2～表 8-4。

表 8-2　常用的 Ⅰ 型推杆尺寸系列 $\qquad\qquad$ mm

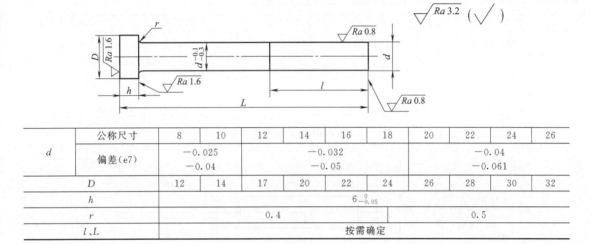

	公称尺寸	8	10	12	14	16	18	20	22	24	26
d	偏差(e7)	-0.025 -0.04		-0.032 -0.05				-0.04 -0.061			
D		12	14	17	20	22	24	26	28	30	32
h		$6^{\ 0}_{-0.05}$									
r		0.4						0.5			
l、L		按需确定									

表 8-3　常用的 Ⅱ 型圆推杆尺寸系列 $\qquad\qquad$ mm

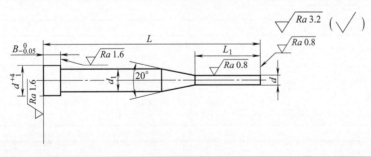

	公称尺寸	3	4	5	6	8	10
d	偏差(e7)	-0.006 -0.031		-0.010 -0.040		-0.013 -0.049	
d_1		8		10		12	14
L		L_1					
	80						
	85						
	90	30	40	50			
	95						
	100						

d	公称尺寸	3	4	5	6	8	10
	偏差(e7)	−0.006 −0.031		−0.010 −0.040		−0.013 −0.049	
	105			50			
	110	40	50				
	115	40	50				
	120	40	50				
	130	50	60	70	70		
	140	50	60	70	70		
	150	50	60	70	70	70	
	160			70	70	70	
	170					70	
	180					70	
	190					70	80
	200					70	80
	210					70	80
	220					80	80
	240					80	80
	260					80	80
	280					80	80
	300						80

表 8-4 常用的Ⅲ型方推杆尺寸系列   mm

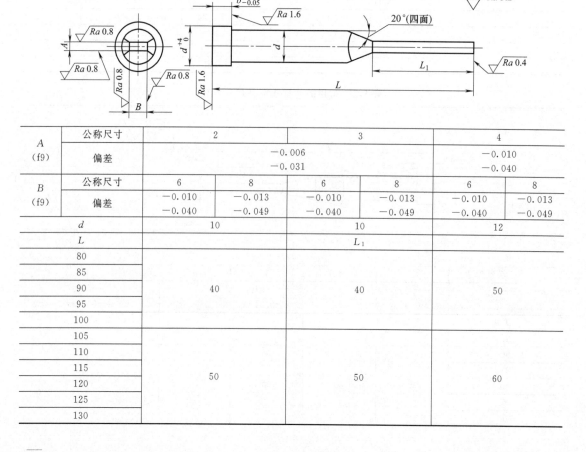

A (f9)	公称尺寸	2		3		4	
	偏差	−0.006 −0.031				−0.010 −0.040	
B (f9)	公称尺寸	6	8	6	8	6	8
	偏差	−0.010 −0.040	−0.013 −0.049	−0.010 −0.040	−0.013 −0.049	−0.010 −0.040	−0.013 −0.049
d		10		10		12	
L				L_1			
	80						
	85						
	90	40		40		50	
	95						
	100						
	105						
	110						
	115	50		50		60	
	120						
	125						
	130						

续表

135					
140					
145					
150	50	60	60	70	70	80
155					
160					
165					
170					

（2）推杆的配合

推杆的典型配合及参数见表 8-5。

表 8-5 推杆的典型配合及参数

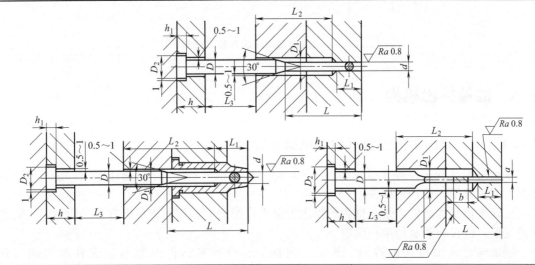

配合部位	配合精度及参数	说　明
推杆与孔的配合精度	H7/f7	用于压铸锌合金时的圆截面推杆
	H7/e7	用于压铸铝合金时的圆截面推杆
	H8/d8	用于压铸铜合金时的圆截面推杆
	H8/f9	用于压铸锌铝合金时非圆截面推杆
推杆与孔的导滑封闭长度 L_1/mm	$d<5, L_1=15$ $d=5\sim8, L_1=3d$ $d=8\sim12, L_1=(3\sim2.5)d$ $d>12, L_1=(2.5\sim2)d$	
推杆加强部分直径 D /mm	$d\leqslant6, D=d+4$ $6<d\leqslant10, D=d+2$ $d>10, D=d$	用于圆截面推杆
	$D\geqslant\sqrt{a^2+b^2}$	用于非圆截面推杆
推杆前端长度 L/mm	$L=L_1+S+10\leqslant10d$	S 为推出距离
推板推出距离 L_3/mm	$L_3=S+5, L_2>L_3$	保护导滑孔
推杆固定板厚度 h/mm	$15\leqslant h\leqslant30$	除需要预复位的模具外，无强度计算要求
推杆台阶直径与厚度 D_2, h_1/mm	$D_2=D+5$ $h_1=4\sim8$	

【例 8-1】　推杆位置的选择实例

图 8-10 是深腔薄壁压铸件的平面图。为了平稳均衡地推出压铸件，图 8-10（a）采用圆柱形推杆和扁平形推杆，分别设置在压铸件的端部和加强肋部位，使推出动作稳定可靠。

在各角螺孔处的圆柱形推杆，端部采用圆锥形，形成定位锥坑，为后加工钻孔和攻螺纹提供了方便。

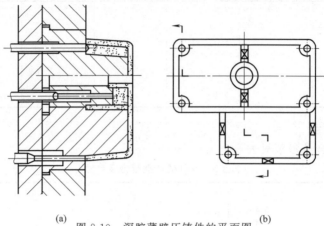

(a)　图 8-10　深腔薄壁压铸件的平面图　(b)

8.4　推管推出机构

8.4.1　推管推出机构的特点和常见组装形式

推管是推杆的一种特殊结构形式，其运动方式与推杆基本相同。推管推出元件呈管状，设置在型芯外围，以推出铸件。

推管推出机构的特点是：推管的推出力集中在圆筒的底端，使推出有力、均匀，压铸件不易变形，也没有明显的推出痕迹。

通常推管推出机构由推管、推板、内推板、推管紧固件及型芯紧固件等组成（见图 8-11）。

图 8-11（a）推管尾部为整体，用推杆固定板与推板夹紧，型芯由动模底板压紧在压铸机动模安装板上。其特点是定位精确、推管强度高、型芯维修及调换方便。

图 8-11（b）推管尾部分为四片，安装于中心的型芯也开四个相应缺口，推管尾部用半圆套圈及压板定位压紧，型芯的台阶直径较推管外径大，型芯由半圆压板压紧。其特点是省略推杆固定板，但制造、维修及安装较复杂。

图 8-11（c）推管的尾部分为四片，分尾的长度较大，而壁较薄，故有较好的挠性，便于装配，推管尾部外有轴肩，内径有环槽分别与螺塞及套环用螺钉固定，型芯用圆柱销固定，销入销钉后转动任意角度，限制圆柱销轴向运动。其特点是维修简单、省略推杆固定板，但受力条件较差，用于受反压力不大的型芯，制造要求高。

图 8-11（d）推管为整体式，中部铣一长圆孔。孔的长度应大于推出距离与方销的厚度之和。推杆尾部台阶由推杆固定板与推板夹紧。其特点是模具结构比较紧凑，对型芯的固紧力较小。因此在型芯较小的情况下使用。

图 8-11（e）推管的尾部用螺纹与内推板紧固，型芯直接固定在动模支承板上，内推板的推出与复位由卸料推杆与复位杆完成。其特点是模具结构紧凑，在推出距离不大的场合下使用。

8.4.2　推管设计

根据图 8-12 的图例，推管推出机构的设计要点如下。

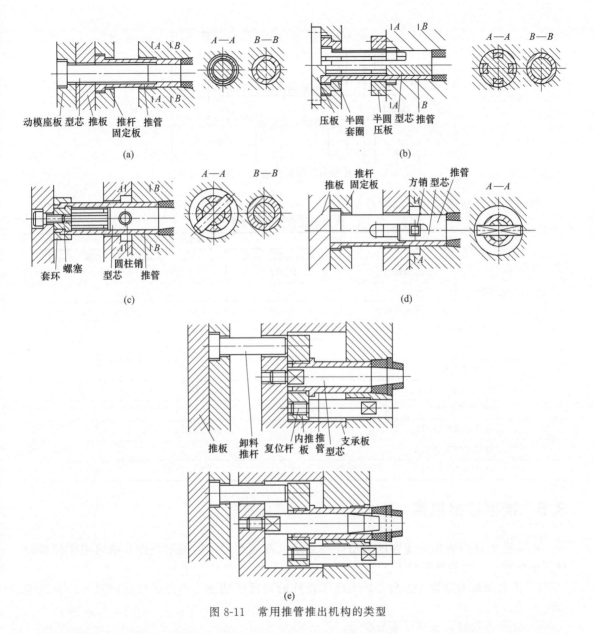

图 8-11　常用推管推出机构的类型

① 推管在推出时，其内外表面不应与成型零件的表面接触，以免相互擦伤。一般情况下，推管的外径尺寸 D 应比压铸件的外径尺寸 D_0 小 $0.5\sim1.2$mm，推管的内径尺寸 d 应比压铸件的内径尺寸 d_0 大 $0.2\sim0.5$mm。

② 为减少滑动摩擦，在导滑封闭段外的内外组合件上设置单边 0.5mm 左右的间隙。

③ 推管的导滑封闭段应有较高的尺寸配合精度和组装同轴度要求，其配合间隙应在金属液不渗入的前提下，保证在压铸推出状态下的正常运行。

④ 推管的导滑封闭段长度 L 应比推出行程 S 大 10mm 左右。

⑤ 推管壁应有相应的厚度，一般在 $1.5\sim6$mm 的范围内选取。推管的内径通常应大于 $\phi10$mm。

⑥ 推管推出机构都应设置推板的导向装置，相对于推管应有较高的平行度要求。

⑦ 推管推出机构都应设置复位机构。

压铸模具设计实用教程

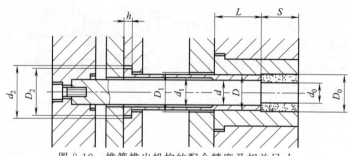

图 8-12　推管推出机构的配合精度及相关尺寸

推管的配合精度及相关尺寸参见图 8-12 和表 8-6。

表 8-6　推管的配合精度及相关尺寸

推管各部分		配合精度及相关尺寸	
		推管外径配合精度	推管内径配合精度
封闭段配合精度	压铸锌合金	H7/f7	H8/f7
	压铸铝合金	H7/e8	H8/e8
	压铸铜合金	H7/d8	H8/d8
封闭段长度 L		$L=S+10$	
推管外径 D		$D=D_0-(0.5\sim1.2)$	
推管内径 d		$d=d_0+(0.2\sim0.5)$	
推管安装孔扩孔直径 D_1		$D_1=D+(0.5\sim1)$	
推管内扩孔直径 d_1		$d_1=d+(0.5\sim1)$	
推管尾部外径 D_2		$D_2=D+(6\sim10)$	
推管尾部安装孔径 d_2		$d_2=D_2+1$	
推管尾部厚度 h		$h=5\sim10$	

8.5　推板推出机构

推板推出机构适用于薄壁的大型壳类制品以及成型零件表面不允许有推出痕迹的压铸件。推板推出机构的特点如下。

① 推出的着力点均在包紧力较大的压铸件的边缘底端面，推出的作用面积大，有效的推出力大。

② 推出力均匀，压铸件不易变形。

③ 在压铸件表面无明显的推出痕迹。

④ 在一般情况下，无需设置推出系统的复位机构。

8.5.1　推板推出机构的组成与分类

（1）卸料板推出机构的组成

推板推出机构的组成如图 8-13 所示。

推板机构主要由推板 3 和 7、动模镶块 2、卸料推杆 6 等零件组成。推出力通过推板 3 和 7 借助导套 4 在导柱 5 上移动，将铸件从型芯 1 推出。推板移动距离 L 要求比推出距离 $S_推$ 大 10mm 左右。

（2）推板推出机构的分类

根据推出机构的运动特点可将推板分为如下几类。

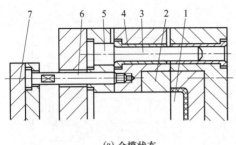

(a) 合模状态　　　　　　　　　　　　　(b) 推出状态

1—型芯；2—动模镶块；3,7—推板；4—导套；
5—导柱；6—卸料推杆

图 8-13　卸料板推出机构的组成

① 卸料板整体式结构，如图 8-14（a）所示。推板借助导套在导柱上移动，推出力由推板通过卸料推杆、卸料板和动模镶块传递给铸件。

② 动模镶块式结构，如图 8-14（b）所示。铸件较大，如采用推板整体式推出比较困难，而且卸料推杆布置较远，故采用动模镶块推出。动模镶块兼起推板作用，由内孔与型芯做推出时的导向。动模镶块与套板配合段除距离分型面有一段 3~5mm 平直面外，其余有 3°~5°斜度，使推出时减少摩擦，复位时能顺利导向。

③ 螺旋式结构，如图 8-14（c）所示。型腔全部处在定模内，铸件带有大于 45°螺旋角的螺纹。型芯的螺纹与动模镶块密合，当动模镶块兼作推板推出铸件时，由于螺纹不能自锁，迫使型芯在旋转的同时推出铸件。为了减少摩擦，型芯采用平面轴承支承。为了防止浇口受旋转力扭断，平行于分型面的浇口尺寸要大。螺纹圈数不得大于 2。

④ 斜动式结构，如图 8-14（d）所示。铸件有较宽大的外侧凹，在不宜采用斜滑块时可选用此结构。推板通过斜卸料推杆使动模镶块斜向运动，在抽出侧凹的同时推出铸件。斜卸料推杆应与动模镶块刚性连接，尾部铆接钢珠以减少摩擦，但长期使用，钢珠与推板间易产生磨损后的沟槽而出现间隙，引起推出时不同步。$\alpha < \beta - (3°~5°)$，有利于减少摩擦和复位。为保持平衡，至少应当设置相对称的两根斜卸料推杆。

8.5.2　推板推出机构的设计

① 卸料推杆应以推出力为中心均匀分布，并尽量增大卸料推杆的位置跨度，以达到卸料板受力均衡、移动平稳的效果。

② 卸料沿口应有适宜的配合间隙，避免因间隙过小，被自锁"咬死"，从而妨碍推出运行或因间隙过大而渗入熔料。

③ 模具导柱应设在动模一侧，并有足够的导向长度，以对推板起到有效的导向和支承作用。

④ 推板的推出距离应小于导柱的有效导向长度。

⑤ 卸料沿口是与金属液直接接触的零件，应选用耐热钢制造，并应进行淬硬处理。

⑥ 卸料沿口的导入口处应采用圆角，如图 8-15 所示，以防止碰撞塌角。

【例 8-2】　推板推出压铸模结构实例

图 8-16 是采用推板推出的压铸模。压铸件是薄壁的壳类制品。由于外形是较大直径的圆形，在采用推板推出时，推板及沿口加工方便，推出效果良好。

开模时，压铸件及浇注余料脱离定模板，留在动模一侧。推板 12 推动卸料推杆 7、推板 5 以及推杆 14，以推板导柱 8 和动模导柱 19 为导向，使压铸件脱离主型芯 16。

压铸模具设计实用教程

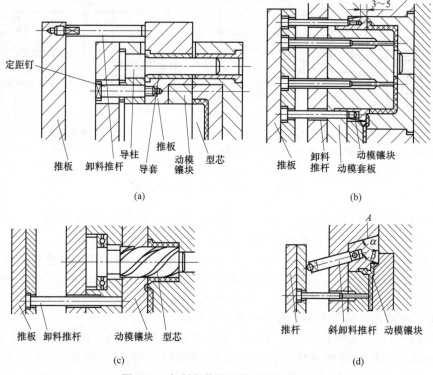

(a)　　　　　　　　　　　　　　　(b)

图 8-14　卸料板推出机构的结构类型

这种结构形式,在压铸件脱离主型芯后,与浇注余料一起附着在卸料板的平面上,因此,应减少横浇道余料对推板的包紧力,即减少横浇道进、出口的角度 α,使浇注余料同压铸件一起顺利地脱离推板。

合模时,推板 5 在触及定模板 3 后,通过卸料推杆 7 驱动推出系统复位。

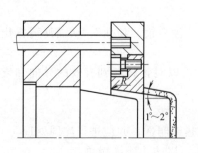

图 8-15　卸料沿口的配合形式

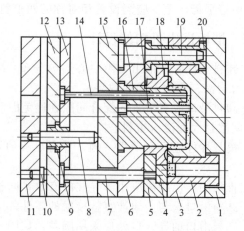

图 8-16　推板推出的压铸模结构实例

1—定模座板;2—浇口套;3—定模板;4—浇道镶块;
5,12—推板;6—动模板;7—卸料推杆;8—推板导柱;
9—推板导套;10—限位钉;11—动模座板;13—推杆固定板;
14—推杆;15—支承板;16—主型芯;17—型芯;
18—卸料沿口;19—动模导柱;20—导套

196

8.6 推出机构的复位与导向

8.6.1 推出机构的复位

在压铸的每一个工作循环中，推出机构推出铸件后，都必须准确地恢复到原来的位置。这个动作通常是借助复位杆来实现的，并用挡钉作最后定位，使推出机构在合模状态下处于准确可靠的位置。

（1）复位机构的动作过程

复位机构如图 8-17 所示。开模时，复位杆 8 随推出机构同时向前移动，并由推杆 7 将压铸件推出模体，如图 8-17（a）所示。这时复位杆 8 伸出分型面的距离即为推出机构的推出距离。合模过程中，定模板 12 的分型面触及复位杆 8 的端面时，复位杆受阻，从而使推出机构停止移动，动模的其余部分继续作合模动作，推出机构开始复位动作，如图 8-17（b）所示。当合模动作完成，分型面合紧时，在限位钉 2 的限位作用下，推出机构回复到原来的准确位置，完成复位动作，如图 8-17（c）所示。

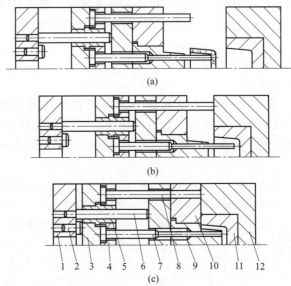

图 8-17 复位机构的动作过程

1—动模座板；2—限位钉；3—推板；4—推杆固定板；5—推板导套；6—推板导柱；
7—推杆；8—复位杆；9—型芯；10—动模板；11—型腔镶块；12—定模板

（2）复位机构的组合形式

如图 8-18 所示。图 8-18（a）为采用复位杆复位的组合形式。它结构简单，便于加工和安装，而且动作稳定可靠，是最常用的形式。它与推出元件同时安装在推杆固定板上，合模时，在定模板分型面的作用下完成复位动作。模具分型后，复位杆伸出动模分型面，有时会影响压铸件的自由落下，或影响压铸生产的操作，如安放活动型芯和嵌件以及清理杂物、涂润滑剂等。可采用图 8-18（b）的组合形式，即在定模一侧设置辅助复位杆，使复位杆在开模时，不高出动模分型面。图 8-18（c）是采用推杆兼起复位杆作用的组合形式。推杆设置在压铸件周边的底部，推杆端部虚线的弓形部分为推出作用面，其余部分在合模时与定模分型面接触，起复位作用。多用于简单的小型模具中。

为增大推杆的有效推出面积，可采用半圆形推杆的结构形式。

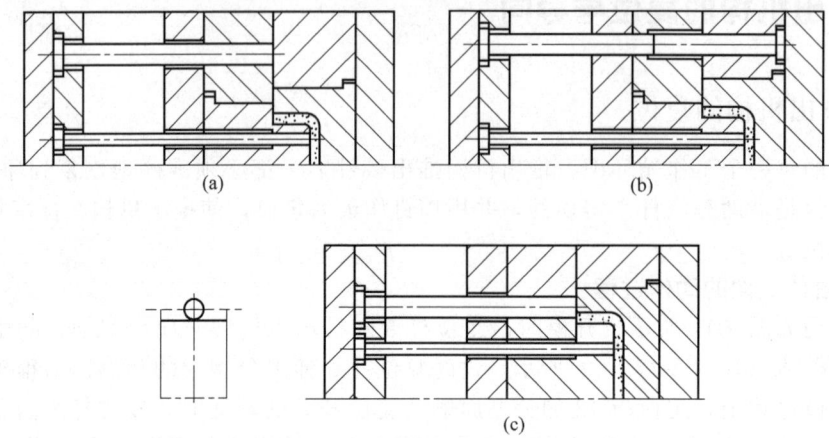

图 8-18　复位机构的组合形式

（3）复位杆的布局形式

复位杆的布局形式根据模具的外部形状和具体情况而定。图 8-19 是最常见的布局形式。图 8-19（a）为在成型镶块外设置对称的复位杆。它的布局特点如下。

① 复位杆的投影方向跨度大，复位的作用力平衡，动作可靠，应用广泛。

② 选择复位杆的位置有较大的灵活性。

③ 易于安装、调整和更换。

在大型压铸模上，为不增加模体的截面积，采用在模体外设置复位杆的形式，如图 8-19（b）所示。它是在加长的推板上设置与模体中心对称的复位杆。它的布局特点是可减小模体外形尺寸，减轻模体重量。但应适当增强推板的刚性，防止因受力产生弹性变形而影响复位的准确性。

结构简单的小型模具，也可在成型镶块的非成型区域内设置复位杆，如图 8-19（c）和图 8-19（d）所示。它们的特点是结构紧凑，但更换成型镶块时，会增加维修的工作量。

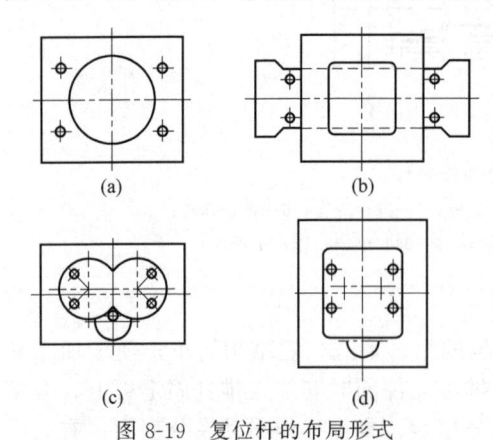

图 8-19　复位杆的布局形式

（4）推板的限位装置

推板的限位形式如图 8-20 所示。图 8-20（a）、图 8-20（b）采用限位钉，使推板实现精确复位。限位钉分别设置在推板或动模座板上，制作简单、复位精度高、刚性好、应用比较广泛。图 8-20（c）将限位挡圈套在推板导柱上，结构更加简单，也有很高的复位精度。以上的结构形式用于压铸模设置动模座板的场合。采用 L 形模脚的小型模具，用设置在模脚内侧的限位挡块限位，如图 8-20（d）所示。由于限位挡块上易积存杂物，可能影响复位的精度。小型的压铸模有时采用图 8-20（e）和图 8-20（f）的限位形式。

图 8-20（e）是将套管用内六角螺钉固定在动模板或动模支承板上，端部设置限位环，起限位作用。同时加设弹簧垫圈，以防止松动。套管还兼起推板的导向作用，推板借助推板导套在套管上滑动，简化模具结构。图 8-20（f）在推板导柱的端部设置限位环，加工制造方便。图 8-20（e）和图 8-20（f）应该注意的共同问题是，由于推出元件的推出端承受金属液的压

射力，并同时传递到推板上，因此限位环和内六角螺钉应有足够的强度，以支承推板的压射载荷。

（5）设计要点

① 复位杆的位置应对称均匀，以保证在复位过程中推板受力均衡，确保平稳移动。一般情况下，设 4 根复位杆对称排布。

② 限位元件应尽可能设置在压铸件投影面积范围内，以改善推板的受力状况。

③ 如条件允许，复位杆的直径和位置跨度应选得大一些，以增加推出机构的移动稳定性。

④ 合模时，复位杆的端面不能高于动模分型面，以防止合模不严。在一般情况下，应低于动模分型面 0.25mm 的距离。虽然推出元件会产生复位误差，可在压铸过程中借助压射压力将其除掉。

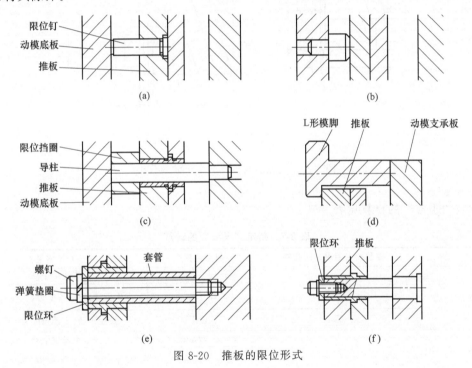

图 8-20　推板的限位形式

8.6.2　推出机构的导向

（1）推杆的干涉现象

复位机构的复位动作是与合模动作同时完成的。合模时，活动型芯在复位插入过程中，与推出元件发生相互碰撞，或当推出元件在推出压铸件后的位置影响嵌件的安放，即为推杆的干涉现象。通常，在合模状态下，当推杆的位置处于活动型芯的投影区域内时，就可能产生干涉现象，如图 8-21 所示。图 8-21（a）为合模状态。可以看出，推杆的位置在侧型芯的投影区域内形成 n 区域的干涉区。当推杆推出压铸件在下一周期的

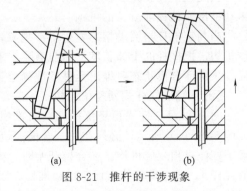

图 8-21　推杆的干涉现象

合模过程中，在推杆进行复位动作的同时，侧型芯也在斜销的作用下向前作复位动作，如图 8-21（b）所示。在这种情况下，就有侧型芯碰撞推杆的可能性。

侧型芯与推杆的干涉判定分析见图 8-22。

根据图 8-22 当 $S<h$ 时，设 e 为侧型芯前移的距离，当合模距离为 $h-S$ 时，斜销插入斜孔早于推杆的复位动作。则：

$$e=(h-S)\tan\alpha \tag{8-9}$$

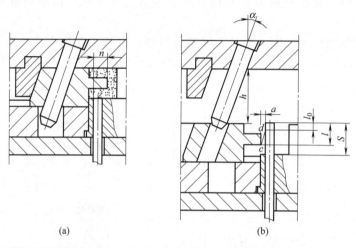

(a)　　　　　　　　(b)

图 8-22　侧型芯与推杆产生干涉的分析

判定"干涉"的计算见表 8-7。

表 8-7　判定"干涉"的计算

S 与 h 的关系	提前插入距离 e 的条件	判定计算式	判定结果
$S<h$	$e<a$	$a-e\geqslant l\tan\alpha$	不发生干涉
		$a-e<l\tan\alpha$	发生干涉，干涉长度为 $l_0=l-\dfrac{a-e}{\tan\alpha}$
	$e\geqslant a$	不必计算	发生干涉，干涉长度为 $l=l_0$
$S\geqslant h$	—	$a\geqslant l\tan\alpha$	不发生干涉
		$a<l\tan\alpha$	发生干涉，干涉长度为 $l_0=l-\dfrac{a}{\tan\alpha}$

（2）预复位机构

预复位机构就是在模具最初合模的过程中，合模力通过机械结构件的运作，使推出系统带动推出元件提前复位的机构。

当判定推杆与活动型芯发生干涉现象，或在开模时推杆影响嵌件的安放时，应采用预复位机构，把推杆的干涉长度 l 提前消除。采用预复位的推出机构，仍需应用复位元件和限位元件来保证合模状态时推出元件的准确位置。

【例 8-3】 杠杆式预复位机构

图 8-23 是杠杆式预复位机构。当推出压铸件后，推杆 5 的推出位置妨碍嵌件的安放，如图 8-23（a）所示，必须在完全合模前使推杆 5 先行复位，让出安放嵌件的空间，所以设置了杠杆式预复位机构。在合模开始时，楔板 10 首先推动安装在支承板 4 上并可沿轴摆动的杠杆 6，通过滑轮使推板 7 带动推杆 5 以及其他推出元件回复到原来的位置。这时，装入嵌件，如图 8-23（b）所示。这个过程完成后，才完全合模。预复位机构只是使推杆提前脱

离干涉区，还必须设置复位杆，由复位杆 8 使推出系统精确复位，如图 8-23（c）所示。

【例 8-4】　弹簧式预复位机构

图 8-24 是弹簧式预复位机构。图 8-24（a）为开模状态。

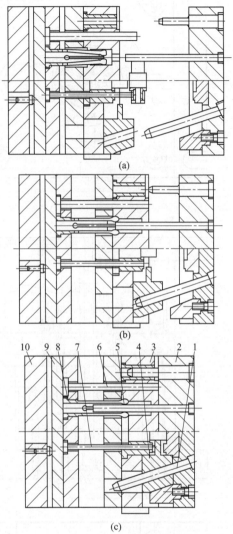

(a)

(b)

(c)

图 8-24　弹簧式预复位机构

1—斜销；2—定模板；3—动模板；4—侧型芯；
5—反推杆；6—复位杆；7—推杆；
8—弹性套；9—推板；10—动模座板

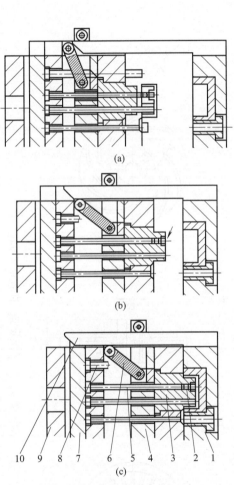

(a)

(b)

(c)

图 8-23　杠杆式预复位机构

1—定模板；2—嵌件；3—型芯；4—支承板；
5—推杆；6—杠杆；7—推板；8—复位杆；
9—动模座板；10—楔板

合模时，设置在定模板上的反推杆 5 触及弹性套 8，由于动模板 3 上的孔限制了弹性套 8 的外胀空间，使弹性套 8 在收拢状态下被反推杆 5 推动，从而驱动推出系统作预复位动作。

当弹性套 8 的端面进入扩孔区域时，摆脱了束缚，并在反推杆 5 的推力作用下扩张，使反推杆插入，弹性套 8 与推板 9 停止移动，完成预复位动作，如图 8-24（b）所示。

继续合模时，侧型芯 4 则无障碍地实现复位动作。复位杆 6 驱动推出机构完成精确定位，如图 8-24（c）所示。

弹性套式预复位机构结构紧凑，动作可靠，便于调节，是简单实用的结构形式。

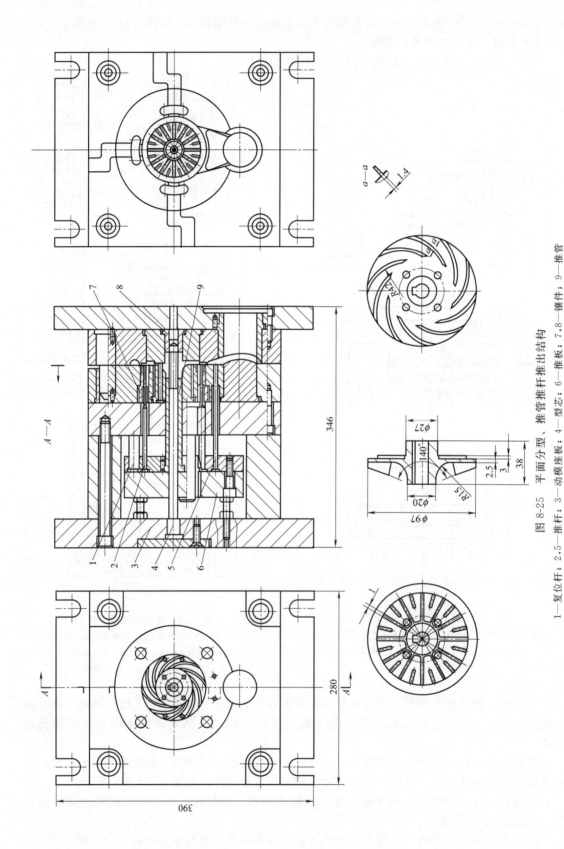

图 8-25　平面分型、推管推杆推出结构

1—复位杆；2,5—推杆；3—动模座板；4—型芯；6—推板；7,8—镶件；9—推管

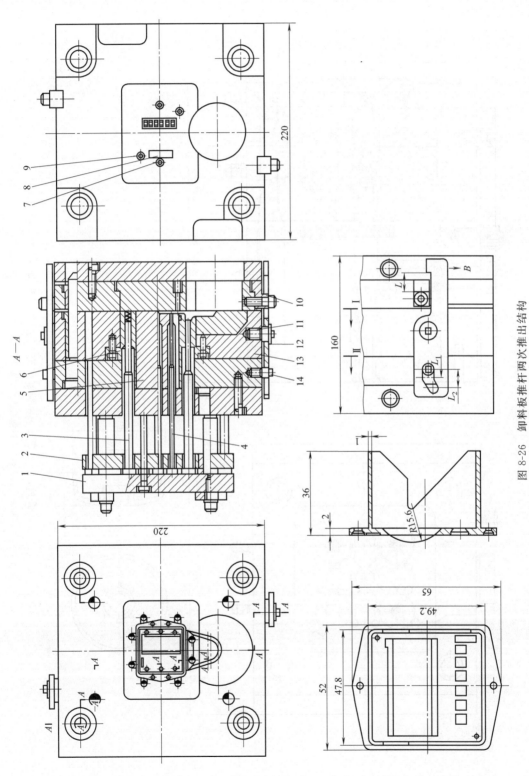

图 8-26　卸料板推杆两次推出结构

1—推板；2—推杆固定板；3、4—推杆；5—大型芯；6—动模镶块；7～9—型芯；10—拉块；11—螺钉；12—导板；13—卸料板；14—导销

压铸模具设计实用教程

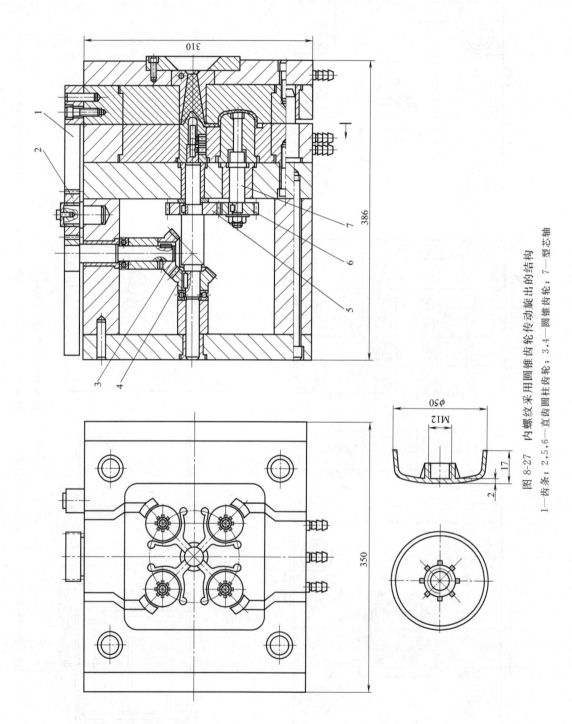

图 8-27　内螺纹采用圆锥齿轮传动旋出的结构

1—齿条；2、5、6—直齿圆柱齿轮；3、4—圆锥齿轮；7—型芯轴

8.7 典型压铸件推出机构设计实例

（1）平面分型、推管推杆推出结构

如图 8-25 所示，铸件的叶片部位壁薄，要求有较好的排气，在中心孔型芯 4 的位置要有足够的推出力。所以，叶片镶件 7 由 10 件组成并设置排气槽，中心孔型芯 4 固定在动模座板 3 并与镶件 8 定位，镶件 8 设置排气槽。推出采用推管、推杆推出结构。

开模后，由推板 6 推动推管 9 和推杆 2、5 将铸件推出，然后取出铸件。

合模时，复位杆 1 推动推板 6，推板 6 带动推管 9 和推杆 2、5 复位。

（2）卸料板推杆两次推出结构

如图 8-26 所示，为防止薄壁铸件在脱模过程中产生变形，采用卸料板推出，然后再用推杆将铸件从卸料板中推出。

开模时，由于铸件的包紧力使分型面Ⅰ首先敞开，脱出定模型芯 7～9，继续开模至距离 L 时，拉块 10 带动导板 12，打开分型面Ⅱ，卸料板 13 及动模镶块 6，将铸件从大型芯 5 上推出。当分型面Ⅱ敞开距离为 L_1 后，导销 14 滑入导板 12 斜槽内，导板 12 弯钩产生 B 向运动。敞开距离为 L_2 时，导板 12 和拉块 10 脱离，分型面Ⅰ第二次打开，由推板 1 带动推杆 3、4 推出铸件。

合模时，分型面Ⅰ先合拢，然后分型面Ⅱ再合拢，由于导板 12 的槽及导销 14 的作用使导板 12 复位。

（3）内螺纹采用圆锥齿轮传动旋出的结构

如图 8-27 所示，铸件有内螺纹，开模后齿轮传动机构旋出铸件。

开模时，固定在定模上的齿条 1 带动直齿圆柱齿轮 2 转动，从而传动圆锥齿轮 3、4 及直齿圆柱齿轮 5、6 转动和带动型芯轴 7 转动。由于铸件外形有八处加强肋，因此型芯轴 7 转动时，既作脱模动作，同时又将铸件推出。

为了减轻转动时的摩擦力矩，采用平面轴承以减小摩擦力。

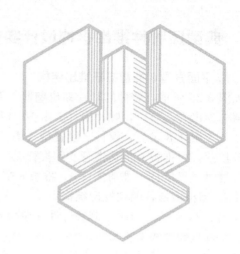

第 **9** 章
压铸模成型与结构零件设计

9.1 成型零件结构形式

在金属压铸模结构中，构成成型空腔以形成压铸件几何形状的零件称为成型零件。这些零件的质量决定了压铸件的质量和精度。同时，由于它们直接与金属液接触，承受着高速、高温、高压金属液的冲击和冲蚀，因而，这些零件也决定了压铸模的使用寿命。成型零件包括型腔、固定型芯、活动型芯等。它们是根据压铸件的不同结构形式和模具制造工艺的需要，将相互对应的几何构件组合在一起，形成成型空腔。因此，成型零件的拼接形式、尺寸精度、几何形状、机械强度等因素，对压铸件的质量有直接的影响。

9.1.1 整体式与组合式结构

（1）整体式结构

型腔和型芯均由整块材料加工而成，即型腔或型芯直接在模板上加工成型，如图 9-1 所示。图（a）、（b）为整体式型腔结构，图（c）为整体式型芯结构。

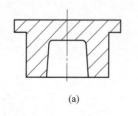
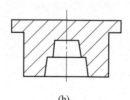
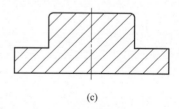

(a)	(b)	(c)

图 9-1 整体式结构

整体式结构的特点如下。
① 强度高，刚性好；

206

② 避免产生拼缝痕迹；

③ 模具装配的工作量小，可减小模具外形尺寸；

④ 易于设置冷却水道；

⑤ 可提高压铸高熔点合金的模具寿命。

整体式结构适用的场合有如下几种。

① 型腔较浅的小型单型腔模或型腔加工较简单的模具；

② 压铸件形状简单、精度要求低的模具；

③ 生产批量小的模具；

④ 压铸机拉杆空间尺寸不大时，为减小模具外形尺寸，可选用整体式结构。

（2）组合式结构

型腔和型芯由整块材料制成，然后装入模板的模套内，再用台肩或螺栓固定。模套应采用圆形或矩形，以便于加工和装配。整体组合式型腔的基本结构和固定形式如图 9-2 所示。

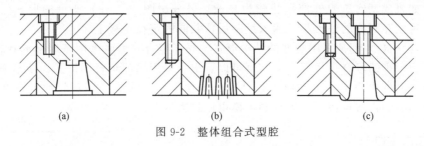

图 9-2　整体组合式型腔

图 9-2（a）是将模板做成盲孔的模套，将型腔镶块整体嵌入，在其背面用螺栓紧固。为便于加工，可采用较大直径的标准棒铣刀，使模套的四个角形成圆弧角。一般情况下，组装、型装后，型腔镶块应高于模套 0.1～0.3mm。

图 9-2（b）是模板用线切割机床，切割成贯通的模套，将矩形型腔镶块从背面装入模框，并设置台肩，用螺栓固定在垫板上。如果采用圆柱状型腔镶块，则可以在车床上加工，但必须设置止转销，防止因松动引起内浇口错位。

图 9-2（c）是另一种组合形式，在模腔镶块中心用螺栓固定在垫板上，为防止转动，需设置止转销。

整体组合式型芯的基本结构和固定形式如图 9-3 所示。

图 9-3（a）是将模板加工成与型芯相对应的安装孔，采用 H7/h6 的配合精度，将型芯嵌入后，在背面用螺栓固定。它多用于形状比较简单（如圆柱形），即模套孔易于加工配合的模具。

外部形状比较复杂的型芯，可采用图 9-3（b）和图 9-3（c）的结构形式。用线切割机床将模套孔做成贯通的形

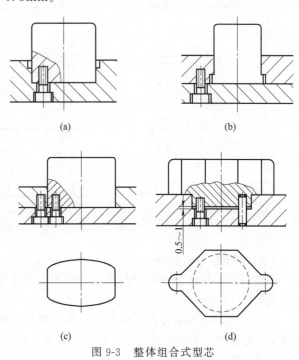

图 9-3　整体组合式型芯

式，用台肩或螺栓固定。

外部形状复杂的型芯，当现场没有电火花切割机床时，也可采用图 9-3（d）的结构形式，将型芯的固定部分改制成容易加工的圆柱形或矩形凸台，在模板上加工出相应形状的模套孔，将型芯装入模套孔后，从背面固定，必要时，可设置止转圆销。采用这种结构，特别应注意配合面的平整，型芯与模板的结合处一定要紧密接触，防止形成凹入的飞边，阻碍压铸件的脱模。为此，在配合面的末端应留有 0.5～1mm 的装配间隙，作为紧固的空间。

9.1.2 局部组合与完全组合式结构

（1）局部组合式结构

型腔或型芯由整块材料制成，为局部镶有成型镶块的组合形式。

图 9-4 为局部组合式型腔的结构实例。图 9-4（a）为压铸件底部有较为复杂的成型形状，很难加工，因此在型腔底部铣出形状简单的模套，将加工好的成型底芯压入，在背面用螺栓固定。如果成型底芯的外部形状较为复杂，可采用图 9-4（b）所示的形式，用线切割机床切通，将相互对应的外形型芯镶入型腔后，共同固定在垫板上。

图 9-4（c）～（f）都是采用类似的结构形式。局部组合式型腔多用于局部形状较为复杂，整体加工较为困难的场合。从以上的实例可以看出，采用局部组合的形式，使本来难于加工的成型部位，分拆成便于加工和便于热处理的单体，大大降低了模具的加工难度。在组装后，也没有明显的拼接痕迹，且修理和更换也比较方便。

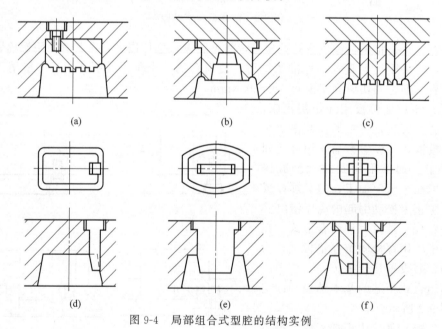

图 9-4 局部组合式型腔的结构实例

（2）完全组合式结构

完全组合式是由多个镶拼件组合而成的成型空腔，主要包括模套组合式。安全组合式结构形式如图 9-5 所示。

图 9-5（a）的型腔外形结构比较复杂，采用整体结构很难加工。采用分拆成几块镶件底拼块 1、端面拼块 2 和侧拼块 3，分别加工后，装入模板的模套 4 中，组合成型腔，保证了成型件的精度，降低了加工难度。

面积较大的型腔也可采用模套组合形式。图 9-5（b）为直角型腔的拼接形式。图 9-5

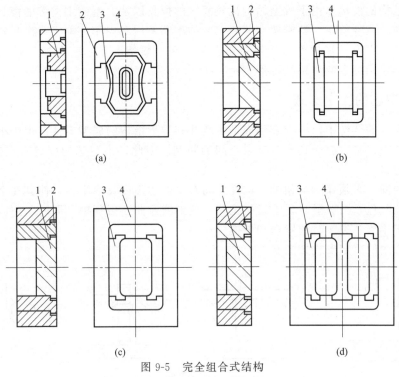

图 9-5　完全组合式结构

1—底拼块；2—端面拼块；3—侧拼块；4—模套

（c）是圆角型腔的拼接形式，为避免明显的接缝痕迹，应将拼接处设在圆角的切点处。加工研合后，装入模套，组成成型型腔。

图 9-5（d）是双型腔的拼接形式。为了增强各拼块间相互拼接的强度和刚度，均采用 T 字槽的连接方式，使各拼块相互加固、制约。

9.1.3　组合式结构形式的特点

① 将组成成型空腔的各部分分解成若干独立的镶块，简化加工工艺，降低模具加工的制造难度。

② 各组合件均可采用机械加工，特别是在淬硬处理后采用高精度的磨削加工，保证了各部的精度要求，提高了成型零件的使用寿命。

③ 提高机械设备的利用率，减少了繁重的人工工作量，从而相应提高了生产效率，降低了做模成本。

④ 有利于沿脱模方向开设脱模斜度，方便研磨，保证了成型零件的表面粗糙度要求，便于脱模。

⑤ 拼合面有一定的排气作用。必要时也可在需要的部位另外开设排气槽。

⑥ 压铸件局部的结构改动时，便于修改模具。

⑦ 当易损的成型零件失效时，可随时修理或更换，不至于使整套模具报废。

⑧ 采用合理的组合式结构，可减少热处理变形。

组合式结构的不足之处如下。

① 过多的镶块拼合面，难以满足组合尺寸的配合精度要求，增加了模具的装配难度。

② 镶拼处处理不当，会引起缝隙飞边，增加压铸件去除毛刺的工作量。

③ 不利于模体温度调节系统的布局。

组合式结构的模具多用于成型结构比较复杂的模具以及大型或多型腔的模具。

随着电加工、冷挤压、精密铸造等新工艺的不断发展和应用，除了为满足特殊结构的加工需要以及便于更换易损件而采用镶拼组合外，在一般情况下，应在加工条件允许的条件下，尽可能不采用过多的镶拼组合形式。

9.1.4 小型芯的固定形式

在局部组合的结构中，小型芯是成型各类孔和异形结构的成型零件。由于小型芯多设置在成型密集区内，有时会受到模具有限空间的限制。因此，小型芯的固定应根据具体条件，采取不同的方式。

小型芯的固定必须保持与相关结构件之间有足够的强度及稳定性，使其在金属液冲击以及压铸件在消除包紧力脱模时，不发生位移、变形或弯曲断裂现象。同时，还应便于加工和装卸，以利于小型芯失效时的修理和更换。

小型芯常用的固定形式如图 9-6 所示。

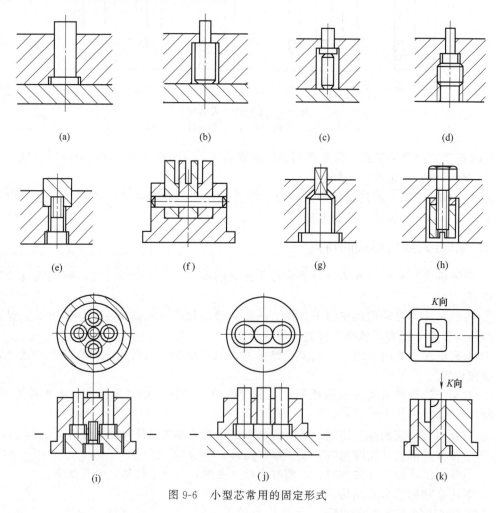

图 9-6 小型芯常用的固定形式

图 9-6（a）、图 9-6（b）采用的是台肩的固定形式。它镶嵌在固定板上，再用螺栓将固定板紧固在垫板上。它稳定可靠，便于加工，是最常用的固定形式。当型芯直径较小时，为便于加工，可缩短型芯的配合部分，而使台肩部分加长。图 9-6（c）所示是为了缩短型芯的

长度，在底部设置了圆柱销，将小型芯顶紧。这种形式多用在模板较厚、型芯直径较小的场合。

当模板较厚时，也可采用图 9-6（d）所示的方式，用螺塞紧固。当型芯成型面积较大时，可采用图 9-6（e）所示的固定方式，即在型芯的背面用螺栓固定。这两种固定方式可在省去垫板或不设垫板的情况下采用。

对于薄片状或数量较多的型芯，可采用图 9-6（f）所示的结构，由横销钉贯穿固定。图 9-6（g）和图 9-6（h）所示是异形型芯的固定方法。图 9-6（g）所示是缩短异形型芯的固定部分，根部仍做成圆柱形，缩短型芯固定孔的配合长度，有利于固定板异形固定孔的加工。图 9-6（h）所示是将异形型芯的成型部分裸露，固定部分做成易于加工的圆柱形，在背面用螺母紧固。但在采用时应特别注意，成型部分一定要与模面接触良好，防止因出现横向飞边而影响脱模。

当多个型芯相距较近时，可采用图 9-6（i）和图 9-6（j）所示的结构形式。图 9-6（i）所示采用压盖，将各个型芯一起压紧。图 9-6（j）所示将台肩孔贯通，将型芯的台肩做成扁平状，互相挤紧制约，借助垫板固定。图 9-6（k）则是由镶嵌件组成的异形型腔，依靠台肩固定在型芯内。对于非圆形的零件，不必采用一周的台肩。较大的零件采用相对的两面，小型零件采用一面即可。

9.1.5　镶块固定形式和型芯的止转形式

（1）镶块的固定形式

镶块固定时，必须保持与相关的构件有足够的稳定性，并要便于加工和装卸。镶块常安装在动、定模套板内，其形式有通孔和不通孔两种，如图 9-7 所示。

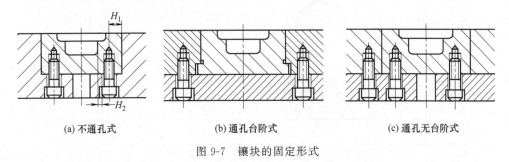

|(a) 不通孔式|(b) 通孔台阶式|(c) 通孔无台阶式|

图 9-7　镶块的固定形式

① 不通孔形式，套板结构简单，强度较高，可用螺钉和套板直接紧固，不用座板和支承板，节约钢材，减轻模具质量。但当动、定模均为不通孔时，对多型腔模具要保证动、定模镶块安装孔的同轴度和深度尺寸全部一致比较困难。不通孔形式用于圆柱形镶块或型腔较浅的模具，如为非圆柱形镶块，则只适用于单腔模具。

② 通孔形式，套板用台阶固定或用螺钉和座板紧固。在动、定模上，镶块安装孔的形状和大小应一致，以便加工和保证同轴度。

③ 通孔台阶式用于型腔较深的或一模多腔的模具，以及对于狭小的镶块不便使用螺钉紧固的模具。通孔无台阶式用于镶块与支承板（或座板）直接用螺钉紧固的情况。

（2）型芯的止转形式

圆柱形镶块或型芯，成型部分为非回转体时，为了保持动、定模镶块和其他零件的相关位置，必须采用止转措施。

常用镶块（或型芯）的止转形式见表 9-1。

表 9-1　常用镶块（或型芯）的止转形式

形　式	图　例	说　明
平键式		在镶块局部台阶上磨一直边与设在套板内的方头子键定位。此形式接触面积较大，精度较高
		组合镶块装在套板内位置对准后再加工键槽，用圆头子键固定，定位可靠，精度较高
半圆键式		加工方便，定位可靠，精度较高
销钉式		加工简便，应用范围较广，但由于销钉的接触面小，经多次拆卸后，容易磨损而影响装配精度，为便于装配，必须使 $L>e$
平面式		定位稳固可靠，模具拆卸简便，沉孔为非圆形，加工较为困难
		为了使非圆形沉孔机械加工方便，镶块台阶平面与定位块接合，易达到较高的精度。定位块用沉头螺钉固定

9.1.6　活动型芯的安装与定位

当成型小螺纹或模外手动侧抽芯时，以活动型芯的形式将成型零件安装在模体内，压铸成型后，与压铸件一起推出、卸下。活动型芯在安装时，应有如下要求。

① 定位应准确可靠，不能因合模时产生的振动以及压射冲击使它们产生移位或脱落。

② 安装时应方便快捷，并能顺利随压铸件推出，并与压铸件分离。

常见活动型芯的安装和定位形式如图9-8所示。当活动型芯安装在下模，即安装方向与重力方向一致时，只靠重力作用，将活动型芯固定，如图9-8（a）所示。在一般情况下，应采取简单可靠的定位措施。如图9-8（b）所示，在安装部位设置有弹力作用的开口槽，活动型芯由自身的弹张力作用而固定在安装孔内，或如图9-8（c）所示，在安装部位加设弹性圈，如图9-8（d）所示，加设弹性套，如图9-8（e）所示，加设弹力簧等。这些形式多用于质量较轻的小型活动型芯。

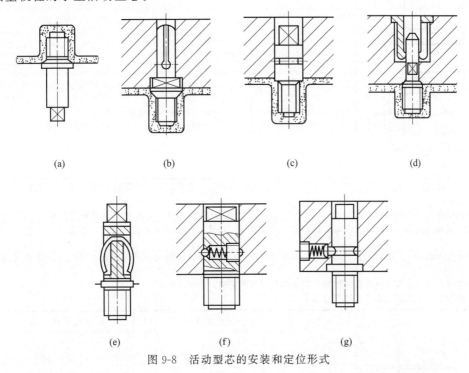

(a)　　　　　　(b)　　　　　　(c)　　　　　　(d)

(e)　　　　　　(f)　　　　　　(g)

图9-8　活动型芯的安装和定位形式

当活动型芯的质量较大时，应采用图9-8（f）、图9-8（g）所示的结构形式，在活动型芯内，或在模体上设置受弹簧弹力推动的弹顶销。

③ 嵌件的定位面还应是可靠的密封面，以保证在压射充填时，金属液不会溢出。因此，嵌件的定位部分应有一段长度 $S \geqslant 15mm$，精度为 H7/h8 的配合精度，如图9-9所示。当定位部位的直径较大时，应考虑模具温度升高产生的热胀给安装和密封带来的影响。

④ 嵌件都应设置在分型面上，安放嵌件的部位应尽可能靠近操作人员一侧。

⑤ 在安放嵌件附近，不宜设置推杆，以免影响嵌件的安装。

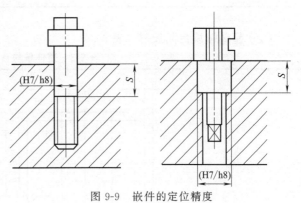

图9-9　嵌件的定位精度

9.2　成型零件的设计

9.2.1　镶块的主要尺寸

（1）镶块壁厚尺寸（表9-2）

表 9-2　镶块壁厚尺寸　　　　　　　　　　　　　　　　mm

	型腔长边尺寸 L	型腔深度 H_1	镶块厚度 h	镶块底厚 H
	≤80	5～50	15～30	≥15
	80～120	10～60	20～35	≥20
	120～160	15～80	25～40	≥25
	160～220	20～100	30～45	≥30
	220～300	30～120	35～50	≥35
	300～400	40～140	40～60	≥40
	400～500	50～160	45～80	≥45

注：1. 型腔长边尺寸 L 及深度尺寸 H_1 是指整个型腔侧面的大部分面积，对局部较小的凹坑 A，在查表时不应计算在型腔尺寸范围内。

2. 镶块壁厚尺寸 h 与型腔的侧面积（$L×H_1$）成正比，凡深度 H_1 较大、几何形状复杂易变形者，h 应取较大值。

3. 镶块底部壁厚尺寸 H 与型腔底部投影面积和深度 H_1 成正比，当型腔短边尺寸 $B<\frac{1}{3}L$ 时，表中 H 值应适当减小。

4. 当套板中的镶块安装孔为通孔结构时，深度 H_1 较小的型腔应保持镶块高度与套板厚度一致，H 值可相应增加，不受限制。

5. 在镶块内设有水冷或电加热装置时，其壁厚根据实际需要，适当增加。

6. 按压铸机大小推荐的镶块壁厚尺寸如下表。

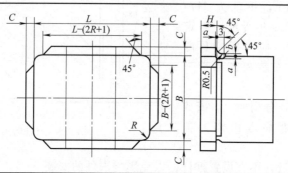

	压铸机/kN	壁厚 A/mm
	2000～4000	80～90
	5000～7000	90～100
	8000～12000	100～120
	13000～20000	120～140

（2）整体镶块台阶尺寸（表9-3）

表 9-3　整体镶块台阶尺寸　　　　　　　　　　　　　　　mm

续表

公称尺寸 L	厚度 H	宽度 C	沉割槽深度	沉割槽宽度	圆角半径 R
≤60	8～10	3.5	0.5	1	8
60～150					10
150～250	12～15	4.5	1		12
250～360				1.5	15
360～500	18～20	6			20
500～630	20～25	8	1.5	2	25

注：1. 根据受力状态台阶可设在四侧或长边的两侧。

2. 组合镶块的台阶 H 和 C，根据需要也可选取表内尺寸系列。如在同一套板安装孔内的组合镶块，其公称尺寸 L 系指装配后全部组合镶块的总外形尺寸。

3. 对薄片状的组合镶块，为提高强度，可取 $H \geqslant 15$mm，但不应大于套板高度的 1/3。

（3）组合式成型镶块固定部分长度（表9-4）

表9-4　组合式成型镶块固定部分长度　　　　　　　　　　mm

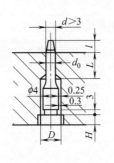

成型部分长度 L	固定部分短边尺寸 B	固定部分长度 L
≤20	≤20	>20
	>20	>15
20～30	≤20	>25
	20～40	>25
	>40	>20
30～50	≤20	>30
	20～40	>25
	>40	>20
50～80	≤20	>40
	20～40	>35
	>40	>30
80～120	≤20	>45
	20～50	>40
	>50	>35

9.2.2　型芯的主要尺寸

（1）圆型芯尺寸（表9-5）
（2）圆型芯成型部分的长度、固定部分的长度和螺孔直径（表9-6）

表9-5　圆型芯尺寸　　　　　　　　　　mm

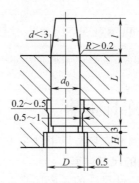

成型段直径 d	配合段直径 d_0	台阶直径 D	台阶厚度 H	配合段长度 L 不小于
≤3	4	8	5	6～10

压铸模具设计实用教程

续表

成型段直径 d	配合段直径 d_0	台阶直径 D	台阶厚度 H	配合段长度 L 不小于
3～10		d_0+4	8	6～10
10～18				15～25
18～30		d_0+5	10	20～30
30～50				25～40
50～80	$d+(0.4～1)$	d_0+6	12	30～50
80～120				40～60
120～180		d_0+8	15	50～80
180～260				70～100
260～360		d_0+10	20	90～120

注：1. 为了便于应用标准工具加工孔径 d_0，公称尺寸应取整数或取标准铰刀的尺寸规格。

2. 为了防止卸料板机构中的型芯表面与相应配合件的孔之间的擦伤，d_0 部位应大于 d。

3. d 和 d_0 两段不同直径的交界处采用圆角或45°倒角过渡。

4. 配合段长度 L 的具体数值，可按成型部分长度 l 选定，l 段较长（$l\geqslant 2～3d$）的型芯，L 值应取较大值。

表 9-6　圆型芯成型部分长度、固定部分的长度和螺孔直径 d_0 推荐值　　　　mm

成型段直径 d	成型部分长度 l	固定部分长度 L（不小于）	螺孔数量和直径 d_0[①]
10～20	～15	15	M8
20～25	～10	20	M8
	10～20	25	M10
25～30	～10	20	M10
	10～20	25	M12
30～40	～10	25	M12 或 3×M6
	10～20	30	M12 或 3×M6
40～55	～10	25	M16 或 3×M8
	10～15	30	M16 或 3×M8
	15～20	35	M16 或 3×M8
55～70	～15	30	M16 或 3×M10
	15～20	35	M16 或 3×M10
	20～25	40	M16 或 3×M10
70～90	～15	40	M20 或 3×M12
	15～20	45	M20 或 3×M12
	20～30	50	M20 或 3×M12

① 栏内的代号说明示例：M12 或 3×M6 表示选用一个螺钉紧固时螺纹直径为 M12；选用 3 个螺钉紧固时，螺纹直径为 M6。

注：采用这种固定形式的型芯其成型部分长度不宜太长。

9.2.3　影响压铸件尺寸的因素

影响压铸件尺寸的因素大体有以下几个方面。

（1）成型收缩引起的尺寸误差

成型收缩是影响压铸件尺寸的主要因素。因成型收缩是一个复杂的过程，所以，计算收缩率有一个较宽的选择范围。根据压铸件的外部形状及结构特点，分别选择各部尺寸合适的成型收缩率并确定成型尺寸，是保证压铸件尺寸精度的关键问题。

（2）成型零件的制造误差

① 成型零件的镶拼、模具加工基准面和加工工艺的影响。

② 成型零件的加工误差。

③ 成型零件的组装误差。

④ 成型零件脱模斜度引起的误差。

（3）压铸过程中成型收缩的波动影响

① 压铸成型工艺参数，如压射比压、内浇口速度的影响。

② 模具温度的影响。

③ 脱模时，压铸件温度的影响。

（4）结构件相对移动引起的误差

① 合模误差。

② 侧抽芯及活动型芯的移动误差。

③ 压铸机的精度及工艺性能的不稳定性引起的误差。

（5）冲击误差

① 成型零件受到压射冲击产生变形引起的误差。

② 成型零件表面受金属液或杂质的冲蚀产生的误差。

③ 受压射冲击，使模板或成型零件产生弹性变形或塑性变形而形成成型部分尺寸的误差。

9.2.4　确定成型尺寸的原则

为了保证压铸件尺寸符合生产蓝图的精度要求，在模具设计时，应根据具体情况，对影响尺寸精度的诸多因素进行分析，逐项确定合理的成型尺寸。在确定成型尺寸时，应遵循如下原则。

（1）选择合适的成型收缩率

根据压铸件的结构特点和成型收缩的规律，在选择成型收缩率时应注意以下几点。

① 压铸合金的种类。

② 同一压铸件不同部位的尺寸，其成型收缩率是不同的。因此，应分析各个部位的收缩条件，是自由收缩、阻碍收缩，还是混合收缩。

③ 薄壁压铸件的收缩率比厚壁压铸件小。

④ 大型压铸件的成型收缩率比小型压铸件的小。

⑤ 压铸件形状复杂部位比形状较为简单部位的尺寸收缩率小。

⑥ 留模时间越长，或者说脱模时的温度越低，压铸件的收缩率越小。

因此，要精确确定收缩率很困难，在计算成型尺寸时，往往综合上述诸多因素的影响，选用综合收缩率进行计算，可参考表 9-7 进行选取。

表 9-7　压铸合金综合收缩率

合金种类	综合收缩率 $\varphi/\%$		合金种类	综合收缩率 $\varphi/\%$	
	自由收缩	受阻收缩		自由收缩	受阻收缩
铅锡合金	0.4~0.5	0.2~0.4	铝镁合金	0.8~1.0	0.4~0.8
锌合金	0.6~0.8	0.3~0.6	镁合金		
铝硅合金	0.7~0.9	0.3~0.7	黄铜	0.9~1.1	0.5~0.9
铝硅铜合金	0.8~1.0	0.4~0.8	铝青铜	1.0~1.2	0.6~1.0

注：1. 表中数据是指模具温度、浇注温度等工艺参数为正常时的收缩率。

2. 在收缩条件特殊的情况下，可按表中数据适当增减。

（2）分析成型零件受到冲击后的变化趋势

成型零件的尺寸，构成压铸件外部尺寸的型腔内径尺寸及其深度尺寸，构成压铸件内部尺寸的型芯外径尺寸及其高度尺寸，又构成某些部位相对距离的中心距尺寸。前面讲过，成型零件是在十分恶劣的条件下工作的，其表面长期受到高温、高压、高速金属液或杂质的冲击摩擦或腐蚀而产生损耗，或因抛光、修复等原因引起尺寸变化。可以把因损耗使尺寸变大的尺寸称为趋于增大尺寸，使尺寸变小的尺寸称为趋于变小尺寸。因此，应对各部的成型尺寸进行分类。如图 9-10 所示，型腔内腔 D（$D_1 \sim D_{10}$）及其深度 H（H_1、H_2）的尺寸趋于损耗变大，是趋于增大尺寸；型芯外廓 d（$d_1 \sim d_9$）及其高度 h（h_1、h_2）的尺寸趋于损耗变小，是趋于变小尺寸。中心距离及位置尺寸 c（$c_1 \sim c_6$）不会因损耗而变化，称为稳定尺寸。

为此，在确定成型尺寸前，应首先弄清各部位尺寸的性质，方可确定各部位尺寸及其公差的取向。在一般情况下，趋于增大的尺寸，应向偏小的方向取值，即趋于增大尺寸应选取接近最小的极限尺寸；趋于变小的尺寸，应向偏大的方向取值，即趋于变小尺寸应选取接近最大极限的尺寸。尺寸变化趋于稳定的尺寸，应保持成型尺寸接近于最大和最小两个极限尺寸的平均值。

（3）消除相对位移或压射变形产生的尺寸误差

成型零件在相对移动时，由于种种原因，会出现移动不到位或压射变形的现象，从而引起压铸件尺寸变化，主要表现如下。

① 在合模时，分型面接触不严密，出现合模间隙，形成压铸飞边，从而出现尺寸误差。

② 侧型芯或其他活动型芯在合模时没有回复到原来的位置。

③ 在压铸过程中，由于锁紧力不足，模体或成型零件受到金属液的强烈冲击而出现胀模的现象。

④ 因模体刚性不足，受压射冲击引起局部变形的现象。

（4）脱模斜度尺寸取向的影响

为了便于脱模，几乎所有的成型零件都在脱模方向上设置脱模斜度。这样必然会引起各部尺寸的变化。一般情况下，应首先使成型零件与压铸件蓝图上所标明的大小端尺寸部位一致。

当未明确标明大小端部位时，应按照压铸件是否留有加工余量进行分类，如图 9-11 所示。

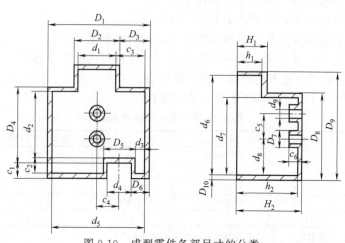

图 9-10　成型零件各部尺寸的分类

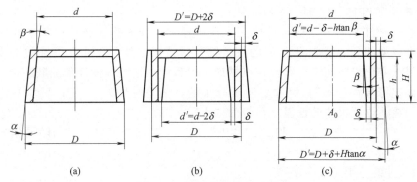

图 9-11 脱模斜度的尺寸取向

D'—型腔尺寸；d'—型芯尺寸；D—压铸件外形尺寸；d—压铸件内形尺寸；α—型腔脱模斜度

① 不留加工余量的压铸件 [图 9-11 (a)]。以保证压铸件在组装时不受阻碍为原则，型腔尺寸以大端 D 为基准，另一端按脱模斜度相应减少；型芯尺寸以小端 d 为基准，另一端按脱模斜度相应增大。

② 两面均留有加工余量的压铸件 [图 9-11 (b)]。为保证有足够的加工余量，型腔尺寸以小端 D 为基准，加上加工余量，即 $D'=D+2\delta$，另一端按脱模斜度相应增大；型芯尺寸以大端 d 为基准，减去加工余量，即 $d'=d-2\delta$，另一端按脱模斜度相应减少。

③ 单面留有加工余量的压铸件 [图 9-11 (c)]。型腔尺寸以非加工面的大端 D 为基准，加上斜度尺寸差 $H\tan\alpha$ 及加工余量 δ，即 $D'=D+\delta+H\tan\alpha$，另一端按脱模斜度相应减少。型芯尺寸以非加工面的小端 d 为基准，减去斜度尺寸差 $h\tan\alpha$ 及加工余量 δ，即 $d'=d-\delta-h\tan\alpha$，另一端按脱模斜度相应放大。

9.2.5 成型尺寸计算和偏差的标注方法

(1) 成型尺寸的计算

在模具设计中，确定成型尺寸时，通常考虑成型收缩率的影响因素，并考虑压铸件的公称尺寸误差和成型零件在修研及受到冲蚀时产生的损耗。

1) 成型尺寸的基本计算公式

模具成型尺寸按下式计算：

$$A'^{+\Delta'}_{0}=(A+A\varphi+n\Delta-\Delta')^{+\Delta'}_{0} \tag{9-1}$$

式中　A'——计算后的成型尺寸，mm；

　　　A——铸件的基本尺寸，mm；

　　　φ——压铸件的计算收缩率，%；

　　　n——补偿和磨损系数。当铸件为 GB/T 6414—2017 中 IT11～13 级精度，压铸工艺不易稳定控制或其他因素难以估计时，取 $n=0.5$；当铸件精度为 IT14～16 时，取 $n=0.45$；

　　　Δ——铸件偏差，mm；

　　　Δ'——模具成型部分的制造偏差，mm。

型腔和型芯尺寸的制造偏差 Δ' 按下列规定：

当铸件精度为 IT11～13 时，Δ' 取 $1/5\Delta$；

当铸件精度为 IT14～16 时，Δ' 取 $1/4\Delta$。

中心距离、位置尺寸的制造偏差 Δ' 按下列规定：

当铸件精度为 IT11～14 时，Δ 取 1/5Δ；

当铸件精度为 IT15～16 时，Δ 取 1/4Δ。

铸件偏差 Δ 的正负符号，应按铸件尺寸在机械加工或修整、磨损过程中的尺寸变化趋向而定。模具成型部分的制造偏差 Δ′ 的正负符号应按成型部分尺寸在机械加工或修整、磨损过程中的尺寸变化趋向而定。零件在机械加工过程中，按图样设计基准顺序论，尺寸趋向于增大的，偏差符号为"＋"；尺寸趋向于减小的，偏差符号为"－"；尺寸变化趋向稳定的，如中心距离、位置尺寸的偏差，符号为"±"。

应用公式（9-1）时应注意 Δ 和 Δ′ 的"＋"或"－"偏差符号，必须随同偏差值一起代入公式。

2）成型尺寸的分类及注意事项

成型尺寸主要可分为：型腔尺寸（包括型腔深度尺寸），型芯尺寸（包括型芯高度尺寸），成型部分的中心距离和位置尺寸，螺纹型环尺寸及螺纹型芯尺寸五类。

计算各类成型尺寸时，注意事项如下。

① 型腔磨损后，尺寸增大。因此，计算型腔尺寸时，应保持铸件外形尺寸接近于最小极限尺寸。

② 型芯磨损后，尺寸减小。因此，计算型芯尺寸时，应保持铸件内形尺寸接近于最大极限尺寸。

③ 两个型芯或型腔之间的中心距离和位置尺寸，与磨损量无关，应保持铸件尺寸接近于最大和最小两个极限尺寸的平均值。

④ 受模具的分型面和滑动部分（如抽芯机构等）影响的尺寸应另行修正（见表9-8）。

⑤ 螺纹型环和螺纹型芯尺寸的计算，应按照 GB/T 192—2003 中的规定。为保证铸件的外螺纹内径在旋合后与内螺纹最小内径有间隙，计算螺纹型环的螺纹内径时，应考虑最小配合间隙 x 最小，一般 x 为 0.02～0.04mm。为便于在普通机床上加工型环和型芯的螺纹，一般不考虑螺距的收缩值，而采取增大螺纹型芯的螺纹中径尺寸和减小螺纹型环的螺纹中径尺寸的办法，以弥补因螺距收缩而引起的螺纹旋合误差。成型部分的螺距制造偏差可取 ±0.02mm。螺纹型芯和型环必须有适当的出模斜度，一般取 30°。

表 9-8 受分型面和滑动部分影响的尺寸修正量

尺寸部位	简图	计算注意事项	备注
受分型面影响的尺寸		A、B、C尺寸按表9-4中公式计算数值，一般应再减小 0.05～0.2mm（按设备条件、铸件结构和模具结构等情况确定）	因操作中清理工作不当而影响铸件尺寸，不计在内
受滑动部分影响的尺寸		d尺寸按表9-4中公式计算数值，一般应再减小 0.05～0.2mm；H尺寸按表9-5中公式计算数值一般应再增大0.05～0.2mm（按滑动型芯端面的投影面积大小和模具结构而定）	

⑥ 凡是有出模斜度的各类成型尺寸，首先应保证与铸件图上所规定尺寸的大小端部位一致，一般在铸件图上未明确规定尺寸的大小端部位时，需要按照铸件的尺寸是否留有加工余量考虑。对无加工余量的铸件尺寸，应以铸件在装配时不受阻碍为原则；对留有加工余量的铸件尺寸（铸件单面的加工余量一般在 0.3～0.8mm 范围内选取，如有特殊原因可适当增加，但不能超过 1.2mm），应以切削加工时有足够的余量为原则，故作如下规定（如图9-12所示）。

无加工余量的铸件尺寸 ［图 9-12（a）］：

a. 型腔尺寸以大端为基准，另一端按出模斜度相应减小；

b. 型芯尺寸以小端为基准，另一端按出模斜度相应增大；

c. 螺纹型环，螺纹型芯尺寸，成型部分的螺纹外径、中径及内径各尺寸均以大端为基准。

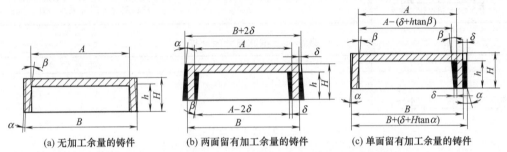

(a) 无加工余量的铸件　　(b) 两面留有加工余量的铸件　　(c) 单面留有加工余量的铸件

图 9-12　有出模斜度的各类成型尺寸检验时的测量点位置

A—铸件孔尺寸；B—铸件轴的尺寸；h—铸件内孔深度；H—铸件外形高度

两面留有加工余量的铸件尺寸 ［图 9-12（b）］：

a. 型腔尺寸以小端为基准；

b. 型芯尺寸以大端为基准；

c. 螺纹型环尺寸，按铸件的结构需采用两半分型的螺纹型环的结构时，为了消除螺纹的接缝、椭圆度、轴向错位（两半型的牙形不重合）及径向偏移等缺陷，可将铸件的螺纹中径尺寸增加 0.2～0.3mm 的加工余量，以便采用板牙套螺纹。

单面留有加工余量的铸件尺寸 ［图 9-12（c）］：

a. 型腔尺寸以非加工面的大端为基准，加上斜度值及加工余量，另一端以出模斜度值相应减小；

b. 型芯尺寸以非加工面的小端为基准，减去斜度值及加工余量，另一端按出模斜度值相应放大。

⑦ 一般铸件的尺寸公差应不包括出模斜度而造成的尺寸误差，凡是在铸件图上特别注明要求出模斜度在铸件公差范围内的尺寸，则应先按下式进行验证：

$$\Delta_1 \geqslant 2.7H\tan\alpha \qquad\qquad (9-2)$$

式中　Δ_1——铸件公差，mm；

　　　H——出模斜度处的深度或高度，mm；

　　　α——压铸工艺所允许的最小出模斜度。

当验证结果不能满足时，则应留有加工余量，待压铸后再进行机械加工来保证。

3）各种类型成型尺寸的计算

① 型腔尺寸（包括深度尺寸）的计算见表 9-9。

② 型芯尺寸（包括高度尺寸）的计算见表 9-10。

③ 中心距离、位置尺寸的计算见表 9-11。

表 9-9　型腔尺寸的计算

简　图	铸件尺寸标注形式($D_{-\Delta}^{0}$ 或 $H_{-\Delta}^{0}$)	计 算 公 式
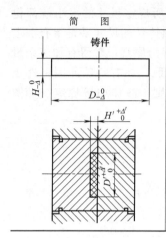	为了简化型腔尺寸的计算公式，铸件的偏差规定为下偏差。当偏差不符合规定时，应在不改变铸件尺寸极限值的条件下，变换公称尺寸及偏差值，以适应计算公式 变换公称尺寸及偏差举例： $\phi60^{+0.40}_{0}$变换为 $\phi60.4^{0}_{-0.40}$ $\phi60^{+0.50}_{+0.10}$变换为 $\phi60.5^{0}_{-0.40}$ $\phi60\pm0.20$变换为 $\phi60.2^{0}_{-0.40}$ $\phi60^{-0.20}_{-0.60}$变换为 $\phi59.8^{0}_{-0.40}$	$D'^{+\Delta'}_{0}=(D+D\varphi-0.7\Delta)^{+\Delta'}_{0}$ $H'^{+\Delta'}_{0}=(H+H\varphi-0.7\Delta)^{+\Delta'}_{0}$ 式中　D', H'—型腔尺寸或型腔深度尺寸，mm 　　　D, H—铸件外形（如轴径、长度、宽度或高度）的最大极限尺寸，mm 　　　φ—铸件综合收缩率，% 　　　Δ—铸件基本尺寸的偏差，mm 　　　Δ'—成型部分基本尺寸的制造偏差，mm （按模具成型尺寸基本计算公式选）

表 9-10　型芯尺寸的计算

简　图	铸件尺寸标注形式($d^{+\Delta}_{0}$ 或 $h^{+\Delta}_{0}$)	计 算 公 式
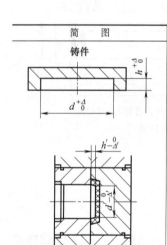	为了简化型芯尺寸的计算公式，铸件的偏差规定为上偏差。当偏差不符合规定时，应在不改变铸件尺寸极限值的条件下，变换公称尺寸及偏差值，以适应计算公式 变换公称尺寸及偏差举例： $\phi60^{-0.20}_{-0.60}$变换为 $\phi59.4^{+0.40}_{0}$ $\phi60^{-0.40}_{0}$变换为 $\phi59.6^{+0.40}_{0}$ $\phi60\pm0.20$变换为 $\phi59.8^{+0.40}_{0}$ $\phi60^{+0.50}_{+0.10}$变换为 $\phi60.1^{+0.40}_{0}$	$d'^{0}_{-\Delta'}=(d+d\varphi+0.7\Delta)^{0}_{-\Delta'}$ $h'^{0}_{-\Delta'}=(h+h\varphi+0.7\Delta)^{0}_{-\Delta'}$ 式中　d', h'—型芯尺寸或型芯高度尺寸，mm 　　　d, h—铸件内形（如孔径、槽、沉孔等的大小或深度）的最小极限尺寸，mm 　　　φ—铸件综合收缩率，% 　　　Δ—铸件基本尺寸的偏差，mm 　　　Δ'—成型部分基本尺寸的制造偏差，mm （按模具成型尺寸基本计算公式选）

表 9-11　中心距离、位置尺寸的计算

简　图	铸件尺寸标注形式($L\pm\Delta$)	计 算 公 式
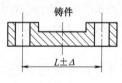	为了简化中心距离、位置尺寸的计算公式，铸件中心距离、位置尺寸的偏差规定为双向等值。当偏差不符合规定时，应在不改变铸件尺寸极限值的条件下，变换公称尺寸及偏差值，以适应计算公式 变换公称尺寸及偏差举例： $\phi60^{-0.20}_{-0.60}$变换为 $\phi59.6\pm0.20$ $\phi60^{-0.40}_{0}$变换为 $\phi59.8\pm0.20$ $\phi60^{+0.30}_{0}$变换为 $\phi60.1\pm0.20$ $\phi60^{+0.50}_{+0.10}$变换为 $\phi60.3\pm0.20$	$L'\pm\Delta'=(L+L\varphi)\pm\Delta'$ 式中　L'—成型部分的中心距离、位置的平均尺寸，mm 　　　L—铸件中心距离、位置的平均尺寸，mm 　　　φ—铸件综合收缩率，% 　　　Δ—铸件中心距离、位置尺寸的偏差，mm 　　　Δ'—成型部分中心距离、位置尺寸的偏差，mm （按模具成型尺寸基本计算公式选）

④ 螺纹型环尺寸的计算见表 9-12。

⑤ 螺纹型芯尺寸的计算见表 9-13。

⑥ 出模斜度在铸件公差范围内型腔、型芯尺寸的计算见表 9-14。

表 9-12　螺纹型环尺寸的计算

简　图	计　算　公　式	说　明	备　注
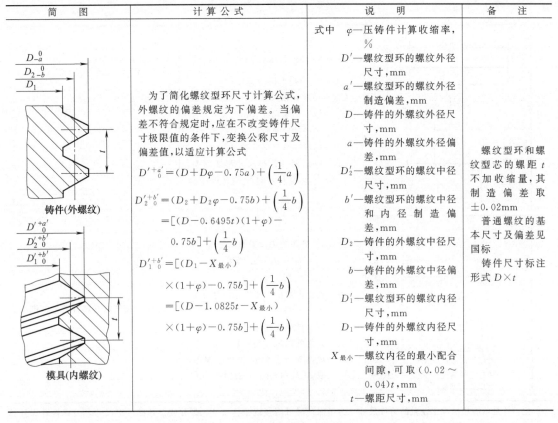 铸件(外螺纹) 模具(内螺纹)	为了简化螺纹型环尺寸计算公式，外螺纹的偏差规定为下偏差。当偏差不符合规定时，应在不改变铸件尺寸极限值的条件下，变换公称尺寸及偏差值，以适应计算公式 $D'^{+a'}_{\ 0}=(D+D\varphi-0.75a)+\left(\frac{1}{4}a\right)$ $D_2'^{+b'}_{\ \ 0}=(D_2+D_2\varphi-0.75b)+\left(\frac{1}{4}b\right)$ $=[(D-0.6495t)(1+\varphi)-0.75b]+\left(\frac{1}{4}b\right)$ $D_1'^{+b'}_{\ \ 0}=[(D_1-X_{最小})\times(1+\varphi)-0.75b]+\left(\frac{1}{4}b\right)$ $=[(D-1.0825t-X_{最小})\times(1+\varphi)-0.75b]+\left(\frac{1}{4}b\right)$	式中　φ—压铸件计算收缩率，% D'—螺纹型环的螺纹外径尺寸，mm a'—螺纹型环的螺纹外径制造偏差，mm D—铸件的外螺纹外径尺寸，mm a—铸件的外螺纹外径偏差，mm D_2'—螺纹型环的螺纹中径尺寸，mm b'—螺纹型环的螺纹中径和内径制造偏差，mm D_2—铸件的外螺纹中径尺寸，mm b—铸件的外螺纹中径偏差，mm D_1'—螺纹型环的螺纹内径尺寸，mm D_1—铸件的外螺纹内径尺寸，mm $X_{最小}$—螺纹内径的最小配合间隙，可取$(0.02\sim0.04)t$，mm t—螺距尺寸，mm	螺纹型环和螺纹型芯的螺距 t 不加收缩量，其制造偏差取 ±0.02mm 普通螺纹的基本尺寸及偏差见国标 铸件尺寸标注形式 $D\times t$

表 9-13　螺纹型芯尺寸的计算

简　图	计　算　公　式	说　明
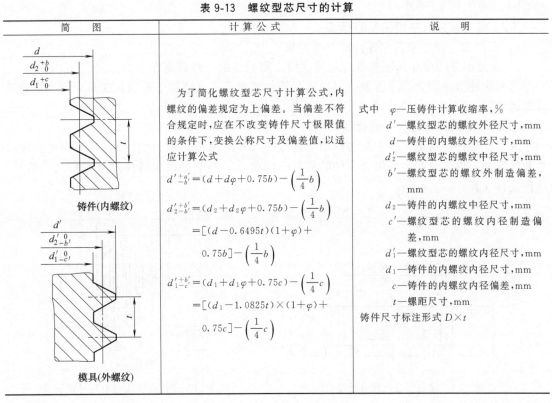 铸件(内螺纹) 模具(外螺纹)	为了简化螺纹型芯尺寸计算公式，内螺纹的偏差规定为上偏差。当偏差不符合规定时，应在不改变铸件尺寸极限值的条件下，变换公称尺寸及偏差值，以适应计算公式 $d'^{+a'}_{-b'}=(d+d\varphi+0.75b)-\left(\frac{1}{4}b\right)$ $d_2'^{+b'}_{-b'}=(d_2+d_2\varphi+0.75b)-\left(\frac{1}{4}b\right)$ $=[(d-0.6495t)(1+\varphi)+0.75b]-\left(\frac{1}{4}b\right)$ $d_1'^{+b'}_{-c'}=(d_1+d_1\varphi+0.75c)-\left(\frac{1}{4}c\right)$ $=[(d_1-1.0825t)\times(1+\varphi)+0.75c]-\left(\frac{1}{4}c\right)$	式中　φ—压铸件计算收缩率，% d'—螺纹型芯的螺纹外径尺寸，mm d—铸件的内螺纹外径尺寸，mm d_2'—螺纹型芯的螺纹中径尺寸，mm b'—螺纹型芯的螺纹外制造偏差，mm d_2—铸件的内螺纹中径尺寸，mm c'—螺纹型芯的螺纹内径制造偏差，mm d_1'—螺纹型芯的螺纹内径尺寸，mm d_1—铸件的内螺纹内径尺寸，mm c—铸件的内螺纹内径偏差，mm t—螺距尺寸，mm 铸件尺寸标注形式 $D\times t$

表 9-14　出模斜度在铸件公差范围内型腔、型芯尺寸的计算

简　图	计算公式	说　明
型腔尺寸	$D'_{大}{}^{+\Delta'}_{0}=(D+D\varphi-\Delta')^{+\Delta'}_{0}$ $D'_{小}{}^{+\Delta'}_{0}=(D+D\varphi-\Delta)^{+\Delta'}_{0}$ 式中　$D'_{大}$—型腔大端尺寸，mm 　　　$D'_{小}$—型腔小端尺寸，mm 　　　φ—压铸件计算收缩率，% 　　　Δ—铸件外形尺寸的偏差，mm 　　　Δ'—成型部分公称尺寸制造偏差， 　　　　　取 Δ' 为 IT7～IT8 级精度，mm	
型芯尺寸	$d'_{大}{}^{0}_{-\Delta'}=(d+d\varphi+\Delta)^{0}_{-\Delta'}$ $d'_{小}{}^{0}_{-\Delta'}=(d+d\varphi+\Delta')^{0}_{-\Delta'}$ 式中　$d'_{大}$—型芯大端尺寸，mm 　　　d—铸件内形的最小极限尺寸，mm 　　　$d'_{小}$—型芯小端尺寸，mm 　　　φ—压铸件计算收缩率，% 　　　Δ—铸件外形尺寸的偏差，mm 　　　Δ'—成型部分公称尺寸制造偏差， 　　　　　取 Δ' 为 IT7～IT8 级精度，mm	$d^{+\Delta}_{0}$ 出模斜度在铸件公差范围内

注：凡是留有机械加工余量的铸件尺寸，为了保证尽可能接近公称尺寸，型腔或型芯的成型尺寸，一律推荐以计算中心距离、位置尺寸的公式代替。

（2）成型部分尺寸和偏差的标注

1）成型部分尺寸和偏差标注的基本要求

① 成型部分的尺寸标注基准应与铸件图上所标注的一致，见图 9-13。

这种标注方法较为简单方便，容易满足铸件精度要求，适用于形状较简单，尺寸数量不多的铸件。

② 铸件由镶块组合尺寸的标注，见图 9-14。

为了保证铸件精度，应先把铸件图上标注的尺寸按表 9-9 的公式计算，将所得的成型尺寸和制造偏差值，分配在各组合零件的相对应部位上，绝不可以将铸件的基本尺寸分段后，单独进行计算。

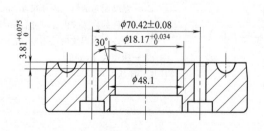

图 9-13　成型部分的尺寸标注

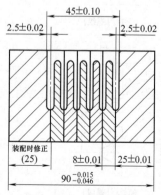

图 9-14　铸件由镶块组合尺寸的标注

如果铸件尺寸精度较高，按上述方法标注后，各组合零件的制造偏差很小，带来加工困难时，可采取在装配中修正的方法。即注上组合零件组合后的尺寸，按其对称性的要求程度，对其中一个或两个组合零件在装配时加以修正，最后达到组合后的尺寸要求。

③ 在满足铸件设计要求的前提下，同时又要满足模具制造工艺上的要求。例如圆镶块由于采用镶拼结构，使原来的尺寸基准转到相邻的镶块上，或为了便于加工和测量，需要变更标注的尺寸基准时，要特别注意的是以计算后所得到的成型尺寸和制造偏差为标准，再进行换算，要保证累积误差与制造公差的原值相等。标注举例见图9-15。

在实际生产中，若按尺寸链换算比较烦琐，一般可将铸件精度较低的成型尺寸标注在安装基准面上，即首先标注出与铸件尺寸基准的部位相对应的成型部位，并在加工条件允许下，适当提高制造公差精度。其余的成型尺寸则以此为基准，标注在与其相对应的成型部位上，这样可减少和避免因换算过程中的差错而造成的零件报废。

④ 当成型尺寸为模具的配合尺寸时，一般情况下模具配合精度高于成型尺寸的制造精度。在这种情况下，成型尺寸的制造公差应服从于配合公差。标注示例见图9-16。

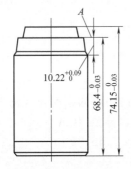

图9-15 圆镶块上变更标注尺寸基准举例

图9-16 成型尺寸为模具的配合尺寸标注示例

⑤ 当铸件图上尺寸标准为从外壁到孔的中心位置尺寸时（图9-17），如果成型部分的型芯固定在滑块上，滑块的配合尺寸和成型铸件外壁的型腔尺寸相同，滑块的上、下偏差全是负数。对于这类有配合间隙的滑块，凡是以滑块的配合面为基准所标注的成型尺寸，要考虑到由于配合间隙的影响，必须采用按表9-4～表9-7的计算公式所求得的成型尺寸和制造偏差为标注进行换算。

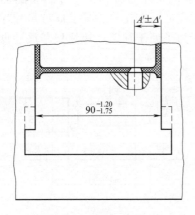

(a) 组成铸件 $A'\pm\Delta'$ 成型尺寸的基准位置
$[A'\pm\Delta'=(16.08\pm0.088)mm]$

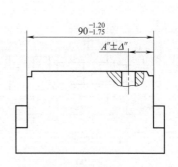

(b) 斜滑块中 $A''\pm\Delta''$ 成型尺寸的基准位置
$[A''\pm\Delta''=(16\pm0.043)mm]$

图9-17 从外壁到孔的位置尺寸换算标注示例

对于有配合间隙的滑块，当变更所标注的尺寸基准时，其换算尺寸 A''，可按下式进行换算：

$$A''=A'-\frac{K_S-(Z_S+Z_X)}{2}\times\frac{1}{2}=A'-\frac{K_S-(Z_S+Z_X)}{4} \tag{9-3}$$

式中　A''——换算后的成型尺寸，mm；

$\quad\quad A'$——按成型尺寸计算公式求得的成型尺寸，mm；

$\quad\quad K_S$——孔尺寸的上偏差，mm；

$\quad\quad Z_S$——轴尺寸的上偏差，mm；

$\quad\quad Z_X$——轴尺寸的下偏差，mm。

应用公式（9-3）时注意，K_S、Z_S、Z_X 的"＋"或"－"偏差符号必须随同偏差值一起代入公式。

换算后的制造偏差，其值用公式（9-4）进行计算：

$$\Delta''=\Delta'-\frac{Z+K}{2} \tag{9-4}$$

式中　Δ''——换算后的制造偏差，mm；

$\quad\quad \Delta'$——模具制造偏差，mm；

$\quad\quad Z$——配合轴的公差，mm；

$\quad\quad K$——配合孔的公差，mm。

【举例】　如图 9-17 所示，设铝合金压铸件的边缘到孔的中心的距离为（16±0.35）mm，铸件的成型尺寸、制造偏差和模具结构以及配合要求，分别为 $A'=16.08$mm，$\Delta'=0.088$mm，$K_S=+0.035$mm，$K=0.035$mm，$Z_S=-0.12$mm，$Z_X=-0.175$mm，$Z=0.175-0.12=0.055$mm。

求：换算后成型尺寸 A'' 及换算后的制造偏差 Δ''。

$$A''=A'-\frac{K_S-(Z_S+Z_X)}{2}\times\frac{1}{2}=16.08-\frac{0.035-(-0.12-0.175)}{4}=16(\text{mm})$$

$$\Delta''=\Delta'-\frac{Z+K}{2}=0.088-\frac{0.055+0.035}{2}=0.043(\text{mm})$$

2）型芯、型腔镶块的尺寸和偏差的标注

① 型芯尺寸的标注。铸件图上未注明大、小端尺寸的铸孔按铸件的装配要求考虑，铸件孔径应该保证小端尺寸要求，但对模具中相对应的型芯正好相反。此种尺寸注法主要是为了保证铸件的精度，但在模具制造时带来不便。为了便于加工，标注型芯尺寸见图 9-18。

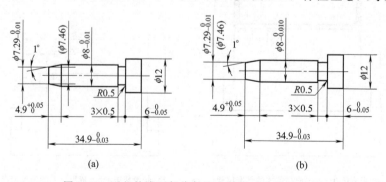

图 9-18　型芯的成型部位保证小端尺寸的注法示例

将成型铸件孔径的型芯小端尺寸注以制造偏差，同时也应注明型芯高度尺寸和偏差，以及出模斜度。而在大端注以括号内表示的参考尺寸，而不注公差，也不作检验，仅供加工使用。

当铸件的孔径尺寸要求大、小端尺寸在规定的公差范围内时，其型芯尺寸的标注见图9-19。

在标注型芯尺寸时，应分别标出大、小端尺寸，并注以制造偏差，同时也应注明型芯高度尺寸和制造偏差，而对出模斜度注以括号内表示参考尺寸，仅供加工使用。

② 成型镶块中型腔尺寸的标注。为了保证铸件的装配要求，对于未注明大、小端尺寸的轴径，应该保证大端尺寸的要求，其标注方法见图9-20。

将成型轴尺寸所对应的型腔的大端尺寸注以制造偏差，同时也应该注明型腔的深度尺寸和制造偏差，以及出模斜度。而在另一端的小端尺寸注以括号内表示参考尺寸，不注公差，也不作检验，仅供加工使用。

当铸件的轴径尺寸要求大、小端尺寸都在给定的公差范围内时，其型腔尺寸的标注见图9-21。

在标注型腔尺寸时，应分别标注大、小端尺寸，并注以制造偏差，同时也应注明型腔深度尺寸和制造偏差，而对出模斜度注以括号内表示参考尺寸，仅供加工使用。

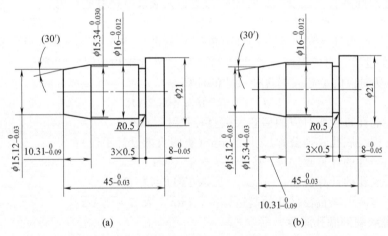

(a)　　　　　　　　　　(b)

图 9-19　型芯的成型部位保证大、小端尺寸的标注示例

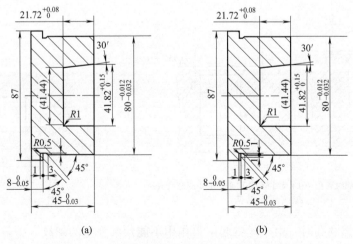

(a)　　　　　　　　　　(b)

图 9-20　型腔的成型部位保证大端尺寸标注示例

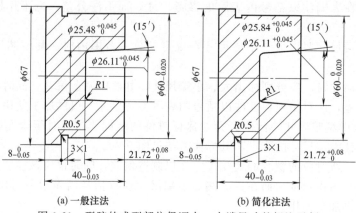

(a) 一般注法   (b) 简化注法

图 9-21   型腔的成型部位保证大、小端尺寸的标注示例

9.2.6   压铸件螺纹孔直径、深度和型芯尺寸的确定

压铸件的螺纹在攻螺纹前底孔可直接铸出。也可先铸出圆锥坑，然后钻孔。

（1）攻螺纹前的底孔直径以及所对应的型芯大端直径尺寸的计算

在正常条件下，一般铸孔的直径接近于最大极限尺寸，为了保证牙形高度，对有出模斜度的底孔直径，应保证大端尺寸，孔口倒角处的直径 d 等于螺孔公称尺寸，两段不同直径的孔由 $45°$ 斜角过渡，出模斜度一般可取 $30°$。螺纹底孔结构如图 9-22 所示。

底孔直径所对应的型芯大端直径尺寸的计算：

$$d'_z = (d_z + d_z \varphi + 0.7\Delta)_{\Delta'}^{0} \tag{9-5}$$

式中 d'_z——底孔直径所对应的型芯大端直径尺寸，mm；

      d_z——螺纹底孔直径公称尺寸，mm（查阅机械设计手册）；

      φ——铸件的计算收缩率，按表 9-7 选取，%；

      Δ——底孔的计算公差，mm，一般取 IT11 级精度；

      Δ'——型芯大端直径尺寸的制造偏差，mm，取 $\Delta'=0.2\Delta$。

（2）攻螺纹前的底孔深度

不通的螺纹孔，见图 9-23。一般在工作图上所标注的螺纹深度尺寸 H，是指包括螺尾在内的螺纹长度。

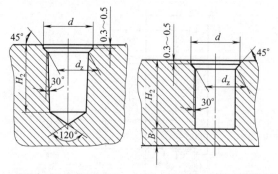

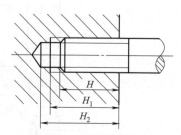

(a) 普通常用的锥底螺纹底孔   (b) 尺寸B较小时采用的平底螺纹底孔

图 9-22   螺纹底孔结构   图 9-23   不通的螺纹孔

铰制不通的螺纹孔时，由于丝锥起削刃作用不能铰削完整的螺纹（一般标准丝锥三攻的起削刃作用部分长度为 1.5～2 个螺距），所以螺孔的深度 H_1 为：

$$H_1 \geqslant H + 2t \qquad (9\text{-}6)$$

式中　H_1——螺纹孔深度尺寸，mm；

　　　H——螺纹连接部分长度，mm；

　　　t——螺距，mm。

在攻螺纹前为了操作安全，必须避免标准丝锥顶端与底孔末端接触，以防丝锥扭断，故底孔深度 H_2 为：

$$H_2 \geqslant H_1 + 2t \qquad (9\text{-}7)$$

式中　H_2——底孔深度尺寸，mm。

（3）底孔的圆锥坑直径和锥角

圆锥坑的结构见图 9-24。

根据钻头的刃磨角及引钻，圆锥坑的锥角为 $100°\sim110°$，圆锥坑直径 D 等于螺纹的公称尺寸。

如果圆锥坑的位置处在铸件待加工的表面上，而这些坑按工艺规定只有在该表面加工后再钻孔时，则圆锥的起点应从加工后的表面开始（图 9-25 中心线所示），再另加一段圆柱孔的深度，其值相当于加工余量。

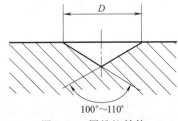

图 9-24　圆锥坑结构

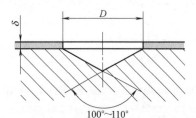

图 9-25　圆锥坑设在待加工表面上的结构

【例 9-1】　成型尺寸计算实例

压铸件尺寸和技术要求如图 9-26 所示。取压铸材料 ZL102 的计算成型收缩率为 $\varphi = 0.6\%$。

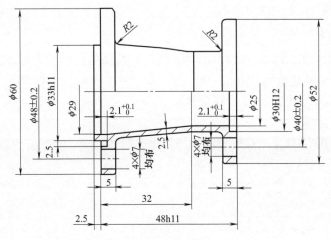

技术要求
1.未注公差为IT14。
2.未注铸造圆角为 $R1.5$。
3.压铸材料为ZL102。

图 9-26　压铸件尺寸和技术要求

根据压铸件的结构特点，应设置对合的型腔侧分型机构。

① 将各主要成型尺寸分类

a. 属于型腔径向尺寸的：$\phi 60$、$\phi 33h11$、$\phi 52$；

b. 属于型腔深度尺寸的：$48h11$、2.5、5；

c. 属于型芯径向尺寸的：$\phi 29$、$\phi 25$、$\phi 30H12$、$\phi 7$；

d. 属于型芯高度尺寸的：32、2.1；

e. 属于中心距尺寸的：$\phi 48$、$\phi 40$；

f. 受相对移动影响趋于增大的尺寸：$\phi 60$、$\phi 52$、$48h11$、2.5、5。

② 型腔径向尺寸（按表 9-9 计算公式）

a. $\phi 60h14\left(_{-0.74}^{0}\right)$

$$D'^{+\Delta'}_{0} = (D+D\varphi - 0.7\Delta)^{+\Delta'}_{0} = (60+60\times 0.6\% - 0.7\times 0.74)^{+(\frac{1}{4}\times 0.74)}_{0} = 59.84^{+0.185}_{0} \quad \text{(mm)}$$

因受对合型腔侧分型的移动影响，尺寸趋于增大，所以将计算出的基本尺寸再减去误差补偿值 0.05，即取 $59.84^{+0.185}_{0} - 0.05 = 59.79^{+0.185}_{0}$ （mm）。

b. $\phi 33h11\left(_{-0.16}^{0}\right)$

$$D'^{+\Delta'}_{0} = (D+D\varphi - 0.7\Delta)^{+\Delta'}_{0} = (33+33\times 0.6\% - 0.7\times 0.16)^{+(\frac{1}{5}\times 0.16)}_{0} = 33.09^{+0.032}_{0} \quad \text{(mm)}$$

c. $\phi 52h14\left(_{-0.74}^{0}\right)$

$$D'^{+\Delta'}_{0} = (D+D\varphi - 0.7\Delta)^{+\Delta'}_{0} = (52+52\times 0.6\% - 0.7\times 0.74)^{+(\frac{1}{5}\times 0.74)}_{0} = 51.79^{+0.185}_{0} \quad \text{(mm)}$$

同理，受对合型腔侧分型移动影响，尺寸趋于增大，应减去 0.05mm，故取 $51.79^{+0.185}_{0} - 0.05 = 51.74^{+0.185}_{0}$ （mm）。

③ 型腔深度尺寸（按表 9-9 计算公式）

a. $48h11\left(_{-0.16}^{0}\right)$

$$H^{+\Delta'}_{0} = (H+H\varphi - 0.7\Delta)^{+\Delta'}_{0} = (48+48\times 0.6\% - 0.7\times 0.16)^{+(\frac{1}{5}\times 0.16)}_{0} = 48.18^{+0.032}_{0} \quad \text{(mm)}$$

因受分型面合模影响，尺寸趋于增大，故将计算数据减去一个补偿值 0.05mm，即 $48.18^{+0.032}_{0} - 0.05 = 48.13^{+0.032}_{0}$ （mm）。

b. $5h14\left(_{-0.3}^{0}\right)$

$$H^{+\Delta'}_{0} = (H+H\varphi - 0.7\Delta)^{+\Delta'}_{0} = (5+5\times 0.6\% - 0.7\times 0.3)^{+(\frac{1}{4}\times 0.3)}_{0} = 4.82^{+0.075}_{0} \quad \text{(mm)}$$

同理，减去一个补偿值 0.05mm，即 $4.82^{+0.075}_{0} - 0.05 = 4.77^{+0.075}_{0}$ （mm）。

④ 型芯径向尺寸（按表 9-10 计算公式）

a. $\phi 29H14\left(_{0}^{+0.52}\right)$

$$d'^{0}_{-\Delta'} = (d+d\varphi + 0.7\Delta)^{0}_{-\Delta'} = (29+29\times 0.6\% + 0.7\times 0.52)^{0}_{-(\frac{1}{4}\times 0.52)} = 29.54^{0}_{-0.13} \quad \text{(mm)}$$

b. $\phi 25H14\left(_{0}^{+0.52}\right)$

$$d'^{0}_{-\Delta'} = (d+d\varphi + 0.7\Delta)^{0}_{-\Delta'} = (25+25\times 0.6\% + 0.7\times 0.52)^{0}_{-(\frac{1}{4}\times 0.52)} = 25.51^{0}_{-0.13} \quad \text{(mm)}$$

c. $\phi 30H12\left(_{0}^{+0.21}\right)$

$$d'^{0}_{-\Delta'} = (d+d\varphi + 0.7\Delta)^{0}_{-\Delta'} = (30+30\times 0.6\% + 0.7\times 0.21)^{0}_{-(\frac{1}{5}\times 0.21)} = 30.33^{0}_{-0.042} \quad \text{(mm)}$$

d. $\phi 7H14\left(_{0}^{+0.36}\right)$

$$d'^{0}_{-\Delta'} = (d+d\varphi + 0.7\Delta)^{0}_{-\Delta'} = (7+7\times 0.6\% + 0.7\times 0.36)^{0}_{-(\frac{1}{4}\times 0.36)} = 7.29^{0}_{-0.09} \quad \text{(mm)}$$

⑤ 型芯高度尺寸（按表 9-10 计算公式）

a. $32H14\left(_{0}^{+0.62}\right)$

$$h_{-\Delta'}^{0}=(h+h\varphi+0.7\Delta)_{-\Delta'}^{0}=(32+32\times0.6\%+0.7\times0.62)_{-(\frac{1}{4}\times0.62)}^{0}=32.63_{-0.16}^{0}\quad(\text{mm})$$

b. $2.1\,(_{0}^{+0.1})$

$$h_{-\Delta'}^{0}=(h+h\varphi+0.7\Delta)_{-\Delta'}^{0}=(2.1+2.1\times0.6\%+0.7\times0.1)_{-(\frac{1}{4}\times0.1)}^{0}=2.18_{-0.025}^{0}(\text{mm})$$

⑥ 中心距尺寸（按表 9-11 计算公式）

a. $\phi48\pm0.2$

$$L'\pm\Delta'=(L+L\varphi)\pm\Delta'=(48+48\times0.6\%)\pm(\frac{1}{5}\times0.2)=48.29\pm0.04\quad(\text{mm})$$

b. $\phi40\pm0.2$

$$L'\pm\Delta'=(L+L\varphi)\pm\Delta'=(40+40\times0.6\%)\pm(\frac{1}{5}\times0.2)=40.24\pm0.04\quad(\text{mm})$$

9.2.7　成型零件的设计要点

（1）成型零件安装应稳定可靠并便于装卸和更换

成型零件应安装牢固，不应受金属液的冲击而产生位移，如图 9-27 所示。图 9-27（a）、图 9-27（b）右图的形式只靠螺栓固定，安装不牢固，受冲击后，会产生位移，并会在 C 处产生横向飞边，妨碍压铸件的顺利脱模。图 9-27（a）左图复杂的型芯孔，用线切割机床切割成贯通的固定孔后，横穿圆柱销固定。图 9-27（b）左图中，将型芯嵌入沉槽内，稳定可靠。为便于加工，沉槽可设计成贯通的，并设置圆柱销，控制型芯的横向移动。

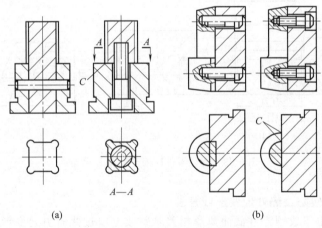

图 9-27　成型零件安装应稳定可靠

成型零件的局部凸凹部位，或尺寸精度要求较高的局部区域以及受金属液冲蚀较大的部位，很容易损坏。因此，在设计时应单独设置镶块，以便在失效时及时更换，结构实例如图 9-28 所示。

图 9-28（a）为局部突出的型芯。上图的整体式结构，除了加工和研磨困难外，还会出现热处理变形，同时，长而窄的型芯受金属液的冲蚀，很容易损耗失效，引起整体报废。下图的组合形式，使加工变得方便，在型芯损耗时也容易更换。

图 9-28（b）是局部尺寸精度要求较高的型腔。受金属液的冲蚀，容易引起尺寸精度的变化，上图的整体结构形式很难修复。采用下图组合形式，即可随时更换。

内浇口是受金属液冲击最大的部位，也是极易损坏的部位。因此，在采用中心进料时，应在直对内浇口的部位单独设置镶块，以便于及时更换，如图 9-28（c）下图的形式所示。

组合的成型零件还应便于装卸。

为了便于安装［如图 9-28（d）所示］，在型芯固定部位的根部，做出一个长度适宜的间隙配合（f7）的过渡区，装配时起导向和准确引入的作用，再迫合压入。这种形式可在型芯以及导柱、导套的装配中采用。

模具在组装时，经常会出现装装卸卸的情况。为便于卸出，可采用图 9-28（e）的方法，在型芯尾部预留螺栓孔，或如图 9-28（f）预留通孔的方法，当需要更换时，便于将型芯顶出。

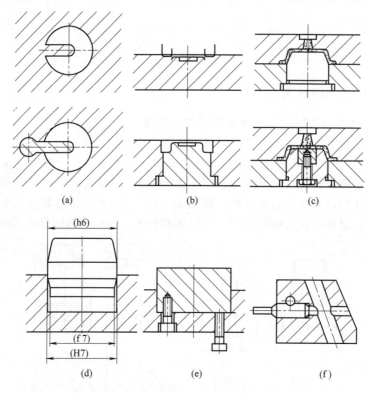

图 9-28　成型零件应便于装卸和更换

（2）成型零件应防止热处理变形或开裂

在热处理中，由于成型零件截面薄厚相差悬殊或壁厚过薄而引起变形或开裂，如图7-30所示。图 9-29（a）为大型的通孔型腔，采用右图的整体式结构时，很容易引起热处理变形，并难以修复。左图采用镶拼的形式分别加工，热处理后磨削加工，再组装成型腔，既避免了热处理变形，又可以方便加工，并容易保证精度要求。

图 9-29（b）的成型零件局部截面厚度相差较大，易引起热处理变形。在厚壁处适当增加工艺孔，使截面均匀，可减少热处理变形，如图 9-29（b）左图所示。

成型零件的薄边部位，在淬火冷却过程中，由于冷却速度较快，在与厚壁的过渡区域内产生应力集中现象，容易引起热处理变形或开裂，使整体报废，如图 9-29（c）的右图所示。左图由几块镶件拼合而成，减少了热处理变形，在热处理后磨削加工，既便于抛光，又容易保证尺寸精度，损坏后也容易更换。

图 9-29（d）为两型芯较近时的结构状况。右图分别镶嵌型芯，加工比较简单。但在两型芯的固定部分产生薄壁，热处理时易产生变形或裂纹，同时使镶块的强度变差，在压铸成型时，易出现因材料热疲劳而断裂的现象。小型的成型镶块可采用左图的形式，在镶块上整

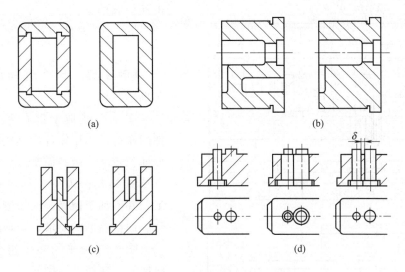

图 9-29 防止热处理变形或开裂

体做出一个型芯，另一个型芯单独镶入。大型的成型镶块可采用中间图的形式，分别加大两型芯的固定孔直径，使两安装孔穿通。在型芯固定部位铣扁后装入，消除了因薄壁而引起的变形或断裂。

（3）成型零件应避免横向镶拼以利于脱模

成型零件在镶拼组合时，镶拼方向应与压铸件脱模方向一致，避免横向镶拼。如图 9-30 所示，图 9-30 （a）和图 9-30 （b）的右图中，镶拼方向与压铸件脱模方向垂直。镶拼的配合面由于长期受到金属液的

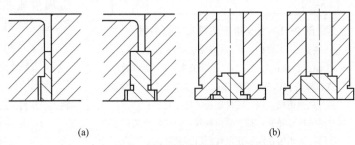

图 9-30 避免横向镶拼以利于脱模

冲蚀，在边缘部位容易产生塌角或塌边，并逐渐扩大，从而形成横向飞边，影响压铸件脱模。因此，应使镶拼方向与脱模方向一致，即使出现间隙飞边，也不影响压铸件脱模，如图 9-30 （a）和图 9-30 （b）的左图所示。

（4）其他设计要点

① 应使成型零件的加工工艺简单合理，便于机械加工，并容易保证尺寸精度和组装部位的配合精度。

② 保证成型零件的强度和刚度要求，不出现锐边、尖角、薄壁或超过规定的单薄细长的型芯。

③ 成型零件与金属液直接接触，因此应选用优质耐热钢，并进行淬硬处理，以提高成型零件的使用寿命。

④ 成型零件应有固定和可靠的定位方式，提高相对位置的稳定性，防止因金属液的冲

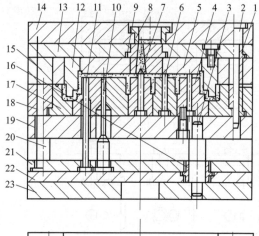

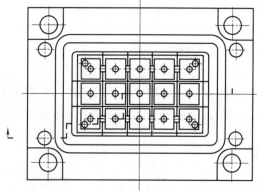

图 9-31　完全组合式模具结构实例

1—导套；2—导柱；3—推板导柱；4—组合型芯；

5—型腔镶块；6—型芯；7—分流锥；8—浇口套；

9—浇道镶块；10—矩形推杆；11—推杆；12—定镶块；

13—垫板；14—定模座板；15—定模板；

16—推板导套；17—动模镶块；18—动模板；

19—支承板；20—复位杆；21—推杆固定板；

22—推板；23—动模座板

击而引起位移。

⑤ 成型零件应便于装卸、维修或更换。

【例 9-2】　完全组合式模具结构实例

图 9-31 是成型带有多个方格压铸件的压铸模。压铸件的结构特点是，成型面积较大，由高而窄的立墙组成多个方格式结构。采用整体结构，很难加工，并不利于抛光，如果型芯立面达不到表面粗糙度的要求，会难以脱模。

图 9-31 中采用多个组合型芯 4 分解加工，并按需要抛光后，装入动模镶块 17 的模套中，并分别固定在支承板 19 上。在型腔镶块 5 上还设置了定镶块 12，以便于加工。

利用中心部分的通孔，采用中心内浇口的进料方式，并设有分流锥 7，使金属液流动顺畅，排气良好，且容易清除浇口余料。

各方格间的隔墙较深，只靠推杆 11，压铸件很难完整脱模。将矩形推杆 10 作用在间隔立墙上，可稳定可靠地将压铸件推出。

由于压铸成型面积较大，除了加厚支承板 19 外，还设置了推板的导柱，同时起支承作用。

9.3　模体的组合形式

9.3.1　模体的基本类型与主要结构件

（1）模体的基本类型

根据压铸模的结构特点，模体的基本类型见表 9-15。

（2）模体的主要结构件

模体的主要结构件有定模座板、定模板、动模板、动模支承板、垫块以及模座等。它们的主要作用见表 9-16。

9.3.2　模体设计

模体的设计要点如下。

① 模体应有足够的强度和刚性。在合模时或受到金属液充填压力时，不产生变形。

表 9-15　模体的基本类型

类别	图例	说明
不通孔的模体	1—定模套板；2—定模镶块；3—动模套板；4—动模镶块；5—浇道镶块	动、定模模体分别由动、定模套板 3 和 1 单体形成，定模镶块 2 和动模镶块 4 及浇道镶块 5 用螺钉紧固在模体上。组成零件少，结构紧凑
通孔的模体	1—定模座板；2—定模镶块；3—定模套板；4—动模套板；5—支承板；6—动模镶块；7—浇道镶块	模体的加工工艺性好，但设计时应注意支承板的强度，防止镶块受反压力时变形，影响铸件尺寸和精度。多腔模和组合镶块的模具大多采用这种模架形式
带卸料板的模体	1—定模镶块；2—定模座板；3—定模板；4—导套；5—卸料板；6—导柱；7—动模镶块；8—动模板；9—支承板；10—卸料推杆；11—推杆；12—垫块；13—动模座板；14—限位钉；15—推杆固定板；16—推板；17—推板导柱；18—推板导套	开模时，首先从主分型面分型，使压铸件脱离型腔后，推板 16 推动卸料推杆 10、卸料板 5 以及推杆 11 共同作用，使压铸件脱模。合模时，定模板推动卸料板及卸料推杆带动推出机构复位，不必另设复位杆。卸料板由于推出力均衡，压铸件在脱模时不易变形，是薄壁压铸件常用的脱模形式

② 模腔的成型压力中心应尽可能接近压铸机锁模力的中心，以防止压铸模的受力偏移，造成局部锁模不严而影响压铸件质量。

③ 模体不宜过于笨重，以便装卸、修理和搬运，并减轻压铸机负荷。

压铸模具设计实用教程

表 9-16　模体结构件的作用

名　　称	作　　用	设计注意问题
定模座板	①与定模板连接,将成型零件压紧,共同构成模具的定模部分 ②直接与压铸机的定座板接触,并设置定位孔,对准压铸机的压室凸出位置后,将模具的定模部分紧固在压铸机上	①浇口套安装孔的位置与尺寸应与压铸机压室的定位法兰配合 ②定模座板上应留出紧固螺钉或安装压板的位置 ③采用 U 形槽固定时,U 形槽的位置与尺寸,要根据压铸机定座板上的 T 形槽的位置和尺寸而定
定模板	①成型镶块、成型型芯以及安装导向零件的固定载体 ②设置浇口套,形成浇注系统的通道 ③承受金属液充填压力的冲击,而不产生型腔变形 ④在不通孔的模体结构中,兼起安装和固定定模部分的作用	①定模板是安装和固定成型镶块的套板。在压铸过程中,承受多种应力作用,容易产生变形。因此,应对套板侧壁厚度进行强度计算 ②当定模套板为不通孔时,它兼起定模座板的作用,应满足压铸模的定位或安装的一切要求
动模板	①固定成型镶块、成型型芯、浇道镶块以及导向零件的载体 ②设置压铸件脱模的推出元件,如推杆、推管、卸料板以及复位杆等 ③设置侧抽芯机构 ④在不通孔的模体结构中,起支承板的作用	①当型腔设置在动模板时,同样起成型镶块的套板作用,并应对套板的侧壁厚度进行强度计算 ②当动模为不通孔的模体结构时,兼起支承板的支承作用。因此,应对套板底部的厚度进行强度计算
动模支承板	①在通孔的模体结构中,将成型镶块压紧在动模板内 ②承受金属液充填压力的冲击,而不产生不允许范围内的变形。因此,不通孔的模体结构,有时也可设置支承板	①动模支承板是受力最大的结构件之一,因此,必须对其厚度进行强度计算 ②必要时,可设置支承柱,以增强支承板的支承作用
模座	①与动模板、动模支承板连成一体,构成模具的动模部分 ②与压铸机的动座板连接,并将动模部分紧固在压铸机上 ③模座的底端面,在合模时承受压铸机的合模力,在开模时承受动模部分自身重力,在推出压铸件时又承受推出反力。因此,模座应有较强的承载能力 ④压铸机顶出装置的作用通道	①留出紧固螺钉和安装压板的位置 ②在压铸机顶出装置的位置,设置相应的推出孔 ③在条件允许的情况下,模座的内间距应尽量缩短,以改善动模支承板的受力状况 ④模座与动模板的连接处,应有足够的受压面积和较小的支承高度,以防止在模体受到合模力或推出反力时产生过大的变形 ⑤模座底端面应与定模座板的上端面平行,以利于合模的稳定性 ⑥由于承受模体自重,因此,模座的连接和紧固螺钉应布局均匀,并有足够的抗弯强度
推出板	①安装推出元件和复位杆 ②承受通过推出元件传递的金属液冲击力 ③承受因压铸件包紧力产生的脱模阻力	①推出板应有足够的厚度,以保证强度和刚度的需要,防止因金属液的间接冲击或脱模阻力产生的变形 ②推出板各个大平面应相互平行,以保证推出元件运行的稳定性
导向零件	①对动模部分和定模部分在合模时的导向 ②保证相互移动的成型零件在合模时的复位和导准 ③对推出板作移动导向,以保证推出板的平稳运行	

④ 模体在压铸机上的安装位置,应与压铸机规格或通用模座规格一致。安装要求牢固可靠,推出机构的受力中心,原则上应与压铸机推出装置相吻合。当推出机构必须偏心时,应加强推板导柱的刚性,以保持推板移动时的稳定性。

⑤ 成型镶块边缘的模面上,需留有足够的位置,以设置导柱、导套、紧固螺钉等零件的安装位置以及侧抽芯机构足够的移动空间。

⑥ 连接模板用的紧固螺钉，特别是连接动模部分的紧固螺钉，应有均匀的布局和足够的强度。

⑦ 为便于模体的加工、组装及安装，在动模部分和定模部分的侧面适宜位置应设置吊环螺钉孔。

9.4 模体主要结构件设计

9.4.1 套板尺寸设计

（1）动、定模套板边缘厚度

套板一般承受拉伸、压缩、弯曲三种应力，变形后会影响型腔的尺寸精度，因此在考虑套板尺寸时，应兼顾模具结构及压铸生产工艺因素。

当采用滑块时，动、定模套板边缘厚度应增加到厚度 h'（见图9-32），厚度 h' 的计算方法如下：

$$h' \geqslant \frac{2}{3}L + S_{抽} \tag{9-8}$$

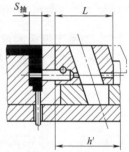

图9-32 带滑块的动、定模套板

式中 L——包括端面镶块中 T 形槽成型部分在内的滑块总长度，mm；

$S_{抽}$——抽芯距离，mm。

（2）动、定模套板侧壁厚度的计算

① 圆形套板侧壁厚度计算（图9-33） 套板为不通孔时，圆形套板侧壁厚度 t 按下式计算：

$$t \geqslant \frac{Dph}{2[\sigma]H} \tag{9-9}$$

套板为通孔时（$h = H$），圆形套板侧壁厚度按下式计算：

$$t \geqslant \frac{Dp}{2[\sigma]} \tag{9-10}$$

式中 t——套板侧壁厚度，mm；

D——镶块外径，mm；

p——压射比压，MPa；

$[\sigma]$——许用抗拉强度，MPa，调质45钢 $[\sigma] = 82 \sim 100$MPa；

h——镶块高度，mm；

H——套板厚度，mm。

② 矩形套板侧壁厚度计算（图9-34） 矩形套板侧壁厚度按下式计算：

$$t = \frac{F_2 + \sqrt{F_2 + 8H[\sigma]F_1L_1}}{4H[\sigma]} \tag{9-11}$$

$$F_1 = pL_1h$$

$$F_2 = pL_2h$$

式中 h——型腔深度，mm；

L_1, L_2——分别是套板内腔的长边尺寸和短边尺寸，mm；

p——压射比压，MPa；

压铸模具设计实用教程

F_1——在边长为 L_1 的侧面所受的总压力，N；

F_2——在边长为 L_2 的侧面所受的总压力，N；

$[\sigma]$——模具材料的许用抗拉强度，MPa；调质 45 钢，取 $[\sigma]=82\sim100$MPa；

H——镶块高度，mm。

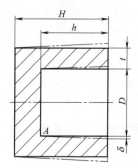

图 9-33　圆形套板侧壁厚度计算示意图

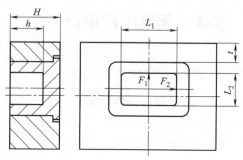

图 9-34　矩形套板侧壁厚度计算示意图

（3）动模支承板厚度的计算（图 9-35）

设支承板长度为 B，垫块间距为 L，则支承板厚度为：

$$h=\sqrt{\frac{FL}{2B[\sigma]_{弯}}} \qquad (9\text{-}12)$$

$$F=pA$$

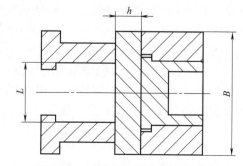

式中　h——动模支承板厚度，mm；

　　　F——动模支承板所受的总压力，N；

　　　p——压射比压，MPa；

　　　A——压铸件与浇注系统在分型面上的
　　　　　总投影面积，mm^2；

　　　L——垫块间距，mm；

　　　B——动模支承板长度，mm；

图 9-35　动模支承板厚度计算用图

　$[\sigma]_{弯}$——模具材料的许用弯曲强度，MPa。

（4）常用模板尺寸的推荐值

根据 GB/T 4678.1—2017，型腔套板的侧壁厚度推荐尺寸见表 9-17。

表 9-17　套板侧壁厚度推荐尺寸　　　　　　　　　　　　　mm

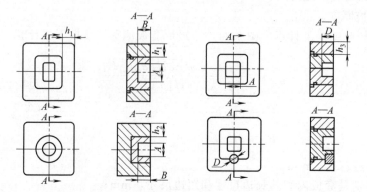

$A \times B$ 侧面	套板侧壁厚度			$A \times B$ 侧面	套板侧壁厚度		
	h_1	h_2	h_3		h_1	h_2	h_3
<80×35	40~50	30~40	50~65	<350×70	80~110	70~110	120~140
<120×45	45~65	35~45	60~75	<400×100	100~120	80~110	130~160
<160×50	50~75	45~55	70~85	<500×150	120~150	110~140	140~180
<200×55	55~80	50~65	80~95	<600×180	140~170	140~160	170~200
<250×60	65~85	55~75	90~105	<700×190	160~180	150~170	190~220
<300×65	70~95	60~85	100~125	<800×200	170~200	160~180	210~250

（5）模板尺寸推荐值的选择原则

表 9-17 的模板尺寸推荐值是在实践中总结和验证而汇总的数据，它只针对一般情况而言。但是压铸成型是复杂的过程，所以推荐值只给定一个范围。因此，在选择模板尺寸时，还应注意以下基本原则。

① 型腔套板侧壁厚度的选择原则

a. 压铸件壁厚较薄时，压射比压大，应选择较厚的套板侧壁。

b. 压铸件总体较高时，型腔侧壁受力较大，应选用较厚的套板壁厚。

c. 压铸件外廓尺寸较大时，型腔周长较大，应选用较厚的套板侧壁。

② 动模支承板厚度的选择原则

a. 压铸件投影面积大，支承板厚度选大些；反之取小值。

b. 在投影面积相同的情况下，压射比压较大时，支承板厚度取大值。

c. 模座上垫块的间距与支承板厚度成正比关系。当垫块间隙较小时，支承板厚度取小值。

d. 当采用不通孔的模套结构时，套板底部的厚度应为支承板计算值或推荐值的 0.8 倍。

【例 9-3】 矩形套板侧壁厚度的计算实例

已知：型腔长 $L_1 = 120\text{mm}$，宽 $L_2 = 80\text{mm}$，型腔深度 $h = 45\text{mm}$，套板深度 $H = 70\text{mm}$，压射比压取 $p = 50\text{MPa}$，套板材料选用调质的 45 钢，取 $[\sigma] = 85\text{MPa}$，求套板侧壁厚度 t。

解：$F_1 = pL_1h = 50 \times 120 \times 45 = 270000$（N）

$F_2 = pL_2h = 50 \times 80 \times 45 = 180000$（N）

根据式（9-11）

$$t = \frac{F_2 + \sqrt{F_2 + 8H[\sigma]F_1L_1}}{4H[\sigma]}$$

$$= \frac{180000 + \sqrt{180000 + 8 \times 70 \times 85 \times 270000 \times 120}}{4 \times 70 \times 85} = 59.74 \text{（mm）}$$

【例 9-4】 动模支承板的计算实例

已知：压铸件与浇注系统在分型面上的总投影面积为 8000mm^2，压射比压 $p = 60\text{MPa}$，垫块间距 $L = 120\text{mm}$，动模支承板长度 $B = 200\text{mm}$。求动模支承板厚度 h。

解：按公式（9-12），当 $[\sigma]_弯 = 135\text{MPa}$ 时：

$$h = \sqrt{\frac{FL}{2B[\sigma]_弯}}$$

$$F = pA$$

即
$$h = \sqrt{\frac{60 \times 8000 \times 120}{2 \times 200 \times 135}} = 32.66 \ (\text{mm})$$

9.4.2 镶块在套板内的布置

镶块是型腔的基体。在一般情况下凡金属液冲刷或流经的部位均采用热作模具钢制成，以提高模具使用寿命，在成型加工结束经热处理后镶入套板内。设计镶块时应考虑以下几点。

① 镶块在套板内必须稳固，其外形应根据型腔的几何形状来确定，除了复杂镶块和一模多腔的镶块外，一般均为圆形、方形和矩形。

② 根据铸件的生产批量、复杂程度、抽芯数量和方向以及在压铸机锁模力的许可条件下，确定成型镶块的数量和位置。

③ 在一模多腔生产同一种铸件的模具上，一个镶块上只宜布置一个型腔，以利于机械加工和减少热处理变形的影响，也便于镶块在制造和压铸生产中损坏时的更换。

④ 在一模多腔生产不同种类铸件的模具上，不应将壁厚、体积和复杂程度相差很多的各种铸件布置在一副模具内（尤其是铸件质量要求较高的条件下），以避免同一工艺参数不适应各类不同特性铸件的要求。

⑤ 成型镶块的排列应为模体各部位创造热平衡条件，并留有调整的余地。

⑥ 凡金属液流经的部位（如浇道，溢流槽处）均应在镶块范围内。凡受金属液强烈冲刷的部位，宜设置单独组合镶块，以备更换。

9.5 模体结构零件的设计

9.5.1 导柱和导套

（1）动、定模导柱和导套的设计

① 应具有一定的刚度，以引导动模按一定的方向移动，保证动、定模在安装和合模时的正确位置。在合模过程中保持导柱、导套首先起定向作用，防止型腔、型芯错位。

② 导柱应高出型芯高度，以避免模具搬运时型芯受到损坏。

③ 为了便于取出铸件，导柱一般装置在定模上。

④ 如模具采用卸料板卸料时，导柱必须安装在动模上。

⑤ 在卧式压铸机上采用中心浇口的模具，则导柱必须安装在定模座板上。

（2）推板导柱和导套的设计

将推板导柱安装在动模座板上〔图9-36（a）〕，与动模支承板采用间隙配合或不伸入到支承板内，可以避免或减少因支承板与推板温度差造成膨胀不一致的影响。推板导柱安装在动模支承上〔图9-36（b）〕，不宜用于合模力大于6000kN的压铸机。

推板导柱之间的距离大于1500mm的大型压铸模，为避免热（膨）胀不同对

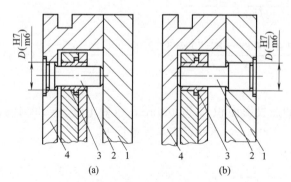

图9-36 推板导柱和导套的安装

1—动模支承板；2—推板导柱；

3—推板导套；4—动模座板

导向精度的影响，最好采用方导柱和导块，并布置在推板对称轴线上。

9.5.2　模板设计

（1）定模座板的设计

定模座板一般不作强度计算，设计时应考虑以下几点：

① 定模座板上要留出紧固螺钉或安装压板的位置，借此使定模固定在压铸机定模安装板上。

使用紧固螺钉时，应在定模座板上设置 U 形槽（图 9-37），U 形槽的尺寸要视压铸机定模安装板上的 T 形槽尺寸而定。

使用压板固定模具时，安装槽的推荐尺寸见表 9-18。

② 浇口套安装孔的位置与尺寸要与所用压铸机精确配合。

③ 当定模套板为不通孔时，要在定模套板上设置安装槽。

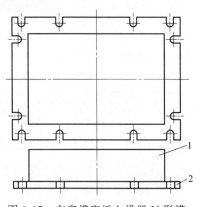

图 9-37　在定模座板上设置 U 形槽
1—定模座板；2—定模套板

表 9-18　压铸模安装槽的推荐尺寸

	压铸机合模力/kN	<2000	4000～11000	≥15000
	A/mm	20	25	35
	B/mm	20	25	35
	C/mm	16	25	35

（2）推板与推杆固定板的设计

① 推板与推杆固定板的标准尺寸系列见表 9-19。

表 9-19　推板与推杆固定板的标准尺寸系列　　　　　　　　　　mm

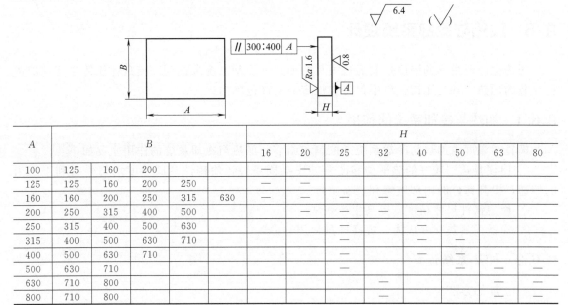

A	B					H							
						16	20	25	32	40	50	63	80
100	125	160	200			—	—						
125	125	160	200	250		—	—						
160	160	200	250	315	630	—	—						
200	250	315	400	500			—						
250	315	400	500	630			—						
315	400	500	630	710			—						
400	500	630	710				—						
500	630	710					—				—	—	—
630	710	800											
800	710	800											

注：全部倒角 2×45°。

② 推板与推杆固定板厚度推荐尺寸见表 9-20。

表 9-20　推板与推杆固定板厚度推荐尺寸

推板的平面尺寸 /mm	推板的厚度 /mm	推杆固定板的厚度 /mm
≤200×200	16～25	12～16
>200×200～250×630	25～32	12～16
>250×630～630×900	32～40	16～20
>630×900～900×1600	40～50	16～20
>900×1600	50～63	25～32

③ 推板的厚度计算参见图 9-38。

推板的厚度按下式计算：

$$H \geqslant \sqrt[3]{\frac{PCK}{12.24B} \times 10^{-7}} \tag{9-13}$$

式中　H——推板厚度，cm；

P——推板负荷，N；

C——推杆孔在推板上分布的最大跨距，cm；

B——推板宽度，cm；

K——系数，$K = L^3 - \frac{1}{2}C^2L + \frac{1}{8}C^3$。

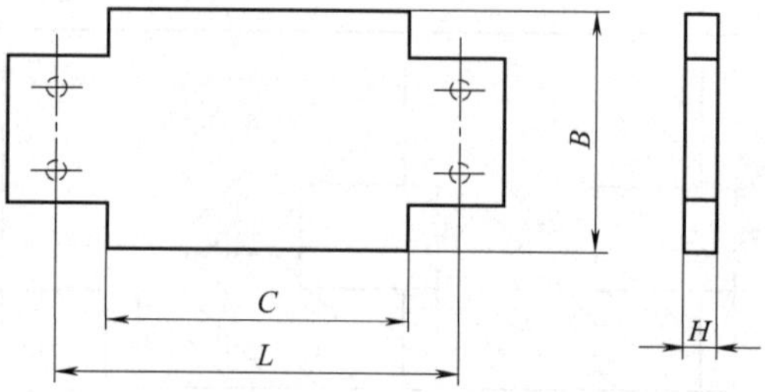

其中，L 为压铸机推杆跨距，cm。

【举例】 已知 $P = 8 \times 10^4 \, \text{N}$，$C = 20 \text{cm}$，$B = 39 \text{mm}$，$L = 90 \text{cm}$，$K = 712 \times 10^3$，求推板厚度 H。

代入公式（9-13），则

$$H = \sqrt[3]{\frac{PCK}{12.24B} \times 10^{-7}} = \sqrt[3]{\frac{8 \times 10^4 \times 20 \times 712 \times 10^3}{12.24 \times 39} \times 10^{-7}} = 6.2 \, (\text{cm})$$

图 9-38　推板的厚度

9.6　加热与冷却系统设计

压铸生产时模具的温度控制通过模具的加热和冷却系统来达到。模具在压铸生产前应进行充分的预热，并在压铸过程中保持在恒定的温度范围内。

9.6.1　加热与冷却系统的作用

模具的温度由加热与冷却系统来控制和调节，加热与冷却系统的作用主要如下。

① 使模具达到较好的热平衡和改善顺序凝固条件，使铸件凝固速度均匀并有利于压力的传递，提高铸件的内部质量和表面质量。

② 稳定铸件尺寸精度，提高生产效率。

③ 降低模具热交变应力，提高模具使用寿命。

9.6.2　加热系统设计

（1）加热方法

加热系统主要用于预热模具，或对模温较低区域的局部加热。加热方法有如下几种。

① 用燃气加热，如喷灯、喷枪。

② 用热介质循环加热。利用冷却水道通入热油、热蒸汽等加热介质对模具进行循环加热，其制作简单，成本低廉。

③ 用模具温度控制装置加热，如电阻加热器、电感应加热器和红外线加热器等。还有管状电热元件加热法，即管状电热元件如 SRM3 型，其外壳材料为不锈钢管，管内放入螺旋形电阻丝，可根据需要选用合适的规格，管状电热元件一般安置在动、定模套板或支承板上，按实际需要设置电热元件的安装孔。

在设置电热元件时，应注意以下几点。

a. 为安全起见，应采用低电压、大电流的加热元件。

b. 应避免电热元件和模具的移动结构件发生干涉现象。

c. 电热元件不能水平放置，以免电热丝受热变形时造成短路。

（2）模具的预热规范

模具的预热规范见表 9-21。

表 9-21　模具的预热规范

合金种类	铅合金	锡合金	锌合金	铝合金	镁合金	铜合金
预热温度/℃	60～120	60～120	150～200	180～300	200～250	300～350

（3）模具预热所需的功率

模具预热所需的功率按式（9-14）进行计算：

$$P = \frac{mc(\theta_s - \theta_1)k}{3600t} \tag{9-14}$$

式中　P——预热所需的功率，kW；

m——需预热的模具（整套压铸模或定模、动模）的质量，kg；

c——比热容，kJ/(kg·℃)，钢的比热容取 $c = 0.460$ kJ/(kg·℃)；

θ_s——模具预热温度，℃；

θ_1——模具初温（室温），℃；

k——系数，补偿模具在预热过程中因传热散失的热量，一般取 1.2～1.5，模具尺寸大时取较大的值；

t——预热时间，h。

9.6.3　冷却系统设计

压铸生产效率以及压铸件的质量在很大程度上取决于模温的调节。调节模温是为了获得合理的温度场分布，达到顺序凝固的要求。在大、中型或厚壁铸件和大批量连续生产中，为了保持铸件的优质高产，应在模具内设置冷却系统，使热量随着冷却介质循环流动而迅速排出。

模具的冷却方法主要有风冷和水冷两种。

风冷的特点为：风冷的风力主要来自压缩空气；模具内不需设置冷却装置，结构简单；能将模具型腔内的涂料吹匀，加速驱散涂料所挥发的气体，减少铸件气孔；冷却速度慢，生产效率低，主要用于要求散热量较小的模具。

水冷的特点为：在模具内增设冷却水通道，使循环水通入成型镶块或型芯内，因而模具结构复杂；冷却速度快，效率高，控制比较方便；要求控制冷却水的温度和防止冷却水道内沉积物的堆积及防止漏水现象；一般用于要求散热量大的模具。

对于大多数的模具来说，在连续生产中，风冷和水冷是同时使用的，风冷主要是用来喷涂、吹匀涂料，降低型腔的表面温度，水冷主要用来降低模具内部温度，两者结合使用，可以比较方便地得到合理的温度梯度。

水冷却系统的设计要点：冷却水道要求布置在型腔内温度最高、热量比较集中的区域，流路要畅通，且在镶拼结构的水道相接处采用密封措施，防止泄漏现象。冷却水道直径一般为8～16mm，其孔壁离浇口或型腔壁面7～15mm，水道接头的外径应统一，以便接装输水胶管，水管接头尽可能设置在模具下方或操作者对面一侧，以便操作。

水冷却系统实例如下。

① 型芯冷却。组合式薄片镶块的冷却通道可采用铜管或钢管，装配在镶块中，钢管可兼作镶块定位销作用，如图9-39所示。

② 浇注系统冷却。浇口套冷却系统如图9-40所示。

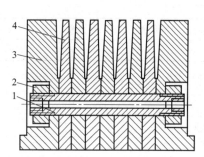

图9-39 组合式薄片镶块冷却通道的布置
1—带冷却水道双头螺栓圆柱销；
2—螺母；3,4—成型镶块

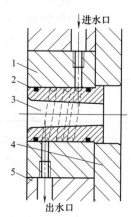

图9-40 浇口套冷却系统
1—镶块；2—密封圈；3—浇口套；
4—定模座板；5—定模套板

内浇口下部冷却时，冷却通道不应布置在正对内浇口的下方，如图9-41（a）所示。为防内浇口处金属液过早凝固，应按如图9-41（b）、图9-41（c）所示结构布置。

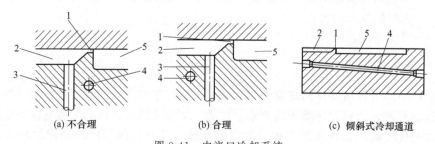

(a) 不合理　　　　　(b) 合理　　　　(c) 倾斜式冷却通道

图9-41 内浇口冷却系统
1—内浇口；2—横浇道；3—推杆；4—水道；5—型腔

9.7 压铸模常用材料及技术要求

9.7.1 压铸模常用材料

压铸模零件中最重要的零件是与金属液接触的成型工作零件，通常用热作模具钢制成。

按性能分，它属于高热强热模钢；按合金元素分，它属于中合金热模钢。由于被压铸材料的温度差别较大，因而对压铸模的材料及性能要求也不同。用于制造锌合金、镁合金和铝合金的压铸模的材料，必须具有高的回火抗力和冷热疲劳抗力及良好的渗氮（氮碳共渗）工艺性能。因此，我国压铸界在充分挖掘3Cr2W8V钢种潜力的同时，积极开发用于压铸模的新钢种，其中最有代表性的新钢种为4Cr5MoSiV1。

（1）压铸模所处的工作状况及对模具的影响

① 熔融的金属液以高压、高速进入型腔，对模具成型零件的表面产生激烈的冲击和冲刷，使模具表面产生腐蚀和磨损，压力还会造成型芯的偏移和弯曲。

② 在充填过程中，金属液、杂质和熔渣对模具成型表面会产生复杂的化学作用，加速表面的腐蚀和裂纹的产生。

③ 压铸模具在较高的工作温度下进行生产，所产生的热应力是模具成型零件表面裂纹乃至整体开裂的主要原因，从而造成模具的报废。在每一个铸件生产过程中，型腔表面除了受到金属液的高速、高压冲刷外，还吸收金属在凝固过程放出的热量，产生热交换，模具材料因热传导的限制，型腔表面首先达到较高温度而膨胀，而内层模具温度则相对较低，膨胀量相对较小，使表面产生压应力。开模后，型腔表面与空气接触，受压缩空气和涂料的激冷而产生拉应力。这种交变应力反复循环并随着生产次数的增加而增长，当交变应力超过模具材料的疲劳极限时，表面首先产生塑性变形，并会在局部薄弱之处产生裂纹。

（2）影响压铸模寿命的因素及提高寿命的措施

压铸模是在高温、高压、高速的恶劣条件下工作，所以对模具寿命影响较大。因此，金属压铸模的使用寿命是压铸行业近年来非常关注的问题。影响压铸寿命的因素有很多，如压铸件的结构、模具结构与制造工艺、压铸工艺、模具材料等，而提高模具寿命应从以下这些方面着手。

1）铸件结构设计的影响

① 在满足铸件结构强度的条件下，宜采用薄壁结构。这除了减轻铸件重量和节省原材料外，也减少了模具的热载荷。铸件的壁厚也必须满足金属液在型腔中流动和充填的需要。

② 铸件壁厚应尽量均匀，以减少局部热量集中而加速局部模具材料的热疲劳。

③ 在压铸件转角处应有适当的铸造圆角，避免在相应部位形成棱角、尖角，防止因成型零件的强度受到影响而产生裂纹或塌陷，也有利于改善充填条件。

④ 铸件上应尽量避免有窄而深的凹穴，以免成型零件相应部位出现窄而高的凸台，会受到冲击而弯曲、断裂，并使散热或排气条件恶化。

2）模具设计的影响

① 模具中各结构件应有足够的强度和刚性，特别是成型零件应具有耐热性能和抗冲击性能。在金属液充填压力和高速的金属流的冲击作用下，不会产生较大的变形。导滑元件应有足够的刚度和表面耐磨性，保证模具使用过程中起导滑、定位作用。所有与金属液相接触的部位，均应选用耐热钢，并采取合适的热处理工艺。套板选用中碳钢并进行调质处理（也可选用球墨铸铁、铸钢、P20等）。

② 正确选择各元件的公差配合和表面粗糙度，应考虑到模具温度对配合精度的影响，使模具在工作温度下，活动部位不致引起因热（膨）胀而产生动作不灵活和被咬死或窜入金属液的现象，固定部位不致产生松动。

③ 设计浇注系统时，应尽量避免内浇口直对型芯，防止型芯受到金属液的正面冲击或冲刷而产生变形或冲蚀。尽量避免浇口、溢流槽、排气槽靠近导柱、导套和抽芯机构，以免

金属液窜入。有时适当增大内浇口截面积会提高模具使用寿命。

④ 合理采用镶块组合结构，避免锐角、尖劈，以适应热处理工艺要求。设置推杆和型芯孔时，应与镶块边缘保持一定的距离，溢流槽与型腔边缘也应保持一定距离。

⑤ 易损的成型零件应尽量采用单独镶拼的方法，以便损坏时很方便地局部更换，以提高压铸模的整体使用寿命。

⑥ 在设计压铸模时，应注意保持模具的热平衡，尤其是大型或复杂的模具，通过溢流槽、冷却系统合理设计，采用合理的模具温控系统，会大大提高模具寿命。

3）模具钢材及锻造质量的影响

经过锻造的模具钢材，可以破坏原始的带状组织或碳化物的聚集，提高模具钢的力学性能。为充分发挥钢材的潜力，应首先注意它的洁净度，使该钢的杂质含量和气体含量降到最低。目前，压铸模耐热钢普遍采用 4Cr5MoSiV1（H13）钢，并采用真空冶炼或电渣重熔。经电渣重熔的 H13 钢比一般电炉生产的疲劳强度提高 25％以上，疲劳的趋势也较缓慢。

作为型腔和大型芯的钢坯应通过多向复杂锻打，控制碳化物偏析和消除纤维状组织及方向性。锻材内部不允许有微裂纹、白点、缩孔等缺陷。

锻件应进行退火，以达到所要求的硬度和金相组织。

型芯、镶块等模块应进行超声波探伤检查，合格后方可使用。

4）模具加工及加工工艺的影响

① 成型零件除保证正确的几何形状和尺寸精度外，还需要有较好的表面质量。在成型零件表面上，如果有残留的加工痕迹或划伤痕迹，特别是对于高熔点合金的压铸模，该处往往会成为裂纹的起始点。

② 导滑件表面，应有较好的表面光洁程度，防止移动擦伤，影响使用寿命。

③ 模体的各模板在锻造后，应进行等温退火处理，以消除锻造应力，防止在装配和使用时，产生应力变形。

④ 复杂或大型的成型零件，在粗加工或电加工后，应安排一次消除应力处理，以防止变形。

⑤ 成型零件出现尺寸或形状差错，需留用时，尽量可采用镶拼补救的办法。小面积的焊接有时也允许使用（采用氩弧焊焊接）。焊条材料必须与所焊接工件完全一致，严格按照焊接工艺，充分并及时完成好消除应力的工序，否则在焊接过程中或焊接后易产生开裂。

5）热处理的影响

通过热处理，特别是对成型零件的热处理，可改变模具材料的金相组织，以保证必要的强度和硬度，高温下尺寸的稳定性、抗热疲劳性能和材料的切削性能等。热处理的质量对压铸模使用寿命起着十分重要的作用，如果热处理不当，往往会导致模具损伤、开裂而过早报废。对热处理的基本要求如下。

① 经过热处理后的零件要求变形小，尽量减少残余应力的存在。

② 热处理后，不出现畸变、开裂、脱碳、氧化和腐蚀等疵病。

③ 具有合适的强度和硬度，并保持一定的抗冲击性能。

④ 增加成型表面的耐磨性和抗黏附性能。

采用真空或保护气氛热处理，可以减少脱碳、氧化、变形和开裂。成型零件淬火后应采用两次或多次的回火。实践证明，只采用调质（不进行淬火）再进行表面氮化的工艺，往往在压铸数千次后会出现表面龟裂和开裂，其模具寿命较短。

6）压铸生产工艺的影响

① 压铸生产前的模具预热，对模具寿命的影响很大。不进行模具的预热，高温的金属液在充填型腔时，低温的型腔表面受到剧烈的热冲击，致使成型零件内外层产生较大的温度梯度，容易造成表面裂纹，甚至开裂。

② 在压铸生产过程中，模具温度逐步升高。当模温过热时，会使压铸件产生缺陷、粘模或活动的结构件抱紧失灵的现象。为降低模温，绝不能采用冷水直接冷却过热的型腔、型芯表面。一般模具应设置冷却通道，通进适量的冷却水以控制模具生产过程的温度变化。有条件时，提倡使用模具温控系统，使模在生产过程中保持在适当的工作温度范围内，模具寿命可以大大延长。

③ 在压铸过程中，对成型部位涂料的选用和使用方法以及相对移动部位的润滑，对模具的使用寿命也会产生很大影响。

④ 在较长的压铸运作中，热应力的积累也会使模具产生开裂。因此，在投产一定的批量后，对成型零件进行消除热应力回火处理或采用振动的方法消除应力，也是延长模具寿命的必要措施。回火温度可取480～520℃（采用真空炉回火温度可取上限），此外，也可用保护气氛回火或装箱（装铁粉）进行回火处理。需要消除热应力的生产模次见表9-22推荐值。

表 9-22　需要消除热应力的生产模次推荐值

项目	第一次	第二次	项目	第一次	第二次
锌合金	20000（模次）	50000（模次）	镁合金	5000～10000（模次）	20000～30000（模次）
铝合金	5000～10000（模次）	20000～30000（模次）	铜合金	500（模次）	1000（模次）

注：1. 生产模次计算应包括废品模次。

2. 第三次以后的回火处理，每次之间的模次可逐步增加，但不超过40000模次。

（3）压铸模材料的选择和热处理

1）压铸模使用材料的要求

① 与金属液接触的零件材料要求

a. 具有良好的可锻性和切削性能。

b. 高温下具有较高的红硬性、较高的高温强度、高温硬度、抗回火稳定性和冲击韧度。

c. 具有良好的导热性和抗热疲劳性。

d. 具有足够的高温抗氧化性。

e. 热（膨）胀系数小。

f. 具有高的耐磨性和耐腐蚀性。

g. 具有良好的淬透性和较小的热处理变形率。

② 滑动配合零件使用材料的要求

a. 具有良好的耐磨性和适当的强度。

b. 适当的淬透性和较小的热处理变形率。

③ 套板和支承板使用材料的要求

a. 具有足够的强度和刚性。

b. 易于切削加工。

c. 使用过程不易变形。

2）压铸模主要零件的材料选用及热处理要求

压铸模主要零件的材料选用及热处理要求见表9-23。

表 9-23　压铸模零件常用材料选用及热处理要求

零件名称		压铸合金			热处理要求	
		锌合金	铝、镁合金	铜合金	压铸锌合金、铝合金、镁合金	压铸铜合金
与金属液接触的零件	型腔镶块、型芯、滑块中成型部位等成型零件	4Cr5MoSiV1 3Cr2W8V (3Cr2W8) 5CrNiMo 4CrW2Si	4Cr5MoSiV1 3Cr2W8V (3Cr2W8)	3Cr2W8V (3Cr2W8) 3Cr2W5Co5MoV 4Cr3Mo3W2V 4Cr3Mo3SiV 4Cr5MoSiV1	43～47HRC (4Cr5MoSiV1) 44～48HRC (3Cr2W8V)	38～42HRC
	浇道镶块、浇口套、分流锥等浇注系统	4Cr5MoSiV1 3Cr2W8V (3Cr2W8)				
滑动配合零件	导柱、导套(斜销、弯销等)	T8A (T10A)			50～55HRC	
	推杆	4Cr5MoSiV1 3Cr2W8V(3Cr2W8)			45～50HRC	
	复位杆	T8A(T10A)			50～55HRC	
模架结构零件	动模套板、定模套板、支承板、垫块、动模底板、定模底板、推板、推杆固定板	55			调质25～32HRC	
		铸钢、合金钢、球铁			—	

注：1. 表中所列材料，先列者为优先选用。

2. 压铸锌、镁、铝合金的成型零件经淬火后，成型面可进行软氮化或氮化处理，氮化层深度为 0.08～0.15mm，硬度≥600HV。

为了保证模具的使用寿命和维持应有的使用寿命，在模具的结构和尺寸确定后，对于装配方面和各种零件的加工制造方面，还应符合有关的技术要求。

9.7.2　压铸模装配图上需注明的技术要求

装配图应注明如下几点技术要求。

① 模具的最大外形尺寸（长×宽×高）。为了便于复核模具在工作时其滑动构件与机器构件是否有干扰，液压抽芯油缸的尺寸、位置行程及相关零件的安装关系，滑动抽芯机构的尺寸、位置及滑动到终点的位置均应画简图示意。

② 选用压铸机型号。

③ 压铸件所选用的合金材料。

④ 选用压室的内径、比压或喷嘴直径。

⑤ 最小开模行程（如开模最大行程有限制时，也应注明）。

⑥ 推出机构的推出行程。

⑦ 标明冷却系统、液压系统的进出口。

⑧ 压铸件主要尺寸及浇注系统尺寸。

⑨ 特殊机构的动作过程。

⑩ 模具有关附件规格、数量和工作程序。

9.7.3　压铸模外形和安装部位的技术要求

压铸模外形和安装部位有如下几点技术要求。

① 在模具非工作面上打上明显的标记，包括产品代号、模具编号、产品名称、制造日期及模具制造厂家名称或代号。

② 各模板的边缘均应倒角不小于 $2\times45°$（C2），安装面应光滑平整，不应有突出的螺钉头、销钉以及毛刺和击伤等痕迹。

③ 在定、动模板上分别设置吊装螺钉，并确保起吊时模具平衡，质量大于 25kg 的零件也应设置起吊螺钉，螺孔有效螺纹深度不小于螺孔直径的 1.5 倍。

④ 在模具分型面上，除导套孔、斜导柱孔外，所有模具制造过程中的工艺孔都应堵塞，并且与分型面平齐。

⑤ 模具安装部位的有关尺寸应符合所选用压铸机的相关对应的尺寸，在压铸机上，模具应拆装方便，压室安装孔径和深度必须严格检验。

9.7.4 压铸模总装的技术要求

压铸模总装有如下几点技术要求。

① 模具分型面对定、动模板安装平面的平行度见表 9-24。

② 导柱、导套对定、动模座板安装平面的垂直度见表 9-25。

③ 在分型面上，定模、动模镶块平面应分别与定模套板、动模套板齐平或略高，高出的尺寸控制在 0.05～0.10mm 范围以内。

④ 推杆、复位杆应分别与分型面平齐，推杆允许根据产品要求，凹进或凸出型面，但不大于 0.1mm；复位杆允许低于分型面，但不大于 0.05mm。推杆在推杆固定板中应能灵活转动，但轴向间隙不大于 0.10mm。

表 9-24 模具分型面对定、动模板安装平面的平行度   mm

被测面最大直线长度	≤160	160～250	250～400	400～630	630～1000	1000～1600
公差值	0.06	0.08	0.10	0.12	0.16	0.20

表 9-25 导柱、导套对定、动模座板安装平面的垂直度   mm

导柱、导套有效导滑长度	≤40	40～63	63～100	100～160	160～250
公差值	0.015	0.020	0.025	0.030	0.040

⑤ 滑动机构应导滑灵活、运动平稳、配合间隙适当。合模后滑块斜面与楔紧块的斜面应压紧，两者实际接触面积应大于或等于设计接触面积的 3/4，且具有一定预应力。抽芯结束后，定位准确可靠，抽出的型芯端面与铸件上相对应型面或孔的端面距离不小于 2mm。

⑥ 浇道表面粗糙度 Ra 不大于 0.4μm，转接处应光滑连接，镶拼处应密合，未注脱模斜度不小于 5°。

⑦ 合模时镶块分型面应紧密贴合，除排气槽外，局部间隙不大于 0.05mm。

⑧ 冷却水道和温控油道应畅通，不得有渗漏现象，进水口和出水口应有明显标记。

⑨ 所有成型表面粗糙度 Ra 不大于 0.4μm，所有表面都不允许有碰伤、擦伤、击伤和微裂纹。

⑩ 模具所有活动部件应保证位置准确、动作可靠，不得有歪斜和卡滞现象。相对固定的零件之间不允许出现窜动。

9.8 结构零件的公差与配合

压铸模是在高温环境下进行工作，因此在选择结构零件的配合公差时，不仅要求在室温下达到一定的装配精度，而且要求在工作温度下，仍能保证各结构件的尺寸稳定性和动作可靠性。在模具中，与金属液直接接触的部位，在充填过程中受到高压、高速、高温金属液的冲击、摩擦和热交变应力的作用，所产生的位置偏移及配合间隙的变化，都会影响压铸件的产品质量和压铸生产的正常运行。

9.8.1　结构零件轴与孔的配合和精度

压铸模具零件配合间隙的变化除与温度有关外，还与零件本身的材料、形状、体积、工作部位受热程度以及加工装配后的配合性质有关。压铸模零件的配合间隙通常应满足以下要求。

（1）模具中固定零件的配合要求

① 在金属液冲击下，不致产生位置上的偏移。

② 受热（膨）胀变形后不能配合过紧，而使模具（主要是模套）受到过大的应力，导致模具因过载而开裂。

③ 维修和拆卸方便。

（2）模具中滑动零件的配合要求

① 在充填过程中金属液不致窜入配合处的间隙中去。

② 受热（膨）胀后，应能够维持间隙配合的性质，保证动作正常，不致使原有的配合间隙产生过盈，导致动作失灵。

（3）配合类别和精度等级

固定零件的配合类别和精度等级见表 9-26。

滑动零件的配合类别和精度等级见表 9-27。

表 9-26　固定零件的配合类别和精度等级

工 作 条 件	配合类别和精度	典型配合零件举例
与金属液接触受热量较大	$\dfrac{H7}{h6}$（圆形）或 $\dfrac{H8}{h7}$	套板和镶块、镶块和型芯、套板和浇口套、镶块、分流锥、导流块等
	$\dfrac{H8}{h7}$（非圆形）	
不与金属液接触受热量较小	$\dfrac{H7}{k6}$	套板和导套的固定部位
	$\dfrac{H7}{m6}$	套板和导柱、斜销、楔紧块、定位销等固定部位

表 9-27　滑动零件的配合类别和精度等级

工 作 条 件	压铸使用合金	配合类别和精度	典型配合零件举例
与金属液接触受热量较大	锌合金	$\dfrac{H7}{f7}$	推杆和推杆孔；型芯、分流锥和卸料板上的滑动配合部位；型芯和滑动配合的孔等
	铝合金、镁合金	$\dfrac{H7}{e8}$	
	铜合金	$\dfrac{H7}{d8}$	
	锌合金	$\dfrac{H7}{e8}$	成型滑块和镶块等
	铝合金、镁合金	$\dfrac{H7}{d8}$	
	铜合金	$\dfrac{H7}{c8}$	

250

续表

工 作 条 件	压铸使用合金	配合类别和精度	典型配合零件举例
受热量不大	各种合金	$\dfrac{H8}{e7}$	导柱和导套的导滑部位
		$\dfrac{H9}{e7}$	推板导柱和推板导套的导滑部位
		$\dfrac{H7}{e8}$	复位杆与孔

（4）压铸模零部件的配合精度选用示例

压铸模零部件的配合精度见图 9-42。

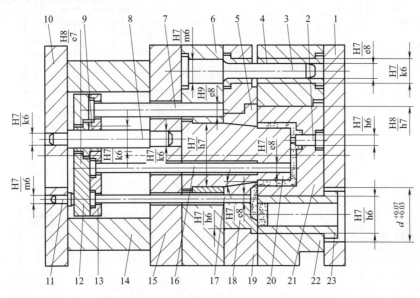

图 9-42　压铸模零部件的配合精度选用示例

1—定模座板；2—型芯；3—导柱；4—导套；5—卸料沿口；6—动模板；7—卸料推杆；8—推板导柱；9—推板
导套；10—动模座板；11—限位钉；12—推板；13—推杆固定板；14—垫块；15—支承板；16—推杆；
17—浇道推杆；18—浇道镶块；19—卸料板；20—主型芯；21—定模镶块；22—定模板；23—浇口套

9.8.2　结构零件的轴向配合

① 镶块、型芯、导柱、导套、浇口套与套板的轴向偏差值见表 9-28。

表 9-28　镶块、型芯、导柱、导套、浇口套与套板的轴向偏差值　　　　　　　　mm

装 配 方 式	结构件名称	偏　差　值
台阶压紧式	镶块、型芯和套板	

续表

装 配 方 式	结构件名称	偏　差　值
台阶压紧式	导柱、导套和套板	$h_{-0.1}^{0}$　　　　$h_1{}_{0}^{+0.10}$
	浇口套和套板	$h_2{}_{-0.035}^{0}$　　$h_1{}_{+0.03}^{+0.05}$ 压室　　浇口套
套板不通孔、螺钉紧固式	镶块和套板	$b_{0}^{+0.05}$　$h_{-0.05}^{0}$
套板通孔、螺钉紧固式	镶块和套板	$H_{-0.05}^{0}$　$H_1{}_{0}^{+0.05}$ 支承板　套板

　　注：表中套板偏差值指零件单件加工的偏差。在装配中，型芯和镶块等零件的底面高出或低于套板底面时，应配磨平齐，镶块分型面允许高出套板分型面 0.05～0.10mm。

　　② 推板导套、推杆、复位杆、推板垫圈和推杆固定板的轴向配合偏差值见表 9-29。

表 9-29　推板导套、推杆、复位杆、推板垫圈和推杆固定板的轴向配合偏差值　　　　mm

装配方式	直接压紧式	推板导套台阶夹紧式	推板垫圈夹紧式
结构件名称	推杆固定板和推板导套、推杆（复位杆）	推杆固定板和推板导套、推杆（复位杆）	推杆固定板和推板导套、推板垫圈、推杆（复位杆）

续表

装配方式	直接压紧式	推板导套台阶夹紧式	推板垫圈夹紧式
偏差值	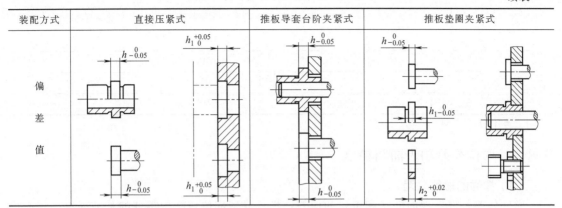		

9.8.3 未注公差尺寸的有关规定

① 成型部位未注公差尺寸的极限偏差见表9-30（GB/T 8844—2003）。

② 成型部位转接圆弧未注公差尺寸的极限偏差见表9-31（GB/T 8844—2003）。

③ 成型部位未注角度和锥度偏差见表9-32（GB/T 8844—2003）。

④ 未注拔模斜度的角度规定。成型部位未注脱模斜度时，形成铸件内侧壁（承受铸件收缩力的侧面）的脱模斜度不应大于表9-33规定值，对构成铸件外侧壁的脱模斜度应不大于表9-33规定值的1/2（GB/T 8844—2003）。圆型芯的脱模斜度应大于表9-34的规定值（GB/T 8844—2003）。

文字符号的拔模斜度取10°～15°。

当图样中未注拔模斜度方向时，按减少铸件壁厚方向制造。

表 9-30　成型部位未注公差尺寸的极限偏差　　　　mm

基本尺寸	≤10	10～50	50～180	180～400	>400
极限偏差	±0.03	±0.05	±0.10	±0.15	±0.20

注：摘自 GB/T 8844—2003。

表 9-31　成型部位转接圆弧未注公差尺寸的极限偏差　　　　mm

基本尺寸		≤6	6～18	18～30	30～120	>120
极限偏差	凸圆弧	0 −0.15	0 −0.20	0 −0.30	0 −0.45	0 −0.60
	凹圆弧	+0.15 0	+0.20 0	+0.30 0	+0.45 0	+0.60 0

注：摘自 GB/T 8844—2003。

表 9-32　成型部位未注角度和锥度偏差

锥体母线或角度短边长度/mm	≤6	6～18	18～50	50～120	>120
极限偏差值	±30′	±20′	±15′	±10′	±5′

注：摘自 GB/T 8844—2003。

表 9-33　成型部位内侧壁未注脱模斜度的规定

拔模高度/mm		≤3	3～6	6～10	10～18	18～30	30～50	50～80	80～120	120～180	180～250
铸件材料	锌合金	3°	2°30′	2°	1°30′	1°15′	1°	0°45′	0°30′	0°30′	0°15′
	镁合金	4°	3°30′	3°	2°15′	1°30′	1°15′	1°	0°45′	0°30′	0°30′
	铝合金	5°30′	4°30′	3°30′	2°30′	1°45′	1°30′	1°15′	1°	0°45′	0°30′
	铜合金	6°30′	5°30′	4°	3°	2°	1°45′	1°30′	1°15′	1°	—

注：摘自 GB/T 8844—2003。

表 9-34　圆型芯未注脱模斜度的规定

拔模高度/mm		≤3	3～6	6～10	10～18	18～30	30～50	50～80	80～120	120～180	180～250
铸件材料	锌合金	2°30′	2°	1°30′	1°15′	1°	0°45′	0°30′	0°30′	0°20′	0°15′
	镁合金	3°30′	3°	2°	1°45′	1°30′	1°	0°45′	0°45′	0°30′	0°30′
	铝合金	4°	3°30′	2°30′	2°	1°45′	1°15′	1°	0°45′	0°30′	0°30′
	铜合金	5°	4°	3°	2°30′	2°	1°30′	1°15′	1°	—	—

注：摘自 GB/T 8844—2003。

9.8.4　形位公差和表面粗糙度

（1）零件的形位公差

形位公差是零件表面形状和位置的偏差，模具成型部位或结构零件的基准部位，其形状和位置的偏差范围一般均要求在尺寸的公差范围内，在图样上不再另加标注。

① 模架结构零件的形位公差和参数见表 9-35。

表 9-35　模架结构零件的形位公差和参数　　　　　　　　　mm

项目		简　图	选用精度（GB 1184—1996）
导滑部位	带肩导柱	⌖ φ0.01	—
	带头导柱	⌖ φ0.01	—
	推杆导柱	A ⌖ φ0.01 A B B	—
	带头导套	A ⌖ φ0.01 A	—
	直导柱	⌖ φ0.01 A A	—

项目		简　图	选用精度（GB 1184—1996）
导滑部位	推板导套		—
模板	套板、座板、支承板		作套板时，基准面的形位公差 t_1、t_3 为 5 级精度，t_2 为 7 级精度；作座板、支承板时，形位公差均按未注公差的规定，其等级按 C 级
	推板		t 为 6 级精度
	垫块		t 为 5 级精度

② 套板、镶块和有关固定结构部位的形位公差和参数见表 9-36。

表 9-36　套板、镶块和有关固定结构部位的形位公差和参数

项目	有关要素的形位要求	简　图	选用精度（GB 1184—1996）
导柱或导套的固定孔	导柱或导套安装孔的轴线与套板分型面的垂直度		t 为 5～6 级精度
套板安装型芯和镶块的孔	套板上型芯固定孔的轴线与其他各板上孔的公共轴线的同轴度		圆型芯孔 t 为 6 级精度；非圆型芯孔 t 为 7～8 级精度

项目	有关要素的形位要求	简　图	选用精度（GB 1184—1996）
套板	套板上镶块圆孔的轴线与分型面的端面圆跳动（以镶块孔外缘为测量基准）	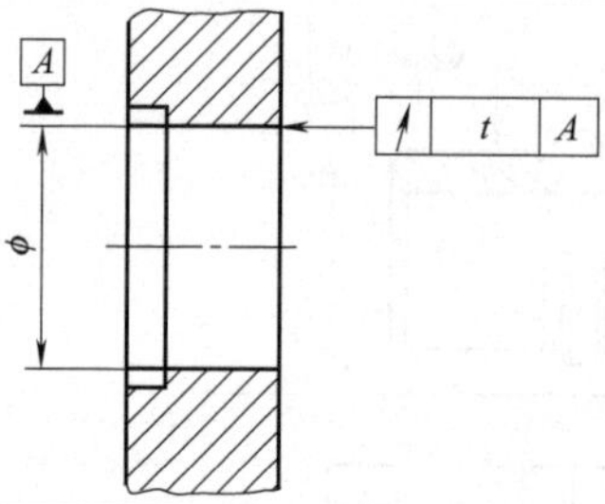	t 为 6～7 级精度
	套板上镶块孔的表面与其分型面的垂直度	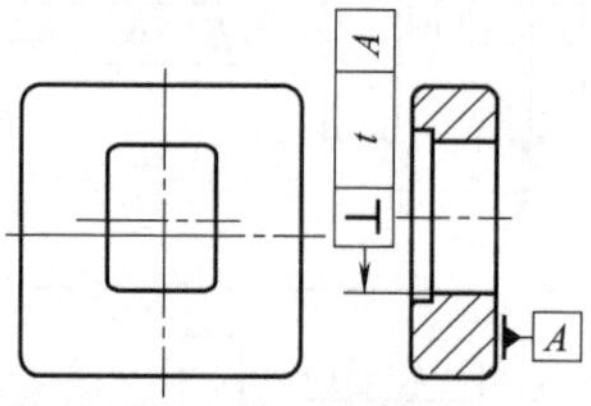	t 为 7～8 级精度
	套板上镶块圆孔的轴线与分型面的端面圆跳动（以镶块孔外缘为测量基准）	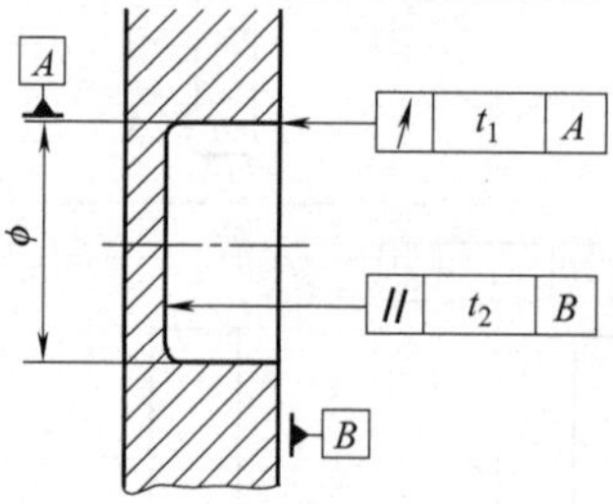	t_1、t_2 为 6～7 级精度
	套板上镶块孔的表面与其分型面的垂直度	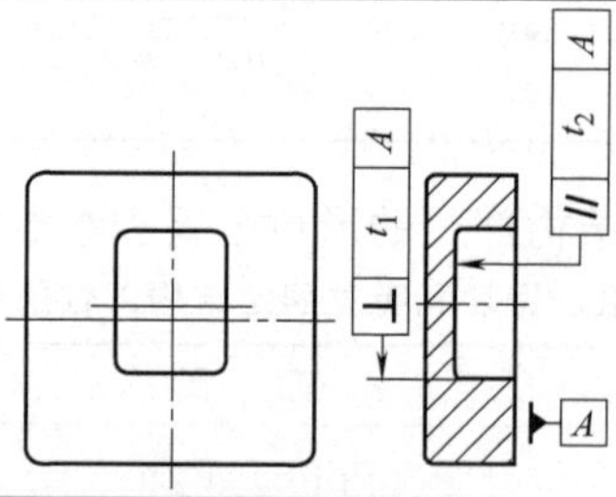	t_1、t_2 为 7～8 级精度
镶块	镶块上型芯固定孔的轴线对其分型面的垂直度	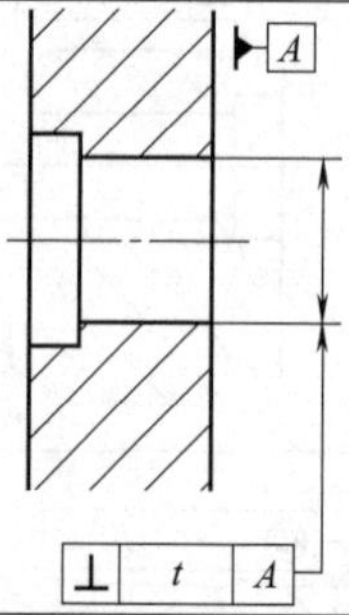	t 为 7～8 级精度
	镶块相邻两侧面的垂直度	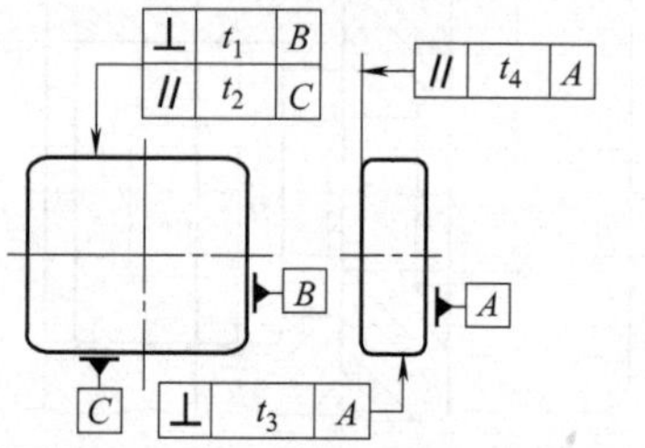	t_1 为 6～7 级精度
	镶块相对两侧面的平行度		t_2 为 5 级精度
	镶块分型面对其侧面的垂直度		t_3 为 6～7 级精度
	镶块分型面对其底面的平行度		t_4 为 5 级精度

项目	有关要素的形位要求	简　　图	选用精度(GB 1184—1996)
镶块	圆形镶块的轴心线对其端面的圆跳动		t 为 6～7 级精度
	圆形镶块各成型台阶表面对安装表面的同轴度		t 为 5～6 级精度

（2）零件的表面粗糙度

压铸模零件表面粗糙度直接影响压铸件表面质量、模具机构的正常工作和使用寿命。成型零件的表面粗糙度以及加工后遗留的加工痕迹及方向，直接影响到铸件表面质量、脱模难易，甚至是导致成型零件表面产生裂纹的根源。表面粗糙度也是产生金属黏附的原因之一。因此，压铸模具型腔、型芯的零件表面粗糙度应在 $Ra0.40\sim0.10\mu m$，其抛光的方向应与铸件脱模方向一致，不允许存有凹陷、沟槽、划伤等缺陷。导滑部位（如推杆与推杆孔、导柱与导套孔、滑块与滑块槽等）的表面质量差，往往会使零件过早磨损或产生咬合。

各种结构件工作部位推荐的表面粗糙度，可参照表 9-37 选用。

表 9-37　各种结构件工作部位推荐的表面粗糙度

分　类		工作部位	表面粗糙度 $Ra/\mu m$						
			6.3	3.2	1.6	0.80	0.40	0.20	0.100
成型表面		型腔和型芯					○	○	○
受金属液冲刷的表面		内浇口附近的型腔、型芯、内浇口及溢流槽流入口						○	○
浇注系统表面		直浇道、横浇道、溢流槽					○	○	
安装面		动模和定模座板，垫块与压铸机的安装面				○			
受压力较大的摩擦表面		分型面、滑块楔紧面				○	○		
导向部位表面	轴	导柱、导套和斜销的导滑面					○		
	孔					○			
与金属液不接触的滑动表面	轴	复位杆与孔的配合面，滑块、斜滑块传动机构的滑动表面；导柱和导套				○			
	孔				○				
与金属液接触的滑动件表面	轴	推杆与孔的表面、卸料板镶块及型芯滑动面滑块的密封面等			△		○		
	孔				△	○			

压铸模具设计实用教程

续表

分　　类		工　作　部　位	表面粗糙度 Ra/μm						
			6.3	3.2	1.6	0.80	0.40	0.20	0.100
固定配合表面	轴	导柱、导套、斜销、弯销、楔紧块和模套;型芯和镶块等固定部位				○			
	孔				○				
组合镶块拼合面		成型镶块的拼合面,精度要求较高的固定组合面				○			
加工基准面		划线的基准面、加工和测量基准面			○				
受压紧力的台阶表面		型芯、镶块的台阶表面			○				
不受压紧力的台阶表面		导柱、导套、推杆和复位杆台阶表面		○	○				
排气槽表面		排气槽			○	○			
非配合表面		其他	○	○					

注：○、△均表示适用的表面粗糙度，其中△表示还适用于异形零件。

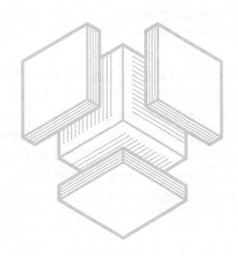

第 **10** 章
压铸工艺及缺陷分析

10.1　压铸工艺

金属压铸工艺过程是压铸合金、压铸模和压铸机三大基本要素协调运用的过程。压铸工艺将这三大要素有机地组合起来，并加以运用，生产出合格的压铸件。压铸工艺包括在压铸过程中的压射比压、充填速度、合金的浇注温度、模具温度以及铸件的收缩率等。它们对高效率地获得优质压铸件都有重要的影响。

10.1.1　压力

（1）压射力

压射力是指压铸机压射机构中推动压射活塞（压射冲头）运动的力，即压射冲头作用于压室中金属液面上的力。压射力是由压射泵产生的，压力油通过蓄压罐，在压射缸内传递给压射活塞，再由压射活塞传递给压射冲头，进而推动金属液充填入模具型腔中。压射力是反映压铸机功率大小的一个主要参数。

压射力的大小，是由压射缸的截面积和工作液的压力所决定的。压射力的计算公式如下：

$$F_y = \frac{P_g \times \pi D^2}{4} \tag{10-1}$$

式中　　F_y——压射力，N；

　　　　P_g——压射缸的压射腔内工作液的压力，MPa；

　　　　D——压射缸的直径，mm。

关于压射力的变化规律问题，这里就不再详述，前面章节已经说明。

影响压射力的因素很多，主要有下面几点。

① 液压系统的密封性。

② 管道压力的损失。

③ 蓄压器中气体与工作液的比例变化。

④ 工作液因温度变化引起的黏度的不同对压射力的影响。

⑤ 冲头与压室之间的配合状态和摩擦程度。

（2）压射比压及其选择

比压是压室内金属液单位面积上所受的力，即压铸机的压射力与压射冲头截面积之比。充填时的比压称压射比压，用于克服金属液在浇注系统及型腔中的流动阻力，特别是内浇口处阻力，使金属在内浇口处达到需要的速度。有增压机构时，增压后的比压称增压比压，它决定了压铸件最终所受压力和这时所形成的胀模力的大小。压射比压可按下式计算：

$$P_{b}=\frac{4F_{y}}{\pi d^{2}} \tag{10-2}$$

式中　　P_{b}——压射比压，Pa；

　　　　d——压射冲头（或压室）直径，m。

在制定压铸工艺时，正确选择比压的大小对铸件的力学性能、表面质量和模具的使用寿命都有很大影响。首先，选择合适的比压可以改善压铸件的力学性能。随着比压的增大，压铸件的强度亦增加。这是由于金属液在较高比压下凝固，其内部微小空隙或气泡被压缩，孔隙率减小，致密度提高。随着比压增大，压铸件的塑性降低。比压增大有一定限度，过高时不但使伸长率减小，而且强度也会下降，使压铸件的力学性能恶化。此外，提高压射比压还可以提高金属液的充型能力，获得轮廓清晰的压铸件。

在选择压射比压时，应根据压铸合金的种类以及压铸件的结构特征和强度要求进行综合考虑。大体归纳如下。

① 根据压铸合金的流动性能选择。如锌合金可选取较低的压射比压，而铜合金应选取较高的压射比压。

② 根据压铸件的平均壁厚选择。在一般情况下，在压铸薄壁或形状复杂的压铸件时，型腔中的流动阻力较大。因此，为克服这些阻力，获得需要的内浇口速度，必须选用较大的压射比压。

对于厚壁的压铸件，为增大充填量，可使内浇口的截面积增大，降低内浇口的速度，可以选用较小的压射比压。

③ 根据压铸件的强度和气密性要求选择。对于有强度和气密性要求的压铸件，它的组织应有良好的致密结构。因而应采取较高的压射比压，同时在充填完毕后，还应有足够的增压比压，才能更好地满足强度和气密性要求。

④ 其他应该考虑的因素。如压铸机的结构形式和功率以及压铸模的强度等。

表 10-1 列出了常用压射比压的推荐值范围。

表 10-1　常用压射比压的推荐值范围

合 金 种 类	铝合金	锌合金	镁合金	铜合金
一般件	30～50	13～20	30～50	40～50
承载件	50～80	20～30	50～80	50～80
耐气密性件、大平面件或薄壁件	80～120	25～40	80～100	60～100

在压铸过程中，压铸机性能、浇注系统尺寸等因素对比压都有一定影响。所以，实际选用的比压应等于计算比压乘以压力折算系数。压力折算系数 K 值见表 10-2。

表 10-2　压力折算系数 K 值

项　　目	K　　值		
直浇道导入口截面积 A_1 与内浇口截面积 A_2 之比	>1	=1	<1
立式冷室压铸机	0.66～0.70	0.72～0.74	0.76～0.78
卧式冷室压铸机	0.88		

（3）胀型力

在压铸过程中，在压射力作用下金属液充填型腔时，给型壁和分型面一定的压力，称为胀型力。压铸过程中，最后阶段增压比压通过金属液传给压铸模，此时的胀型力最大。胀型力可用下式初步计算：

$$F_z = p_b A \tag{10-3}$$

式中　F_z——胀型力，N；

　　　p_b——压射比压，Pa，有增压机构的压铸机采用增压比压；

　　　A——压铸件、浇口、排溢系统在分型面上的投影面积之和，m^2。

10.1.2　速度

（1）压射速度

压射速度又称冲头速度，它是压室内的压射冲头推动金属液的移动速度，也是压射冲头的速度。压射过程中压射速度是变化的，它可分成低速和高速两个阶段，通过压铸机的速度调节阀可进行无级调速。

与比压一样，充填速度也是压铸工艺主要参数之一，充填速度的高低直接影响压铸件的内部和外观质量。充填速度过小，会使铸件的轮廓不清，甚至不能成型。充填速度过大，会引起铸件粘型并使铸件内部气孔率增加，使力学性能下降。充填速度的选择，一般应遵循的原则：对于厚壁或内部质量要求较高的铸件，应选择较低的充填速度和高的增压比压；对于薄壁或表面质量要求高的铸件以及复杂的铸件，应选择较高的比压和高的充填速度。此外，合金的浇注温度较低、合金和模具材料的导热性能好、内浇道厚度较大时，也要选择较高的充填速度。

压射第一、第二阶段是低速压射，可防止金属液从加料口溅出，同时使压室内的空气有较充分的时间逸出，并使金属液堆积在内浇口前沿。低速压射的速度根据浇到压室内金属液的多少而定，可按表 10-3 选择。压射第三阶段是高速压射，以便金属液通过内浇口后迅速充满型腔，并出现压力峰，将压铸件压实，消除或减小缩孔、缩松。计算高速压射速度时，先由表 10-4 确定充填时间，然后按下式计算：

$$u_{yh} = 4V[1+(n-1)\times 0.1]/(\pi d^2 t) \tag{10-4}$$

式中　u_{yh}——高速压射速度，m/s；

　　　V——型腔容积，m^3；

　　　n——型腔数；

　　　d——压射冲头直径，m；

　　　t——充填时间，s。

表 10-3　低速压射速度的选择

压室充满度/%	压射速度/(cm/s)	压室充满度/%	压射速度/(cm/s)
≤30	30～40	>60	10～20
30～60	20～30		

表 10-4　推荐的压铸件平均壁厚与充填时间及内浇口速度的关系

压铸件平均壁厚/mm	充填时间/ms	内浇口速度/(m/s)	压铸件平均壁厚/mm	充填时间/ms	内浇口速度/(m/s)
1	10～14	46～55	2	18～26	42～50
1.5	14～20	44～53	2.5	22～32	40～48

按式（10-4）计算的高速压射速度是最小速度，一般压铸件可按计算数值提高 1.2 倍，有较大镶件或大模具压小铸件时可提高至 1.5～2 倍。

（2）内浇口速度

熔融的金属液在压铸机压射冲头压力作用下，以压射冲头的速度推动熔融的金属液经过浇注系统到达内浇口处，然后充填型腔。在同一条件下，熔融的金属液通过内浇口处的速度可以认为是不变的或变化很小的。通过内浇口处的线速度称为内浇口速度 v_n。

熔融的金属液在通过内浇口进入型腔以后，由于型腔的厚度和形状的不同以及压铸模热状态的变化，它们的流动速度也随之发生变化。这种随环境变化的速度称为在型腔某处的充填速度。

① 内浇口速度的影响因素。内浇口速度与压射冲头的速度和内浇口的截面积有直接关系。

压射冲头推动金属液的速度 v_c 称为压射冲头速度。这个速度由压铸机所给定的数据决定。压射冲头速度一般在 0.3～9m/s 范围内。

通过缩小内浇口截面积的方法，也可提高内浇口速度。但从实践中证明，在充填过程中，金属液在截面积较小的内浇口处，将受到很大的流动阻力，其压力损失很大。因此，内浇口截面积不能无限制地缩小。

② 内浇口速度的选择。内浇口速度对压铸件的表面粗糙度和内部组织的致密度有很大影响。选择内浇口速度应从如下几方面考虑。

a. 压铸件形状复杂时，应选用较高的内浇口速度；

b. 压铸件壁厚较薄时，内浇口速度应选得高些；

c. 金属液流动长度越长，内浇口速度也应选得越高；

d. 压铸件表面质量要求较高时，应选用较高的内浇口速度；

e. 合金的浇注温度或模具温度较低时，内浇口速度也应选得高些。

但是，由于各种合金的浇注性能的不同，它们的内浇口速度也有不同。表 10-5 是各种合金内浇口速度的推荐值。

表 10-5　内浇口速度的推荐值

合金种类	铝合金	锌合金	镁合金	黄铜合金
内浇口速度/(m/s)	20～60	30～50	40～90	20～50

表 10-5 推荐值是一个较大的范围。这是根据压铸件的实际状况决定的。比如，压铸件要求有较好的强度时，它的内浇口速度就不能选得过大，以避免由高速充填产生的紊流流动和涡流，卷入较多的气体，从而导致压铸件的气孔增多，影响其力学性能。

内浇口速度对压铸件表面质量的影响也是非常明显的。要想获得轮廓清晰、表面光洁的压铸件，必须提高内浇口速度，才能得到满意的效果。

内浇口速度高，往往会出现粘模现象，特别是含铁量非常低的铝合金，在较高的内浇口速度下，铝合金液的密度增加，很容易黏附在型芯或型腔壁上，使压铸件脱模困难。

内浇口速度对压铸件的力学性能也有很大的影响。在一般情况下，当内浇口速度为55m/s 时，压铸件的抗拉强度最高。但当内浇口速度大于或等于这个数值时，压铸件的力学性能也随之下降。

因此，内浇口速度的选择，应根据具体情况综合考虑。

10.1.3 温度

（1）合金的浇注温度

在压铸成型过程中，金属液的浇注温度是重要的工艺因素。它对充填状态、成型效果、压铸件的强度、成型的尺寸精度、模具的热平衡状态以及压铸效率等方面都起着重要的作用。

在确定浇注温度时，应根据压铸合金的性质，对压射比压、内浇口速度以及压铸件的壁厚和结构特点、复杂程度等各种因素进行综合考虑。

在保温坩埚中的金属液，气体的溶解度和金属氧化程度随着温度升高而迅速增加。同时，较高的浇注温度使压铸件的收缩率大，并容易出现组织晶粒粗大，产生裂纹以及黏附模具等缺点。因此，在一般情况下，在保温坩埚中的金属液温度不能过高，其过热温度应控制在50℃以下为宜。

采用较低的浇注温度有以下优点。

① 较低的浇注温度可增加金属液的黏度，将排气道的深度增加，从而改善排气条件，并可减少压铸件飞边、毛刺的产生。

② 金属液在冷却凝固过程中，体积的收缩量减小，容易保证尺寸的精度要求，同时使压铸件因壁厚不均匀或壁厚的部位产生缩松的可能性减少。

③ 如果浇注合金呈黏稠状而又能保持较好的充填性时，即"粥状"压铸，可使充填过程中减少旋涡卷入的气体量，避免气孔缺陷的产生。但是，对含硅量高的铝合金，则不宜使用"粥状"压铸，因为硅将大量析出，以游离状态存在于压铸件中，恶化加工性能。

④ 在浇口处由于摩擦使金属液温度升高。因此，采用较低的浇注温度，适当增大内浇口速度，也能因热量补偿使金属液温度升高而达到理想的充填效果。

⑤ 减少金属对模具的黏附和熔蚀，压铸件易于脱模，并延长压铸模的使用寿命。

但是，过低的浇注温度会影响金属液的流动性，会使充填尚未结束时，出现局部凝固现象，影响压铸成型的完整性。同时，金属液中容易夹杂非金属杂质、氧化物等有害物质，产生冷隔、表面裂纹、硬点等缺陷，降低压铸件的韧性和其他力学性能。

因此，合适的浇注温度应当是：在保持良好的充填流动性并保证充满型腔的前提下，采用较低的温度。各种合金常用的浇注温度见表10-6。

在保温坩埚中，保持金属液温度均匀性也十分重要。金属液在充分熔化后，还应有一定的镇静时间，以使金属液熔化均匀，并保持均衡适宜的温度后，再进行浇注。

表 10-6　各种合金常用的浇注温度　　　　　　　　℃

合　　　金		铸件壁厚≤3mm		铸件壁厚>3mm	
		结构简单	结构复杂	结构简单	结构复杂
锌合金	含铝的 含铜的	420~440 520~540	430~450 530~550	410~430 510~530	420~440 520~540
铝合金	含硅的 含铜的 含镁的	610~630 620~650 640~660	640~680 640~700 660~700	590~630 600~640 620~660	610~630 620~650 640~670
镁合金		640~680	660~700	620~660	640~680
铜合金	普通黄铜 硅黄铜	850~900 870~910	870~920 880~920	820~860 850~900	850~900 870~910

（2）模具温度和模具的热平衡

① 模具温度的选择。模具温度分预热温度和工作温度两类。

a. 模具预热温度。在开始压铸前，为了有利于金属液的充填、成型，提高压铸效率，需要将压铸模加热到某一温度，这一温度即为模具的预热温度。

b. 模具工作温度。在正常的压铸过程中，模具应达到热平衡状态，使模具各部的温度均保持在一个适当的温度范围内。其作用是：

（a）避免金属液激冷过剧而影响流动性，使压铸件充填不满；

（b）使压铸件各部分的冷却速度均衡，减少压铸件的内应力，防止裂纹和开裂；

（c）改善型腔的排气效果和充填条件，以获得表面光洁、轮廓清晰及组织细密的压铸件；

（d）避免压铸件成型后产生不稳定的线收缩；

（e）缩小模具工作时冷热交变的温度差，避免金属液的热冲击而影响模具寿命。

模具工作温度较高时，可提高压铸件的表面质量。但是过高的模具温度，会因金属液冷却缓慢，使内部组织晶粒粗大，影响压铸件的强度，延长成型周期，降低压铸效率。同时，易产生粘模现象，影响压铸件的脱模。当模具工作温度过低时，将影响金属液的流动，出现充填不足或容易造成表面冷纹、冷隔等压铸缺陷，而且由于金属液流激冷过快而降低压铸件的质量。同时，高温的金属液流对低温模具的热冲击，也会影响模具的使用寿命。压铸模的工作温度可以按经验公式（10-5）计算或由表10-7查得。

$$T_m = \frac{1}{3}T_j \pm 25 \tag{10-5}$$

式中　T_m——压铸模工作温度，℃；

　　　T_j——金属液浇注温度，℃。

表10-7　压铸模温度　　　　　　　　　　　　　　　　　　　　　℃

合　　金	温度种类	铸件壁厚≤3mm		铸件壁厚＞3mm	
		结构简单	结构复杂	结构简单	结构复杂
铝合金	预热温度	150～180	200～230	120～150	150～180
	连续工作温度	180～240	250～280	150～180	180～200
锌合金	预热温度	130～180	150～200	110～140	120～150
	连续工作温度	180～200	190～220	140～170	150～200
镁合金	预热温度	150～180	200～230	120～150	150～180
	连续工作温度	180～240	250～280	150～180	180～220
铜合金	预热温度	200～230	230～250	170～200	200～230
	连续工作温度	300～330	330～350	250～300	300～350

② 模具的热平衡。在每一压铸循环中，模具从金属液得到热量，同时通过热传递向外界散发热量。如果单位时间内吸热与散热达到平衡，就成为模具的热平衡。其关系式为

$$Q = Q_1 + Q_2 + Q_3 \tag{10-6}$$

式中　Q——金属液传给模具的热流量，kJ/h；

　　　Q_1——模具自然传走的热流量，kJ/h；

　　　Q_2——特定部位传走的热流量，kJ/h；

　　　Q_3——冷却系统传走的热流量，kJ/h。

对中小型模具，通常吸收的热量大于传走的热量，为达到热平衡一般应设置冷却系统。对于大型模具，因模具体积大，热容量和表面积大，散热快，而且大的铸件压铸周期长，模具升温慢，因此可以不设冷却系统。

10.1.4 时间

（1）充填时间和增压建压时间

金属液从开始进入模具型腔到充满型腔所需要的时间称为充填时间。充填时间长短取决于压铸件的大小、复杂程度、内浇口截面积和内浇口速度等。体积大、形状简单的压铸件，充填时间要长些；体积小、形状复杂的压铸件，充填时间短些。当压铸件体积确定后，充填时间与内浇口速度和内浇口截面积之乘积成反比。即选用较大内浇口速度时，也可能因内浇口截面积很小而仍需要较长的充填时间。反之，当内浇口截面积较大时，即使用较小的内浇口速度，也可能缩短充填时间。因此，不能孤立地认为内浇口速度越大，其所需的充填时间越短。

在考虑内浇口截面积对充填时间的影响时，还要与内浇口的厚度联系起来。如内浇口截面积虽大，但很薄，由于压铸金属呈稠的"粥状"，黏度较大，通过薄的内浇口时受到很大阻力，则将使充填时间延长。而且会使动能过多地损失，转变成热能，导致内浇口处局部过热，可能造成粘模。压铸时，不论合金种类和铸件的复杂程度如何，一般充填时间都是很短的，中小型压铸件仅 0.03～0.20s，或更短。但充填时间对压铸件质量的影响是很明显的，充填时间长，慢速充填，金属液内卷入的气体少，但铸件表面粗糙度高。充填时间短，快速充填，则情况相反。

增压建压时间是指从金属液充满型腔瞬间开始，至达到预定增压压力所需时间，也就是增压阶段比压由压射比压上升到增压比压所需的时间。从压铸工艺角度来说，这一时间越短越好。但压铸机压射系统的增压装置所能提供的增压建压时间是有限度的，性能较好的机器最短建压时间也不少于 0.015s。

增压建压时间取决于型腔中金属液的凝固时间。凝固时间长的合金，增压建压时间可长些，但必须在浇口凝固之前达到增压比压，因为合金一旦凝固，压力无法传递，即使增压也起不了压实作用。因此压铸机增压装置上，增压建压时间的可调性十分重要。

（2）持压时间和留模时间

从金属液充满型腔到内浇口完全凝固，冲头压力作用在金属液上所持续的时间称持压时间。增压压力建立起来后，要保持一定时间，使压射冲头有足够时间将压力传递给未凝固金属，使之在压力下结晶，以便获得组织致密的压铸件。

持压时间内的压力是通过比铸件凝固得更慢的余料、浇道、内浇口等处的金属液传递给铸件的，所以持压效果与余料、浇道的厚度及浇口厚度与铸件厚度的比值有关。如持压时间不足，虽然内浇口处金属尚未完全凝固，但由于冲头已不再对余料施加压力，铸件最后凝固的厚壁处因得不到补缩而会产生缩孔、缩松缺陷，内浇口与铸件连接处出现孔穴。但若持压时间过长，铸件已经凝固，冲头还在施压，这时的压力对铸件的质量不再起作用。持压时间的长短与合金及铸件壁厚等因素有关。熔点高、结晶温度范围大或厚壁的铸件，持压时间需长些。反之，则可短些。通常金属液充满至完全凝固的时间很短，压射冲头持压时间只需用1～2s。生产中常用持压时间见表 10-8。

表 10-8　常用持压时间　　　　　　　　　　　　　　　　s

压铸合金	铸件壁厚＜2.5mm	铸件壁厚 2.5～6mm	压铸合金	铸件壁厚＜2.5mm	铸件壁厚 2.5～6mm
锌合金	1～2	3～7	镁合金	1～2	3～8
铝合金	1～2	3～8	铜合金	2～3	5～10

留模时间是指持压结束到开模这段时间。若留模时间过短，由于铸件温度高，强度尚

低，铸件脱模时易引起变形或开裂，强度差的合金还可能由于内部气体膨胀而使铸件表面鼓泡。但留模时间过长，不但影响生产率，还会因铸件温度过低收缩大，导致抽芯及推出铸件的阻力增大，使脱模困难，热脆性合金还会引起铸件开裂。若合金收缩率大、强度高，铸件壁薄，模具热容量大，散热快时，铸件留模时间短些。反之，则需长些。原则上以推出铸件不变形、不开裂的最短时间为宜。各种合金常用的留模时间可参考表 10-9。

表 10-9　常用留模时间　　　　　　　　　　　　　　　　　　　　　　s

压铸合金	壁厚<3mm	壁厚 3~4mm	壁厚>5mm	压铸合金	壁厚<3mm	壁厚 3~4mm	壁厚>5mm
锌合金	5~10	7~12	20~25	镁合金	7~12	10~15	15~25
铝合金	7~12	10~15	25~30	铜合金	8~15	15~20	20~30

10.1.5　压室充满度

浇入压室的金属液量占压室容量的百分数称压室充满度。若充满度过小，压室上部空间过大，金属液包卷气体严重，使铸件气孔增加，还会使金属液在压室内被激冷，对充填不利。压室充满度一般以 70%~80% 为宜，每一压铸循环，浇入的金属液量必须准确或变化很小。

压室充满度计算公式为：

$$\phi = \frac{m_{j}}{m_{ym}} \times 100\% = \frac{4m_{j}}{\pi d^{2} l \rho} \times 100\% \qquad (10\text{-}7)$$

式中　ϕ——压室充满度，%；

　　m_{j}——浇入压室的金属液质量，g；

　　m_{ym}——压室内完全充满时的金属液质量，g；

　　d——压室内径，cm；

　　l——压室有效长度（包括浇口套长度），cm；

　　ρ——金属液密度，g/cm³。

10.1.6　压铸用涂料

压铸过程中，为了避免铸件与压铸模焊合，减小铸件顶出的摩擦阻力和避免压铸模过分受热而采用涂料。压铸涂料指的是在压铸过程中，使压铸模易磨损部分在高温下具有润滑性能，并减小活动件阻力和防止粘模所用的润滑材料和稀释剂的混合物。压铸过程中，在压铸机的压室、冲头的配合面及其端面；在模具的成型表面、浇道表面、活动配合部位（如抽芯机构、顶出机构、导柱、导套等）都必须根据操作、工艺上的要求喷涂涂料。

（1）压铸涂料的作用

① 避免金属液直接冲刷型腔和型芯表面，改善压铸模工作条件。

② 减小压铸模的热导率，保持金属液的流动性，以改善金属的成型性。

③ 高温时保持良好的润滑性能，减小铸件与压铸模成型部分（尤其是型芯）之间的摩擦，从而减轻型腔的磨损程度、延长压铸模寿命和提高铸件表面质量。

④ 预防粘模（对铝合金而言）。

（2）对压铸涂料的要求

① 在高温时，具有良好的润滑性，不会析出有害气体。

② 挥发点低，在 100~150℃ 时，稀释剂能很快挥发，在空气中稀释剂挥发小，存放期长。

③ 涂覆性好，对压铸模及压铸件没有腐蚀作用，不会在压铸模型腔表面产生积垢。

④ 配方工艺简单，来源丰富，价格低廉。

（3）常用压铸涂料的使用

使用涂料时应特别注意用量。不论是涂刷还是喷涂，要避免厚薄不均或太厚。因此，当采用喷涂时，涂料浓度要加以控制。用毛刷涂刷时，在刷后应用压缩空气吹匀。喷涂或涂刷后，应待涂料中稀释剂挥发后，才能合模浇料，否则，将在型腔或压室内产生大量气体，增加铸件产生气孔的可能性。甚至由于这些气体而形成很高的反压力，使成型困难。此外，喷涂涂料后，应特别注意模具排气道的清理，避免被涂料堵塞而排气不畅，对转折、凹角部位应避免涂料沉积，以免造成铸件轮廓不清晰。

目前国内外普遍采用水基涂料。水基涂料激冷效果好，而且清洁、安全、便宜。西欧各国普遍采用物化特性类似石墨的二氧化硅水基涂料，涂前用 20~30 倍的水进行稀释。美国采用苯基甲基硅酮类乳化液，涂前用 20~30 倍的水进行稀释。国内使用水基涂料的主要成分是乳化型脂类化合物、白炭黑、乳化油、高分子化合物、甲基硅油、乙醇等，加水稀释成所需浓度。

10.2 压铸件的后处理

10.2.1 压铸件的清理

压铸件的清理是很繁重的工作，其工作量往往是压铸工作量的 10~15 倍。压铸件清理的目的如下。

① 去除浇口（浇注系统）、排溢系统的金属物、飞边及毛刺。

② 去除表面流痕。

③ 去除表面附着的涂料。

④ 获得表面均匀的光滑度。

切除浇口和飞边的方法见表 10-10。

表面清理多采用普通多角滚筒和振动埋入式清理装置。对批量不大的简单小件，可用多角清理滚筒，滚筒中所使用的清理磨料是三角形人造石块或小钢球。对表面要求高的装饰品，可用布制或皮革的抛光轮抛光。对大量生产的铸件，可采用螺壳式振动清理机，其结构如图 10-2 所示。螺壳直径为 1.5~3m，当电动机 1 带动偏心轮转动时，装置产生有规律的振动，装在螺壳 3 内的铸件和磨料便沿着螺壳内壁的橡胶衬 6 自外而下，再从里面升起并向外移动翻滚，与此同时还沿螺壳圆周做螺旋线向前移动。在翻滚前进运动中，使铸件表面得到清理。为了减少灰尘，设有喷水管 5。铸件清理后，被振动到铸件出口 7，而振出的磨料通过栅格 4 自动落回栅格的橡胶衬上继续使用。

表 10-10 切除浇口和飞边的方法

常用方法	说明
手工作业	在生产批量不大时采用。利用木槌、锉刀、钳子等简单工具敲打去除铸件浇注系统等多余部分。优点是方便、简单、快捷；缺点是切口不整齐，易损伤铸件及变形，对浇口厚的件、复杂件、大的铸件不适用
机械作业	大量生产时采用切边机、压力机和冲模、带锯机、液压机、摩擦压力机等机械设备。优点是切口整齐，对于大、中型铸件清理效率高。在大量生产条件下，可根据铸件结构和形状设计专用模具，在压力机上一次完成清理任务。对于小孔、螺纹上的飞边毛刺，可装在专用夹具上，采用半自动或自动的多工位转盘机，在各个工位上完成飞边毛刺的清理和浇注系统的切除工作。图 10-1 为用下落式冲模去除浇口

续表

常用方法	说　　明
抛光	根据铸件要求选择钢砂轮、尼龙轮、布轮、飞翼轮、研磨轮等进行打磨处理
清理过程自动化	采用机器人进行铸件清理，完成去除飞边、打磨、修整等工作，从而实现清洁、高效率的生产

清理后的铸件按照使用要求还可进行表面处理和浸渗，以增加光泽，防止腐蚀，提高气密性。

对于修整清理后的残留金属或痕迹可用橡胶砂轮或砂带打磨，打磨时可用水与油的混合液润滑，简单小铸件还可以用滚筒清理。

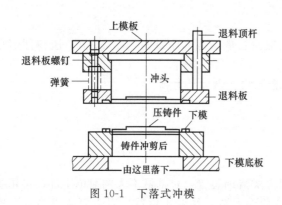

图 10-1　下落式冲模

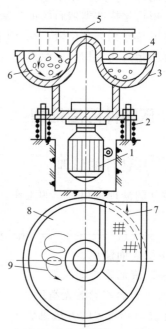

图 10-2　螺壳式振动清理机

1—电动机；2—弹簧；3—螺壳；4—栅格；5—喷水管；
6—橡胶衬；7—铸件出口；8—放铸件处；
9—铸件和磨料运动方向

10.2.2　压铸件的浸透、整形和修补

（1）压铸件的浸渗

由于压铸件在压铸中存在气孔、缩孔、缩松等缺陷，如果这些微小孔洞在壁厚方向连通起来，铸件在受气压或液压作用时会产生漏气、漏油、漏水现象。有气密性要求的压铸件可通过浸渗处理填堵这些微隙。

压铸件的浸渗处理见表 10-11。

表 10-11　压铸件的浸渗处理

内　　容	说　　明
原理	真空、压力条件下，使液态浸渗剂渗入到铸件的微细孔洞中，经过固化、封堵微孔，达到密封目的
作用	微孔缺陷在 0.5mm 以下的承压铸件，一次浸渗合格率达 95% 以上，耐温可达 500~800℃
方法	真空浸渗、压力浸渗、真空压力浸渗

内　　容	说　　明
浸透剂	硅酸盐类、各种树脂类,有机浸渗剂和无机浸渗剂
工艺流程	压铸件清理干净(脱脂、清洗、烘干)→放入浸渗罐→抽真空→保压→注浸渗液→再抽真空→加压、保压→浸后处理(甩干、清洗、烘干)
设备	由脱脂罐、清洗罐、烘干罐、储液罐、浸渗罐、残液回收装置、固化罐、电控柜、真空泵组、空气压缩机等组成,可实现浸渗工艺全过程自动化
适用	汽车发动机压铸件、水暖器材压铸件、阀体压铸件、摩托车压铸件等

（2）压铸件的整形

按正常程序进行生产的压铸件,一般是不会变形的,只有形状复杂和薄壁的铸件,可能由于顶出时受力不均衡或持压时间掌握得不恰当,以及搬运过程中铸件被碰撞而引起变形;或者是由于铸件本身结构的限制,在压铸过程中因留有残余应力而引起变形。例如,平面较大的铸件,压铸后发生翘曲。

在一般情况下,压铸件变形后,允许用手工或机械方式进行校正,这个校正的工序被称为整形。校正分为热校正和冷校正两种。

热校正是把铸件加热到退火温度,用专用工具（校正模具或夹具）在手动压力机或液压压力机上校正;也可用专用工具夹持进行退火;还可以在热态时用木制的或者橡胶制成的锤子进行手工校正。

冷校正是把变形的铸件在室温下进行与上述方法相同的手工或机械的校正,其效果比热校正差些,但操作方便。

（3）压铸件的修补

压铸或加工后的铸件,发现有不符合技术要求的缺陷时,一般都予以报废,只有在下列情况下,并且有修补的可能时,才进行修补。

① 形状很复杂、压铸很困难或加工周期很长的铸件。

② 带有铸入镶件,这种镶件是由贵重材料制成,或者是制造很困难而在回收后无法复用的。

修补的方法有焊补法和嵌补法两种。

焊补法是利用与铸件材料相同或熔点略低而性质相似的材料做成的焊条进行钎焊,焊补后由钳工修整至铸件所要求的形状和尺寸。

嵌补法是将铸件缺陷部位加工成销钉孔嵌入与铸件材料相同的销钉,然后用机械加工或钳工修整至铸件所要求的形状和尺寸。

10.2.3　压铸件的热处理

一般压铸件不宜进行淬火处理。这是因为一方面压铸件具有较好的力学性能和致密的内部组织,在使用上基本能够满足一般的要求。另一方面淬火处理会导致压铸件表层顶起而形成鼓泡。只有当采取了一些排除气体的工艺措施,使压铸件的内部气孔大为减少以后,才能进行淬火处理。

通常为了稳定铸件的形状和尺寸,或者为了消除压铸时的内应力,进行退火或时效处理是必要的。而退火、时效处理的温度,并不使铸件产生鼓泡。

对于镁合金和含镁量高的铝合金铸件,压铸后的应力较大,亦应及时进行退火或时效,以免产生严重的变形或裂纹。

由于压铸件不仅只在常温条件下工作,而且有的还要求在负温条件下工作,为使压铸件适应这种工作条件,必须进行略低于（或等于）工作温度的负温时效,以便稳定铸件的形状和尺寸。

对于带有绝缘橡胶硅钢片镶件的压铸件，只宜进行时效，不宜进行退火。

压铸件时效退火和负温时效处理规范见表 10-12。

表 10-12　压铸件时效退火和负温时效处理规范

合金	处理方法	加热温度/℃	保温时间/h	干燥温度/℃	干燥保温时间/h	冷却方法
锌合金	时效	95±5	2.5～3.0	—	—	空冷
铝合金	时效	175±5	2.5～3.0	—	—	空冷
镁合金	时效	150～190	3.0～5.0	—	—	炉冷
铜合金	退火	250～300	1.5～2.5	—	—	空冷
各种合金	负温时效	-50～-60	2(<2kg)/ 3(>2kg)	50～60	2～3	空冷

10.2.4　压铸件的表面处理

表面处理是指将基体的表面经过各种方法处理（机械的、化学的、电化学的、物理的等），在基体上形成新的表面层。表面处理的分类方法很多，常见的表面处理分类方法见表 10-13。

表 10-13　常见的表面处理分类方法

表面处理的分类方法			说　　明
	电镀	单金属电镀	用电化学方法在基体金属表面沉积一层或多层金属镀层、合金镀层或复合镀层的表面处理方法，又称电化学沉积
		合金电镀	
		复合电镀	
	化学镀	单金属化学镀	不加外电流而利用异相（固相，液相）表面受自催化还原反应在基体表面沉积金属层的表面处理方法，又称化学沉积、非电解沉积、自催化沉积
		合金化学镀	
		复合化学镀	
	热喷涂	电弧喷涂	利用特定的热源将喷涂材料加热熔化或软化，并借助动力或外加气流将熔滴加速，以一定的速度喷射到基体上形成涂层的表面处理方法
		火焰喷涂	
		等离子体喷涂	
		激光喷涂	
	化学与电化学转化	磷化	使金属与某种特定的腐蚀液相接触，在一定条件下发生化学或电化学反应，在金属表面形成膜层的表面处理方法。由化学反应成膜的常称为化学转化，由电化学反应成膜的常称为阳极氧化
		化学氧化	
		阳极氧化	
		金属着色	
表面涂覆	涂料涂装		在基体上涂覆涂料而形成涂层的表面处理方法
	热浸镀		将金属材料浸入熔点较低的其他熔融金属或合金中保温，并在表面形成金属涂层的表面处理方法，又称热浸渗，简称热镀或热浸
	气相沉积	物理气相沉积（PVD）	利用气相中发生的物理、化学过程，在基体表面形成涂层的表面处理方法
		化学气相沉积（CVD）	
		等离子体化学气相沉积（PCVD）	
	防锈封存包装		防止工程材料在制造加工、搬运、运输和储存及使用过程中遭受腐蚀、降级、变质的表面处理方法
	堆焊		在金属零件表面或边缘熔敷金属层的表面处理方法
	熔结		在材料或零件上熔敷金属材料涂层的表面处理方法
	搪瓷涂覆		在金属制品表面涂覆防护和装饰的玻璃涂层的表面处理方法
	陶瓷涂覆		在基体上涂覆以氧化物、碳化物、硅化物、硼化物、氮化物、金属陶瓷和其他无机物等基底的高温涂层的表面处理方法
	溶胶-凝胶		在基体上涂熔胶，反应成凝胶，干燥或烧结形成涂层的表面处理方法
	粘涂		将胶粘剂直接涂覆于制品表面形成涂层的表面处理方法
	达克罗涂覆		由细小片状锌、片状铝、铬酸盐、水和有机溶剂构成涂料，经涂覆和300℃左右加热保温，除去水和有机溶剂后形成涂层的表面处理方法

续表

表面处理的分类方法			说　　明
表面改性	表面形变强化	喷丸强化	借助于改变材料的表面完整性来改变疲劳断裂和应力腐蚀断裂抗力以及高温抗氧化能力的表面处理方法
		滚压强化	
		孔挤压强化	
	表面相变强化(表面淬火)		仅对工件表层进行热处理以改变其组织和性能的表面处理方法
	表面化学热处理		在工件表层渗入一种或多种元素,形成固溶体及化合物层的处理方法
	高能束表面改性	激光表面改性	采用高密度能量源,照射或注入材料表面,使材料表面发生成分、组织及结构变化,从而改变材料的物理、化学与力学性能的表面处理方法
		电子束表面改性	
		离子注入	
表面复合处理			综合运用两种或多种表面处理的复合

压铸件的常用表面处理方法有：喷丸强化、防锈封存包装、化学与电化学转化、涂料涂装、电镀、化学镀和化学镀后电镀。

（1）压铸件的喷丸强化

压铸件的喷丸强化是利用高速弹丸强烈冲击压铸件表面，使之产生形变硬化层。压铸件的喷丸强化工艺见表 10-14。

表 10-14　压铸件的喷丸强化工艺

喷丸介质	强化用设备	被强化零件的几何形状要求	可被强化的常用压铸材料	应强化的压铸件
不锈钢丸玻璃丸陶瓷丸	机械离心式喷丸机、气动式喷丸机	任何形状	铝合金镁合金铜合金	$\sigma_b \geqslant 400MPa$ 的高强度铝合金件表面阳极化处理前的高强度铝合金件

（2）压铸件的防锈封存包装

工程材料会与其所遭遇的环境介质发生化学或电化学作用而受到破坏或降级。对金属而言，所发生的这种破坏称为腐蚀，俗称生锈或锈蚀。对非金属而言，这种破坏叫降级或变质。防锈就是利用适当的方法和手段来减轻或阻止这种破坏作用。防锈的方法和手段见表 10-15。

表 10-15　防锈的方法和手段

防锈类型	常见方法和手段	说　　明
永久性防锈	电镀、化学镀、热喷涂、化学与电化学转化、热浸镀、表面化学处理、涂料涂装、气相沉积、溶胶-凝胶、搪瓷涂覆、陶瓷涂覆、高能束表面改性等	尽可能随着其被保护对象达到第一次修理或修饰前的有效使用期
暂时性防锈	防锈封存包装	只在被保护对象的一定加工阶段、一定的储运过程中使用

压铸件的防锈封存包装是用防锈封存包装材料直接涂覆在压铸件表面上，或用防锈封存包装材料营造一个受控的保护氛围，阻断压铸件与环境的直接接触，阻断其间的化学或电化学作用，阻止其间形成腐蚀电池，以达到减少或彻底阻止压铸件的破坏。

压铸件常用的防锈封存包装材料见表 10-16。

表 10-16　压铸件常用的防锈封存包装材料

类型	说　　明
防锈材料	一般由基础材料或基本成分加各种相应的辅助材料,或缓蚀剂或添加剂所组成。基础材料多为天然化合物或合成有机化合物。缓蚀剂或添加剂是指只需添加少量通过介质达到金属表面后,即能阻止或减缓金属腐蚀的物质。如果通过的介质是水的缓蚀剂就称为水溶性缓蚀剂,相应的就有水剂防锈。如果通过的介质是油脂类缓蚀剂,就称为油溶性缓蚀剂,相应的就有防锈油脂。如果通过的介质是空气,就称为气相缓蚀剂。气相缓蚀剂除了具有缓蚀性能外,在常温下它还需有一定的蒸汽压

压铸模具设计实用教程

续表

类型	说　明
环境封存材料	既能为经防锈处理的制品营造一种低湿和无氧的保存环境条件,又不致对所封存的对象产生负面影响
包装材料	包括用于制品内包装的材料和外包装容器的制作材料。这些材料包括金属材料与非金属材料,天然材料和人造材料。直接接触已经防锈处理对象的包装材料,即内包装材料,不得在包装期间释放出有害于被包装对象的物质,要有所需要的强度,能保持所要求的密封性

10.3　压铸件缺陷分析

10.3.1　压铸件缺陷的分析

压铸件缺陷的主要类型见表 10-17。

表 10-17　压铸件缺陷的主要类型

缺陷类型		说　明
形状尺寸缺陷	尺寸超差	由公差以外的原因引起的尺寸超差
	错形	由于模型或型芯错位而造成铸件形状的改变
	变形	由于铸件本身变形而造成的铸件形状不良。其特征是逐渐的几何尺寸形状与图样要求不符
	凸起或凹陷	也称多肉或缺肉,是铸件壁厚尺寸变大或变小引起的。其特征是在铸件表面的同一部位出现同一形状的多余的突出部分
	浇口部缺损	在去除浇口或毛刺时使铸件本体损坏
外观缺陷	欠铸	成型过程中出现的充填不完整的部位
	流痕	铸件表面上有与金属液流动方向一致的条纹,有明显可见的与基体颜色不一样的无方向性的纹路,无发展趋势
	冷隔	在铸件表面上的不规则的明显下陷线形纹路(有穿透和不穿透两种),形状细长而狭小,在外力作用下有发展趋势,产生于各种零件的一定部位上
	裂纹	由于逐渐收缩等原因造成的开裂
	收缩	铸件表面出现凹陷,铸件内部有疏松或缩孔
	气泡	铸件表皮之下的气孔
	擦伤	由模型中拉出时,在铸件表面上留下拉伤痕迹
	网状毛刺	由于模型表面龟裂而引起的表面逐渐出现的网状发丝一样的凸起或凹陷和痕迹,随生产的继续不断延伸和扩大
	针孔	铸件表面出现的小孔
内部缺陷	缩孔	解剖后外观检查或探伤检查,缩孔表面呈暗色并不光滑,形状不规则,小而集中的缩孔便是缩松,它是气体和金属的混合物
	气孔	解剖后外观检查或探伤检查,气孔具有光滑的表面,形状呈圆形或椭圆形,有些气孔在表面或接近表面,成为气泡
	疏松	铸件内部出现的小而集中的缩孔
	内部针孔	铸件内部出现的小孔
材质缺陷	硬质点	机械加工过程中或加工后外观检查或金相检查发现的硬度高于金属基体的细小质点或块状物,使刀具磨损严重,加工后常显现不同亮度
	氧化夹杂	合金中混入或析出的金属或非金属物质,其中,硬度高于金属基体的称硬质点
	化学成分不均匀	化学分析发现的铸件合金元素不合要求或杂质过多
其他缺陷	理化性能不良等	理化性能不合要求

272

10.3.2 压铸件缺陷的诊断方法

压铸件缺陷的诊断方法见表10-18。

表 10-18 压铸件缺陷的诊断方法

诊断方法	说　明
直观判断	用肉眼对铸件表面质量进行分析,花纹、流痕、缩凹、变形、冷隔、缺肉、变色、斑点等可直观看到,也可借助放大镜放大5倍以上进行检验
尺寸检验	用游标卡尺检验壁厚、孔径。用三坐标测量仪检验外观尺寸和孔位尺寸。用标准检测棒检验孔径
化学成分分析	用光谱仪、原子吸收仪分析压铸件的化学成分,判断合金料及熔炼工艺是否符合要求,分析其对压铸件性能的影响,对铸件质量的影响,加强生产现场的管理和规范操作。化学成分,特别是杂质元素的含量会导致裂纹、夹杂、硬点等缺陷产生
金相检验	对缺陷部位切开,使用光学金相显微镜、扫描电子显微镜对缺陷总体组织结构进行分析,判断铸件中的裂纹、夹杂、硬点、孔洞等缺陷。在金相中,缩孔呈现小规则的边缘和暗色的内腔,而气孔呈现光滑的边缘和光亮的内腔
X射线检验	利用有强大穿透能力的射线,在通过被检验铸件后,作用于照相软片,使其发生不同程度的感光,从而在照相底片上摄出缺陷的投影图像,从中可判断缺陷的位置、形状、大小、分布
超声波检验	超声波是振动频率超过2000Hz的声波。利用超声波从一种介质传到另一种介质的界面时会发生反射现象,用来探测铸件内部缺陷部位。超声波测试还可用于测量壁厚、材料分析
荧光检验	利用水银石英灯所发出的紫外线来激发发光材料,使其发出可见光来分析铸件表面微小的不连续性缺陷,如冷隔、裂纹等。其方法是把清理干净的铸件放入荧光液槽中,使荧光液渗透到铸件表面,取出铸件,干燥铸件表面涂显像粉,在水银灯下观察铸件,缺陷处出现强烈的荧光。根据发光程度可判断缺陷的大小
着色检验	一种简单、有效、快捷、方便的缺陷检验方法,着色渗透探伤剂由清洗剂、渗透剂、显像剂组成。着色检验方法:①用清洗剂清洗压铸件表面;②用红色渗透剂喷涂压铸件表面,保持湿润5～10min;③擦去压铸件表面多余的渗透剂,用清洗剂或水清洗;④喷涂显像剂。如果压铸件表面有裂纹、疏松、孔洞,那么渗入的渗透剂在显像剂作用下析出表面,相应部位呈现出红色,而没有缺陷的表面无红色呈现
耐压试验	用于检查压铸件的致密性。有两种试验方法。其一是用夹具夹紧铸件成密封状态,其内通入压缩空气,浸入水箱中,通过观察水中有无气泡出现来测定。一般,通入压缩空气在0.2MPa以下时,浸水时间1～2min;通入压缩空气为0.4MPa时,浸入时间更短。其二是用水压式压力测试机进行测试
柔性光导纤维检验	由光学触头、摄像机、电视图像显示器、光导纤维和特种光源组成一种先进的检测装置。触头能做关节转动,并可输送高分辨率、全色、实时图像,通过电视图像可直观地察看内腔缺陷
状态分析	分析缺陷出现的频率和位置,是经常出现,还是偶然出现;是固定在铸件的某一位置上,还是不固定某一位置,成游离状。对于有时出现,大多数时候不出现的缺陷,可能是属于状态不稳定。如:料温偏高或偏低、模温波动、手动操作(喷涂料、取件、生产周期)不当、压铸机故障。对于状态不稳而产生的缺陷,主要是加强生产现场的管理和规范操作,可通过现场监测工艺参数进行分析

10.3.3 压铸件缺陷分析及改进措施

压铸件缺陷种类很多,缺陷形成的原因是多方面的。

要消除压铸件的种种缺陷,必须首先识别缺陷,检验出缺陷,并分析压铸件产生缺陷的原因,然后才能迅速而准确地采取有效的措施。检验前,应该了解铸件的用途和技术要求,以便正确地检查铸件表面或内部的质量。

压铸件常见的缺陷分析及其防止措施见表10-19～表10-23。

表 10-19　形状尺寸缺陷的成因及防止方法

缺陷名称	产生原因	防止方法
误作	图样尺寸误标	建立图样检查制度,完善图样管理
	模型尺寸检查方法不当	①试压铸时进行充分检查,尤其是曲面交接处的壁厚要做断面切开检查 ②实行两次检查制度
	模型维修失误	①确认修理部位以及与之相关的部位是否正确 ②修型的,试压检查
尺寸超差	模型和模型装配不良	①检查模型装配情况 ②检查螺钉松动情况 ③检查嵌入的型腔和模套之间的平行度 ④检查分型面是否平行贴合型框架,所嵌型腔之间的配合间隙是否适当
	型芯弯曲	①定期检查型芯是否变形 ②使用模型时要充分预热,并严格按工艺规程进行操作 ③对浇口方案及型芯型腔能否冷却等铸造方案重新进行论证 ④针对铸件的收缩情况对铸件进行改进 ⑤改进模型的材料或硬度
	收缩引起的尺寸变形	①检查浇注温度、循环时间、保压时间及模型温度等参数是否正确,并严格遵守工艺规程 ②检查金属液化学成分是否合格 ③如果是由于局部过热造成局部收缩,可调节该部分的冷却水量或改变浇口位置和金属液成分等
	模型强度不足	①提高模型强度 ②改进模型设计和铸件结构
错型	导柱松动	检查导柱和导套之间的磨损情况,如间隙过大应更换
	所嵌型腔与模套配合不良	检查型腔与型套的间隙并使之符合要求
	滑块与导轨配合不良	①检查滑块与导轨间的间隙是否符合要求 ②检查楔紧块和滑块的配合是否良好 ③检查滑块和导轨的润滑情况
	模型装配调整不良	检查模型装配部分的平行度
压射跑水,铸孔隔层加厚	模型锁紧不完全	①压铸机合型力不够,调整合型力 ②清理分型面,去掉飞边毛刺 ③检查滑块和锁紧块的磨损情况,并进行修理
	压射力不合适	在允许的情况下适当调低压射力
变形	应力集中使收缩不平衡	①适当调整铸造圆角动 ②采用加强肋,改变铸件结构以使应力分布均匀
	推杆强度不够	①使用大一点的推杆 ②增加推杆数量
	铸件推出不平衡	检查并调整推杆位置或增加推杆以使铸件推出平稳
	模型热平衡不良	分析并改进脱型剂的种类、喷涂量、喷涂位置和方法
铸件残缺	铸件某一部分粘在型腔上	①修正脱模斜度 ②去掉模型表面的划痕并进行抛光
推杆痕迹过深	铸件冷却时间不够	①模型需充分冷却 ②延长保压时间和冷却时间,待充分凝固后再推出
缺肉	表面存在倒钩或粘模	①修理倒钩和粘模部位 ②分析并改进脱型剂
多肉	型腔冲蚀或腐蚀	修模
浇口部破裂	浇口位置设计不合理去浇口方法不当	①改变浇口位置 ②改进去浇口的方法

表 10-20　压铸件表面缺陷的成因及防止方法

名称	产 生 原 因	防 止 方 法
流痕及花纹	①首先进入型腔的金属液形成一个极薄而不完全的金属层,被后来的金属所弥补后而留下的痕迹 ②模型温度低,如锌合金型温小于150℃、铝合金型温小于180℃,都会产生这类缺陷 ③充填速度高 ④涂料用量过大 ⑤型腔反压力大	①调整内浇口截面积或位置 ②适当调整充填速度以改变金属充填型腔的流态 ③提高模型温度 ④适当地选用涂料和改进涂料
网状花纹	①压铸模型腔表面龟裂而造成的痕迹 ②模型材料不当或热处理工艺不正确 ③模型冷热温差变化大 ④浇注温度过高 ⑤模型预热不够 ⑥模型型腔表面不够光洁 ⑦模型壁厚或有尖角	①正确选用模型材料及合理的热处理工艺 ②浇注合金、特别是高熔点合金不允许过热太高 ③模型在压铸前必须预热,工作温度要在要求的范围内 ④使模型温度平衡 ⑤压铸铜合金时,要经常打磨成型部分表面,定期进行去应力退火消除应力
冷隔	①两股金属流互相对接,但未完全熔合而又无夹杂存在其间,两种金属结合力极弱 ②浇注温度低或模型温度低 ③合金成分不正确,流动性差 ④浇口不正确,流路太长 ⑤充填速度低 ⑥压力低	①适当提高浇注温度和模型温度 ②提高压射压力 ③在增加压射速度的同时适当加大内浇口厚度 ④改善排气条件 ⑤正确配制合金成分,提高流动性 ⑥避免过热
缩陷	①合金收缩大时,由于内部产生缩孔而引起表面缩陷。严重时,在铸件侧转角附近或截面转变处,都可能产生缩陷 ②铸件上相邻截面厚薄相差较大 ③内浇口截面积过小,压射压力低 ④模型温度高	①选择收缩性小的合金 ②改善铸件结构,使厚薄相差较大的相邻截面过渡缓和 ③正确设计浇注系统 ④降低浇注温度 ⑤适当调整模型热平衡,如在缩陷适当加些涂料或加水冷装置 ⑥降低模型温度
印痕	①推杆端部被磨损 ②推杆调整不齐 ③模型型腔拼接部分和其他活动部分配合不好 ④模型型腔镶嵌不合理	①工作前要检查修好模型 ②推杆长短要调到适当位置 ③紧固镶块和其他活动部分,消除不应有的凸凹 ④设计时消除尖角
斑点	①涂料不纯或用量过多 ②涂料中含石墨过多	①减少涂料用量,刷涂料后要用压缩空气吹均匀 ②减少涂料中石墨的含量
机械拉伤	①模型设计和制造不正确,如型芯或成型部分无斜度或有负斜度 ②型芯或型壁有痕迹 ③铸件推出有偏斜	①在固定部位拉伤时,要检修模型,修正斜度,打光压痕 ②拉伤无一定部位时,在拉伤部位相应的模型上增加涂料 ③检查合金成分,如铝合金含铁量 W_{Fe} 不应小于 0.6% ④调整推杆,使推出受力平衡

表 10-21　压铸件内部缺陷的成因及防止方法

名称	产生原因	防止方法
气孔	①合金液导入方向不合理或金属液流动速度太大,产生喷射,过早堵住排气道或正面冲击型壁而形成旋涡包住空气,这种气孔多产生于排气不良或深腔处 ②由于炉料不干净或熔炼温度过高,使金属液中较多的气体没除净,在凝固时析出 ③涂料发气量大或用量过多,在浇注前未烧净,使气体渗入铸件表层内,这种气体多呈暗灰色表面	①使用干燥而干净的炉料 ②不使合金过热,并很好地除气 ③改善金属液导入方向 ④降低压射速度 ⑤在保证充填良好的情况下,尽可能增大内浇口截面积 ⑥排气槽部位设计合理并有足够大的排气量
缩孔	缩孔是压铸件在冷凝过程中内部补偿不足而造成的孔穴,原因如下 ①浇注温度过高 ②压射压力低 ③铸件在结构上有金属积聚的部位或截面变化剧烈 ④内浇口较小	①改变铸件结构,消除金属聚集及截面变化大处 ②在可能条件下,降低浇注温度 ③提高压射压力 ④适当改善浇注系统,使压力更好地传递
粘模拉伤	粘模拉伤是压铸合金与型壁粘连而产生的拉伤痕迹,在严重的部位会被撕破。粘模拉伤的原因如下 ①合金浇注温度高 ②模型温度太高 ③涂料使用不足或不正确 ④模型某些部位表面粗糙 ⑤浇注系统不正确,使合金正面冲击型壁或型芯 ⑥模型材料使用不当或热处理工艺不正确,硬度不足 ⑦充填速度太高 ⑧铝合金含 Fe 量太少($W_{Fe}<0.6\%$)	①降低浇注温度 ②模型温度控制在工艺范围内 ③消除型腔表面粗糙 ④检查涂料品种或用量是否适当 ⑤调整内浇口,防止金属液正面冲击 ⑥核验合金成分,使之合适 ⑦检查模型材料、热处理工艺及硬度是否合理 ⑧适当降低充填速度
黏附物痕迹	黏附物痕迹是小片状的金属或非金属物与金属的基体部分熔接,在外力作用下剥落,小片状物剥落后的铸件表面,有的发亮,有的成为暗灰色。黏附物的成因如下 ①在压型型腔表面上有金属或非金属残留物 ②浇注时先带进的杂质附在型腔上	①在浇注前对型腔表面、压室及浇注系统要清理干净,除去金属或非金属黏附物 ②对浇注的合金液也要清理干净
分层	分层是经外观或破坏检查,在铸件局部有金属的明显层次。分层的原因如下 ①模型刚性不够,在金属液充填过程中,型板产生抖动 ②压射冲头与压室配合不好,在压射中前进速度不平稳 ③浇注系统设计不当	①加强模型刚度,紧固模型部件,使之稳定 ②调整压射冲头与压室,使之配合好 ③合理设计内浇口
冷豆	冷豆是铸件表面嵌有未和铸件完全熔合的金属颗粒。产生冷豆的原因如下 ①浇注系统设计不当 ②充填速度过快 ③金属液过早流入型腔	①改进浇注系统,避免金属液直接冲击型芯和型壁 ②增大内浇口截面积
碰伤	①使用、搬运不当 ②运转、装卸不当	①注意制品的使用、搬运和包装 ②从压铸机上取件要小心

表 10-22　夹杂、氧化物、裂纹缺陷的成因及防止方法

名称	产 生 原 因	防 止 方 法
夹渣(渣孔)	经外观检查或探伤及金相检查发现的铸件上不规则的明或暗孔,孔内常被渣充塞。在金相检查时,在低倍显微镜下呈暗黑色,在高倍下亮而无色。金属中有夹渣或型腔中有非金属残留物,在压射前未被清除而产生	
	(1)混入熔渣 ①金属液表面上的熔渣未清除 ②将熔渣及金属液同时浇注到压室	①仔细去除金属液表面的熔渣 ②遵守金属舀取工艺
	(2)石墨混入物 ①用石墨坩埚时边缘有脱落 ②涂料中石墨太多	①在石墨坩埚边缘装上铁环 ②使用涂料要均匀,用量要适当
氧化夹杂物(硬点)	合金中混入或析出比基体金属硬的金属或非金属物质	
	(1)氧化铝(Al_2O_3) ①合金精炼不够 ②浇注时混入了氧化物	①熔炼时要减少不必要的搅动和过热 ②保持金属清洁 ③铝合金长期保留在保温炉时,要周期性去气 ④熔炼工具要清理干净
	(2)由铝、铁、猛、硅组成的复杂化合物,主要是由$MnAl_3$在熔池较冷处形成,然后以$MnAl_3$为核心使Fe析出,又有硅等参加反应形成化合物	①在铝合金中含有Ti、Mn、Fe等组元时,应使偏析,并保持清洁 ②用干燥的去气剂除气,但铝合金含镁时,要注意补偿
	(3)游离硅混入物 ①铝硅合金含硅量高 ②铝硅合金在半液态浇注,硅游离存在 ③W_{Si}高于11.6%,且铜、铁含量亦高	①铝合金含铜、铁量多时,应使W_{Si}降低到10.5%以下 ②适当提高浇注温度,以免硅析出
裂纹	外观检查:将铸件放在碱性溶液中,裂纹处呈暗灰色。金属基体的破坏与开裂呈直线或波浪线形,纹路狭小而长,在外力作用下有发展趋向。裂纹有穿透和不穿透两种。铸件裂纹因应力或外力而产生	
	(1)锌合金铸件的裂纹 ①合金中有害杂质铅、锡、铁和镉超过了规定范围 ②铸件从模型中取出过早 ③型芯的抽出或推出受力不均 ④铸件壁的厚薄相接处转变剧烈 ⑤熔化温度过高	①合金材料的配比要注意杂质含量不要过高 ②延长开型时间 ③调整好型芯和推杆,使受力均匀 ④改变壁厚薄不均匀截面
	(2)铝合金铸件的裂纹 ①合金中铁含量过高或硅含量过低 ②合金中有害杂质的含量过高,降低了合金的可塑性 ③铝硅铜合金中含锌或含铜量过高,铝镁合金中含镁量过高 ④模型、特别是型芯温度太低 ⑤铸件壁厚有剧烈转变之处 ⑥留型时间太长 ⑦受力不均匀	①正确控制合金成分,在某些情况下,可在合金中加铝锭以降低合金中的含镁量,或在合金中加铝硅中间合金以提高含硅量 ②提高模型温度 ③改进铸件结构,消除厚薄变化剧烈的截面 ④调整抽芯机构或推杆,使受力均匀
	(3)镁合金铸件的裂纹 ①合金中铝、硅含量高 ②模具温度低 ③铸件壁厚薄变化剧烈 ④取出、抽芯时受力不均匀	①合金中加纯镁以降低铝硅含量 ②模型温度要控制在要求的范围内 ③改进铸件结构,消除壁厚薄变化大的截面 ④调整好型芯和推杆,使之受力均匀
	(4)铜合金铸件的裂纹 ①黄铜中锌的含量过高(冷裂)或过低(热裂) ②硅黄铜中硅的含量高,使合金的塑性下降 ③开型时间晚,特别是型芯较多的铸件	①保证合金的化学成分:合金元素取其下限,硅黄铜在配制时,硅和锌的含量不能同时取上限 ②提高模型温度 ③适当调整开型时间

表 10-23　其他缺陷的成因及防止方法

名　称	产 生 原 因	防 止 方 法
化学成分 不符合要求	化学分析:铸件的合金元素不合要求或杂质过多 ①配料不准确 ②原材料及回炉料未加分析即投入使用	①炉料要经化学分析后才能配用 ②炉料要严格管理,新旧料要有一定配用比例 ③严格遵守熔炼工艺 ④熔炼工具应刷涂料
力学性能不符合要求	进行专门力学试验检验:铸件合金的强度、伸长率等低于标准要求 ①化学成分不合格 ②铸件内部有气孔、缩孔、夹渣等 ③对试样处理方法不当(如切取、制备等) ④零件结构不合理,限制了铸件达到标准	①配料、熔化要严格控制化学成分,严格控制杂质含量 ②严格遵守熔炼工艺,按要求制备试样 ③在生产中要定期对铸件进行工艺性试验 ④严格把合金温度控制在需要的范围内 ⑤尽量消除合金形成氧化物的各种因素
脆性	外观检查和金相检查:合金晶粒粗大或极小,使铸件易断裂或碰碎 ①合金过热太大或保温时间过长 ②激烈过冷,结晶过细 ③铝合金中含锌、铁等杂质过多 ④铝合金中含铜超出规定范围	①合金不宜过热 ②提高模型温度,降低浇注温度 ③把合金成分严格控制在规定的范围内
渗漏	水压试验:漏水或渗水 ①压铸的压力不足 ②浇注系统设计不合理 ③合金选择不当 ④排气不良	①提高压射压力 ②尽量避免后加工 ③改进排气系统和浇注系统 ④选用良好的合金

参 考 文 献

[1] 姜银方，顾卫星. 压铸模具工程师手册. 北京：机械工业出版社，2009.
[2] 姜不居，吕志刚. 铸造技术应用手册：第 5 卷. 北京：中国电力出版社，2010.
[3] 黄勇. 简明压铸模技术手册. 北京：化学工业出版社，2010.
[4] 田雁晨，田宝善，王文广. 金属压铸模设计技巧与实例. 北京：化学工业出版社，2006.